ゼロからはじめる

Google(グーグル)ドライブ & OneDrive(ワンドライブ) & Dropbox(ドロップボックス) 基本&便利技

［改訂新版］

リンクアップ 著

技術評論社

CONTENTS

Chapter 1
クラウドストレージサービスを利用する

Chapter 2
Googleドライブ

Googleドライブの基本操作を理解する

CONTENTS

CONTENTS

Chapter 5 OneDrive
OneDriveを活用する

CONTENTS

Chapter 6 Dropbox

Dropbox の基本操作を理解する

CONTENTS

Chapter 7

Dropbox を活用する

CONTENTS

Chapter 8 各サービスを連携する

ご注意：ご購入・ご利用の前に必ずお読みください

●本書に記載した内容は、情報の提供のみを目的としています。したがって、本書を用いた運用は、必ずお客様自身の責任と判断によって行ってください。これらの情報の運用の結果について、技術評論社および著者、アプリの開発者はいかなる責任も負いません。

●ソフトウェアに関する記述は、特に断りのない限り、2023年10月現在での最新バージョンをもとにしています。ソフトウェアはバージョンアップされる場合があり、本書での説明とは機能内容や画面図などが異なってしまうこともあり得ます。あらかじめご了承ください。

●本書は以下の環境で動作を確認しています。ご利用時には、一部内容が異なることがあります。あらかじめご了承ください。
パソコンのOS ： Windows 11
端末 ： Xperia 1 Ⅳ SO-51C（Android13）
iPhone 13 mini（iOS16.5）
ブラウザの環境：Microsoft Edge

●インターネットの情報については、URLや画面などが変更されている可能性があります。ご注意ください。

以上の注意事項をご承諾いただいたうえで、本書をご利用願います。これらの注意事項をお読みいただかずに、お問い合わせいただいても、技術評論社は対処しかねます。あらかじめ、ご承知おきください。

クラウドストレージサービスを利用する

Section 01 クラウドストレージサービスとは?

クラウドストレージサービスとは、パソコンなどに入っている文書や画像ファイルを、クラウド（インターネット）上に保存するためのサービスです。保存したファイルはほかのパソコンやスマートフォンなどからも、利用することができます。

クラウドストレージサービスとは?

クラウドストレージサービスとは、文書や画像などさまざまなファイルを、クラウド（インターネット）上に保存しておくことができるサービスの総称です。インターネットに接続できる環境であれば、どのパソコンやスマートフォンからでも、保存したファイルにアクセスすることが可能です。たとえば、会社のパソコンで作成した文書ファイルをクラウドストレージサービスに保存しておけば、外出先でスマートフォンからその文書ファイルを読んだり、自宅で作業の続きを行ったりすることができます。代表的なクラウドストレージサービスには「Googleドライブ」や「OneDrive」、「Dropbox」などがあり、それぞれ特徴や適した使い方が異なります。

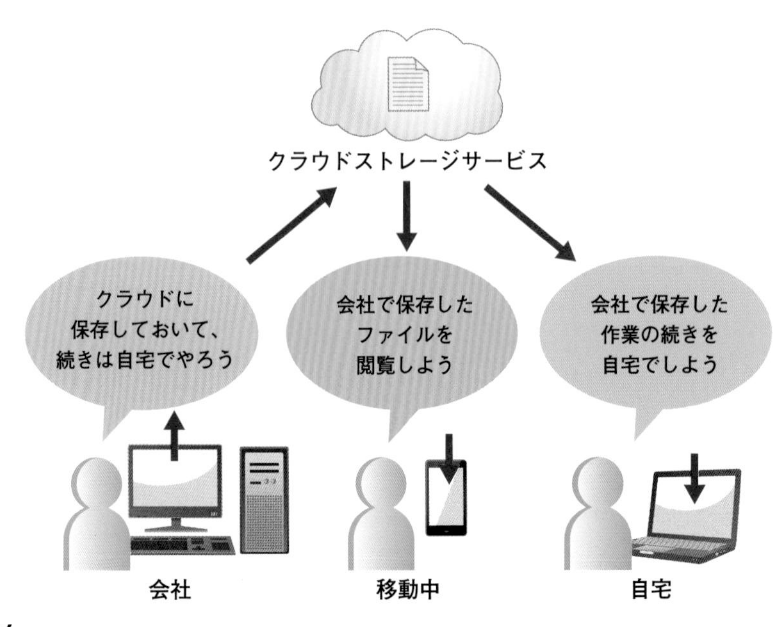

クラウドストレージサービスでできること

クラウドストレージサービスには、ファイルの保存だけでなく、さまざまな機能が備わっています。保存したファイルを職場の同僚や友人どうしなどで共有できることや、同期機能を使ってあらゆる場所からファイルにアクセスすることが可能です。また、バックアップ機能も備わっているので、誤ってファイルを削除してしまった場合でも、ファイルを復元することができます。

●保存

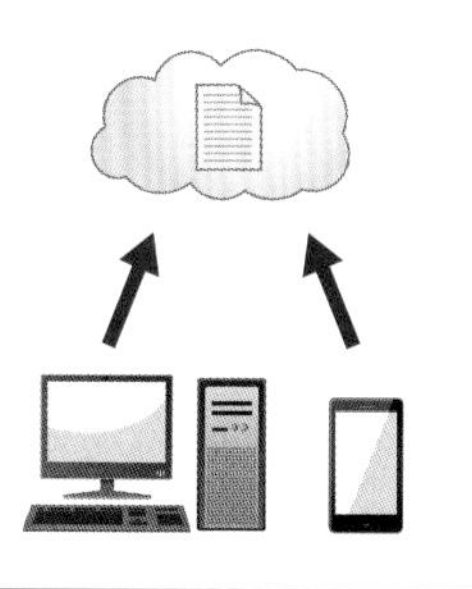

ファイルをクラウドにアップロードして保存しておくと、外出先でもかんたんに、そのファイルにアクセスすることができます。

●共有

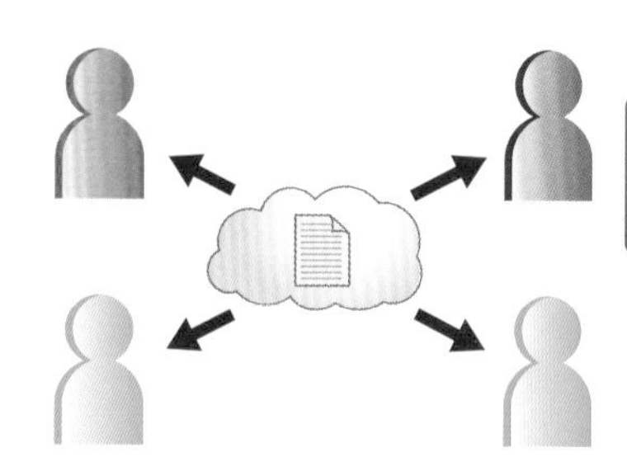

クラウド上にあるファイルは、ほかの人と共有できます。編集することもできるため、共同作業が可能です。

●復元

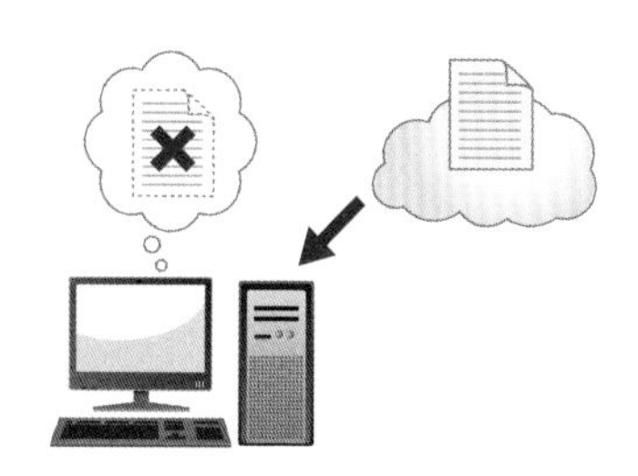

ファイルを保存することで、そのファイルは自動的にバックアップされます。データを削除してしまった場合でも、かんたんに復元することができます。

●同期

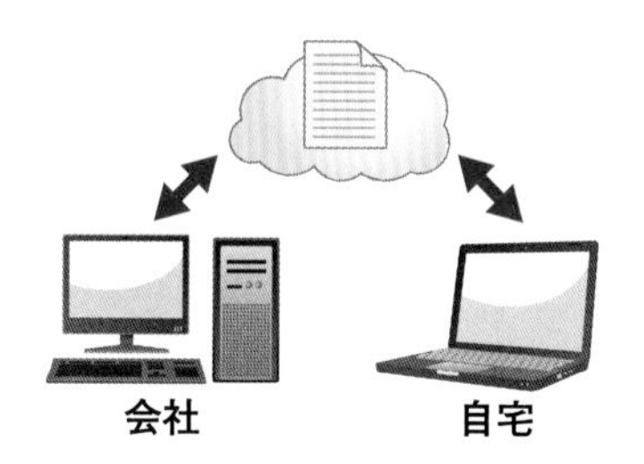

同期機能により、複数のデバイス間で保存しているファイルを最新の状態に保つことができます。

Section 02 クラウドストレージサービスの選び方と用語

クラウドストレージサービスは、自分の利用目的とサービスの特徴を照らし合わせて、最適なものを選択しましょう。また、クラウドストレージサービスを利用する前に、よく使う用語を覚えておくとよいでしょう。

クラウドストレージサービスの選び方

クラウドストレージサービスを選ぶ際には、「どのような使い方をするか」を考えるとよいでしょう。たとえばGmailなどのGoogleのサービスと連携して使用したい場合はGoogleドライブ、Officeファイルをチーム内で共有したい場合はOneDriveというように、利用目的に合わせてサービスを選びましょう。

・Googleのサービスと連携したい
・アンケートフォームや地図を作成して共有したい
・無料でたくさんのストレージ容量を利用したい

Google ドライブ

・外出先でもOfficeファイルの閲覧／編集がしたい
・Officeファイルをチーム内で共有して編集したい
・Microsoft 365サービスを活用したい

OneDrive

・複数のデバイスでファイルを同期したい
・ファイルをほかの人と共有したり、やり取りしたい
・パソコンのフォルダと同期したい

Dropbox

クラウドストレージサービスの用語

用語名	意味
クラウド	クラウドコンピューティングの略称で、インターネットなどのネットワークを経由してサービスを利用する形態。
ストレージ	パソコンのデータを保管しておくための記憶媒体のこと。
アップロード	ファイルをネットワーク上に保存すること。
ファイル	パソコンに保存されているデータのこと。
フォルダ	ファイルを分類して収納する領域。
同期	2つ以上の異なるデバイスで、指定したファイルを同じ状態に保つことができる機能。
共有	ほかのユーザーと共同で所有すること。
デバイス	コンピューターに接続して使う装置。本書では、パソコンやスマートフォン、タブレットのこと。
容量	ストレージ内に保存できる量。○○MB、○○GBなどと表現する。
復元	削除したファイルを削除する前の状態に戻すこと。
ダウンロード	インターネットを介してほかのデバイスからファイルを自分のデバイスにコピーして保存すること。
インストール	ダウンロードしたソフトウェアを自分のデバイスに組み込んで使えるようにすること。
オンライン／オフライン	自分のデバイスがネットワークに接続している／していない状態。
ブラウザ	Webページを表示するソフトウェアのこと。
アプリ	アプリケーションの略称。デバイスにインストールして、利用できるソフトウェアのこと。
アカウント	サービス上の使用者を識別するための権利。
ログイン／ログアウト	デバイスをサービスに接続／サービスから切断すること。

Section 03

各クラウドストレージサービスの比較

各クラウドストレージサービスにはそれぞれ独自の機能があるため、複数のクラウドストレージサービスを利用目的に合わせて活用するのもよいでしょう。ここでは、各ストレージサービスの特徴を紹介します。

各クラウドストレージサービスの比較

Googleドライブ、OneDrive、Dropboxには、クラウド（インターネット）上へのファイルの保存や、ほかのユーザーとのファイルの共有のほかにも、各クラウドストレージサービス独自のさまざまな機能があります。たとえば、アンケートフォームを作成して配布、集計ができるGoogleドライブの「Googleフォーム」（Sec.26参照）や、スマートフォンで撮影した写真が自動的にクラウドストレージにアップロードされるDropboxの「カメラアップロード」機能（Sec.137参照）などです。利用目的や利用人数に合わせて、複数のクラウドストレージサービスを使い分けるのもよいでしょう。

「Googleフォーム」は、Googleドライブからかんたんにアンケートを作成できる機能です。作成したアンケートは、リンクを配布するなどして共有でき、集計結果はいつでも表示することが可能です。

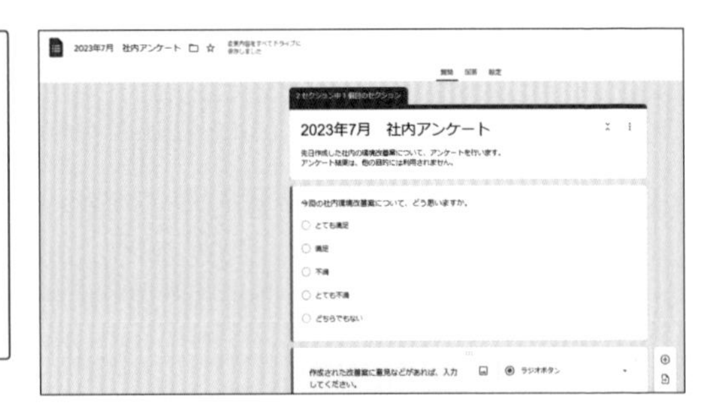

「カメラアップロード」機能は、スマートフォンアプリ版Dropboxの機能です。「カメラアップロード」を有効にしておくと、撮影した写真が自動でクラウドストレージに保存されます。写真のバックアップに最適です。

← カメラアップロード
バックアップ... すべての写真 ›
動画を含める
バックアップにモバイル データを使用

各クラウドストレージサービスの特徴

●Googleドライブの特徴

無料で使える容量	15GB（Googleフォト、Gmailも含める）
1ファイルあたりのファイル容量	最大5TB
有料プラン	250円／月で100GB、380円／月で200GB、1,300円／月で2TB、6,500円／月で10TB、13,000円／月で20TB、19,500円／月で30TBの容量を利用可能。
特徴	GmailやGoogleドキュメントなど、Googleの各サービスと連携して使うことができ、共有機能が充実している。

●OneDriveの特徴

無料で使える容量	5GB
1ファイルあたりのファイル容量	最大250GB
有料プラン	224円／月で100GBに容量の上限が増加。また、"Microsoft 365 Personal"（1,490円／月）を使用していれば複数のデバイスでOfficeを利用できるほか、OneDriveの最大容量が1TB（1,000GB）に増加。
特徴	Officeファイルをインターネット上で作成・編集できる「Microsoft Office Online」と連携し、場所やデバイスを選ばずにファイルを活用できる。

●Dropboxの特徴

無料で使える容量	2GB～16GB（条件を満たすことで容量を増やすことができる）
1ファイルあたりのファイル容量	最大50GB
有料プラン	1,200円／月で最大容量が2TB（2,000GB）まで利用可能。また、モバイルでのオフラインフォルダ利用などの機能が追加される。さらに、共有管理の詳細設定や最大容量3TBが追加される"Professional"プランもある。
特徴	自動で複数のデバイスのデータが同期されるので、スムーズに共同作業ができる。

Section 04 Googleサービスと連携できるGoogleドライブ

Googleの各サービスを頻繁に利用する場合は、Googleドライブがおすすめです。無料で15GBの容量が使えるほか、Googleの各サービスと連携して使うことができるので便利です。

Googleドライブの特徴

「Googleドライブ」はGoogleが提供するクラウドストレージサービスです。Googleアカウントを作成すると無料で15GBまで利用でき、保存したファイルをほかのユーザーと共有することもできます。また、「Googleドキュメント」や「Googleスプレッドシート」を利用することで、Googleドライブ上で文書ファイルや表計算ファイルを作成することも可能です。パソコンで作成したOfficeファイルの編集も行えます。「Chrome」や「Gmail」などほかのGoogleサービスと連携することで、さらに便利に利用できます。

●「Googleドキュメント」などのアプリが利用できる

Googleドライブでは「Googleドキュメント」や「Googleスプレッドシート」などのアプリを無料で利用できます。これらのアプリはOfficeのWordやExcelと互換性（一部制限あり）があるため、クラウド上でもスムーズにファイルのやり取りができます。

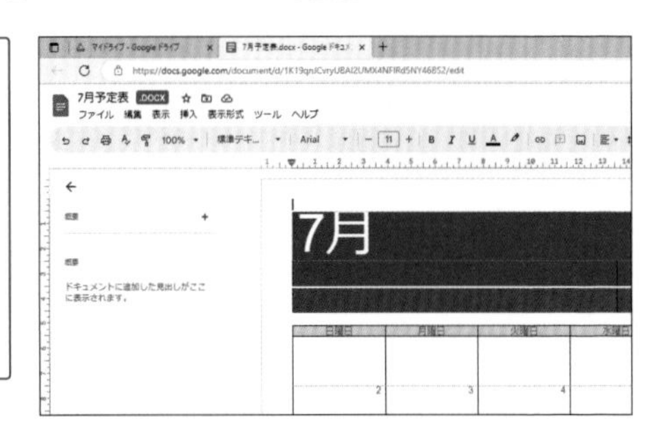

●ほかのGoogleサービスと連携できる

Googleのメールサービス「Gmail」など、ほかのGoogleサービスと連携することができ、ファイルの共有などをスムーズに行えます。

Section 05 Officeファイルの利用に便利なOneDrive

仕事でOfficeファイルを利用することが多い場合は、OneDriveが便利です。Officeアプリと連携でき、Webブラウザ上でも「Word Online」や「Excel Online」、「PowerPoint Online」を利用して、ファイルの閲覧や編集が可能です。

OneDriveの特徴

「OneDrive」はMicrosoftが提供しているクラウドストレージサービスで、WordやExcelなどのOfficeアプリをスムーズに利用できることが大きな特徴です。OfficeファイルをOneDriveに保存しておくと、Officeアプリがインストールされていないパソコンからでも利用や編集を行うことができるため、仕事でOfficeファイルをよく使う人には、とても便利です。Windows 11／10には、OneDriveアプリが標準でインストールされているため、気軽に使ってみるとよいでしょう。また、「Microsoft 365 Personal」などのMicrosoft 365サービスを利用していると1TB（1,000GB）の容量が使えます。

● Windows 11／10であればすぐに利用できる

OneDriveは、Windows 11／10に標準でインストールされているため、かんたんにファイルの作成や編集を始めることができます。

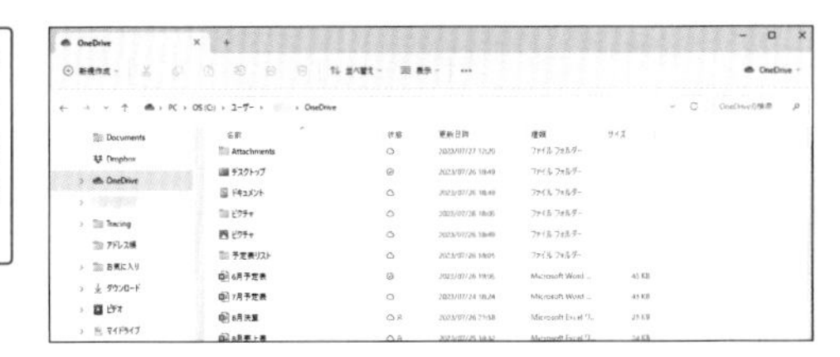

● 「Office on the web」で作業できる

Office製品がインストールされていないパソコンでも、「Office on the web」を利用することで、WebブラウザからOfficeファイルの作成、編集ができます。「Office on the web」にはWordやExcel、PowerPointなどがあります。

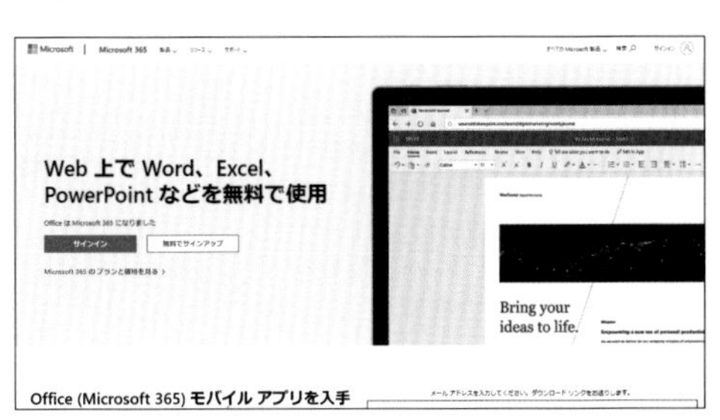

複数のデバイスでファイルを同期できるDropbox

Dropboxは、多くのファイル形式に対応したクラウドストレージサービスです。同期機能により、3台までのデバイスであればファイルを同一に保つことができます。ファイルを共有すると、複数のメンバーでの利用や編集が可能です。

Dropboxの特徴

「Dropbox」は、文書ファイルや画像はもちろん、動画や音楽など、さまざまなファイルを保存することができます。保存したファイルはほかのユーザーと共有できるため、メールでは送れない大容量ファイルのやり取りにも利用でき、ビジネスでの利用に適したサービスだといえます。また、無料プランでは3台までのデバイスと同期することができるので、共同作業や外部のパソコンで編集した場合でもファイルを同一に保つことができます。なお、有料プランである、Dropbox Plus ／ ProfessionalまたはDropbox Businessを利用しているユーザーの場合、同期できるデバイス数は無制限となります。

●大容量のファイルを転送できる

Dropboxのリンク共有機能を利用すると、大容量のファイルでも安全に転送することができます。無料プランを利用している場合は、最大で100MBのファイルの転送が可能です。

●ユーザーでなくてもファイルのアップロードができる

Dropboxアカウントを持っていない人でも、「ファイルリクエスト」を利用すると、Dropbox内の指定のフォルダにファイルをアップロードすることができます。

Googleドライブの基本操作を理解する

Section 07

Googleドライブとは?

Googleドライブは、Googleが提供するクラウドストレージサービスです。ファイルを保存、新規作成、編集しながら、ほかのユーザーと共有することができます。Excelなどの Officeファイルの閲覧と編集にも対応しています。

Googleドライブとは?

Googleドライブには、写真、動画、ドキュメントなど、さまざまなファイルを保存できます。また、スマートフォン、タブレット、パソコンなどインターネット接続が利用できるデバイスであれば、どこからでもGoogleドライブにアクセスして保存したファイルを開いたり、編集、ダウンロードしたりすることができます。Googleドライブのファイルをほかのユーザーと共有したい場合は、招待することによって、ファイルの利用、編集、コメントを共有できます。共同作業を行う場合、データはリアルタイムで自動保存されます。なお、オフライン作業をオンにするか、ファイルをデバイスに保存すれば、オフライン環境でもファイルを利用可能になります。

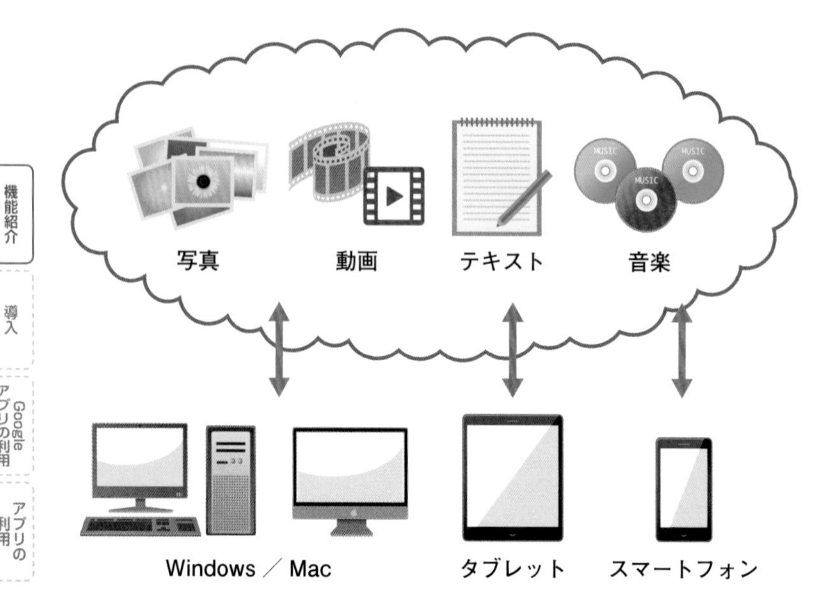

Googleドライブでできること

●大容量で多機能なクラウドストレージサービス

Googleアカウントがあれば、無料で15GBまでのクラウドストレージを利用できます。ファイルを保存してほかのユーザーと共有したり、パソコン内のファイルをバックアップしたりすることができます。また、有料で容量の追加も可能です（Sec.58参照）。

●オンラインでファイルの編集や管理が可能

インターネット環境さえあれば、どのデバイスからでも、Googleドライブ内のファイルを開いたり、編集したりすることができます。また、スマートフォンやタブレットにGoogleドライブアプリをインストールすれば管理をより便利に行うことが可能です（Sec.31 ～ 33参照）。

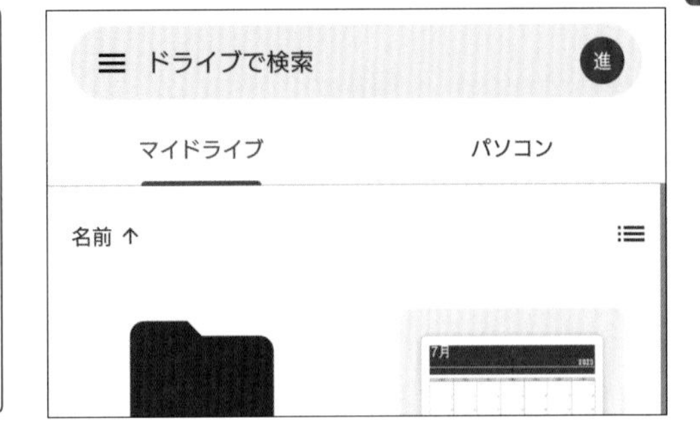

●ファイルの共有とOfficeファイルの編集が可能

共有設定（Sec.38参照）を行うことで、複数のメンバーで同じファイルを閲覧、編集できます。また、Officeがインストールされていないパソコンからでも、Officeファイルを利用、編集することが可能です。

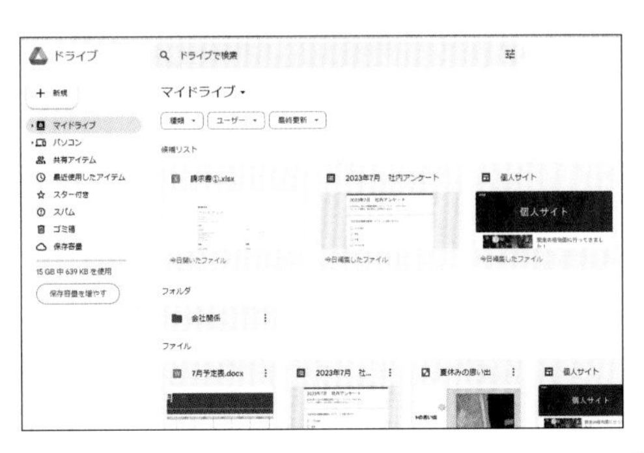

第2章 Googleドライブの基本操作を理解する

Googleドライブが利用できる環境

Googleドライブは、インターネットに接続できる環境があれば、パソコンをはじめ、Androidスマートフォンや iPhone、タブレットといった端末など、あらゆるデバイスから、Webブラウザやアプリを使って自分のデータにアクセスできます。

Googleドライブが利用できる環境

Googleドライブは、インターネットに接続できる環境があれば、WindowsパソコンやMacをはじめ、AndroidスマートフォンやiPhone、タブレットなど、あらゆるデバイスから利用することができます。会社や自宅での利用はもちろん、移動中の電車内からでも、データにアクセス可能です。

●Windows／Mac

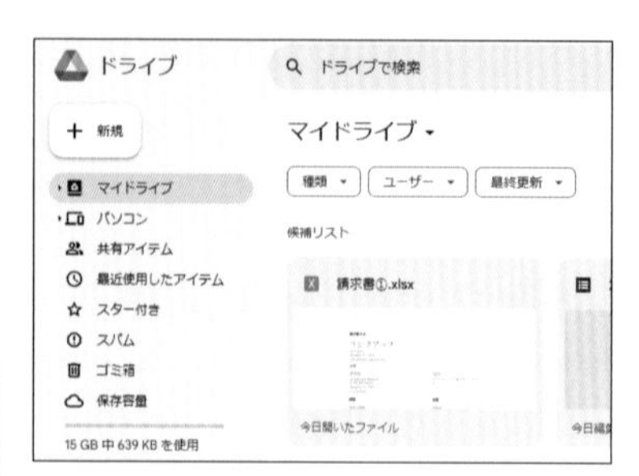

WindowsやMacでは、Webブラウザ版のGoogleドライブと、デスクトップアプリ版のGoogleドライブを利用できます。

●スマートフォン

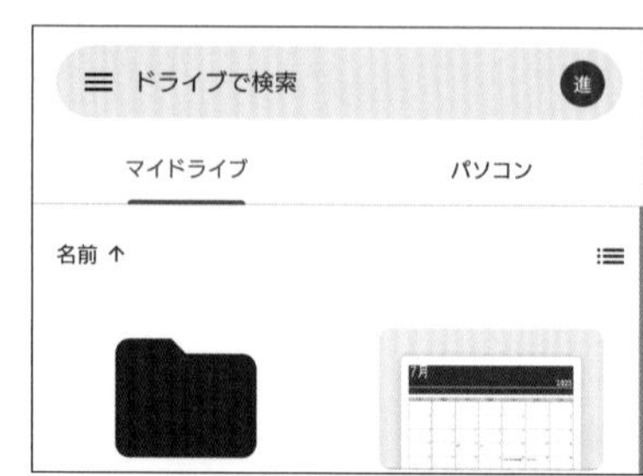

AndroidスマートフォンやiPhone、タブレットなどの端末からも同様にアクセスでき、編集も可能です。

Section 09

ビジネス向けの Google Workspace

Google Workspaceとは、Googleが提供するグループウェアのことで、Googleドライブや Gmail、Googleカレンダーなどのサービスがビジネス向けにパッケージングされています。パソコンやスマートフォンがあればいつでも利用できます。

Google Workspaceの特徴

●チームで行う業務に特化したグループウェア

Google WorkspaceはGoogle が提供するグループウェアで、チームで行う業務に特化しています。GoogleドライブやGmail、Googleカレンダーなど個人でも利用できるアプリに加え、企業向けのチャットツール「Google Chat」や、万が一の事態に備え文書やメールなどの内容を一定期間中保存できる「Google Vault」などがパッケージングされています。インターネットが利用できればパソコンやスマートフォンなどさまざまなデバイスからGoogle Workspaceに接続できるため、オフィス以外の場所でも停滞することなく作業を進められます。

●4つのエディションから選択が可能

Google Workspaceには4つのエディションがあります。エディションによってビデオ会議に参加可能な人数や、クラウドストレージの容量、セキュリティ機能の内容などに違いがあり、会社のニーズに合わせてエディションを選択できます。

https://workspace.google.co.jp/intl/ja/

Section 10

Googleアカウントを作成する

Googleが提供するオンラインサービスを利用するには、Googleアカウントが必要です。Googleアカウントによって、GoogleドライブやGmailなど、さまざまなサービスを1つのアカウントで利用できます。

Googleアカウントを作成する

① WebブラウザでGoogleのサイト（https://accounts.google.com/signup/v2/createaccount?flowName=GlifWebSignIn&flowEntry=SignUp）にアクセスし、名前を入力して、[次へ] をクリックしたら画面の指示に従ってアカウント情報を設定します。

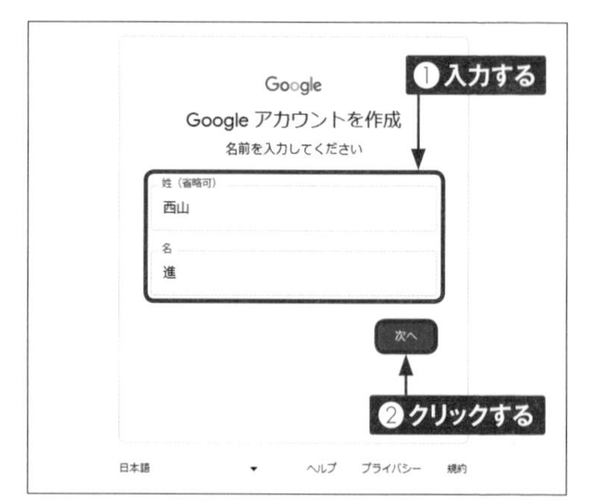

② 電話番号を入力し、[次へ] → [次へ] の順にクリックします。

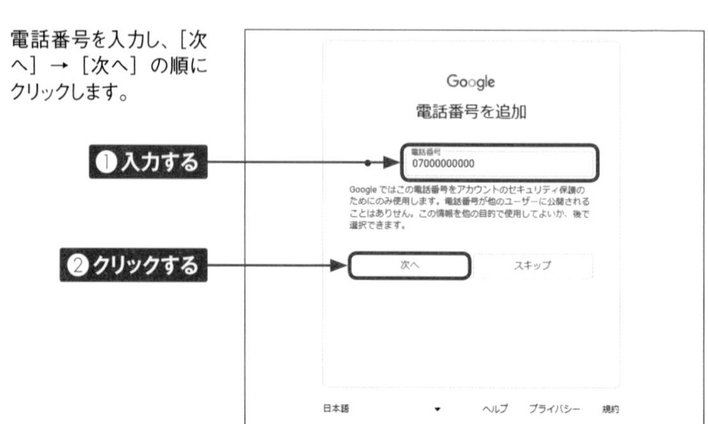

③ 「プライバシーと利用規約」画面が表示されたら、内容を確認し、[同意する]をクリックします。

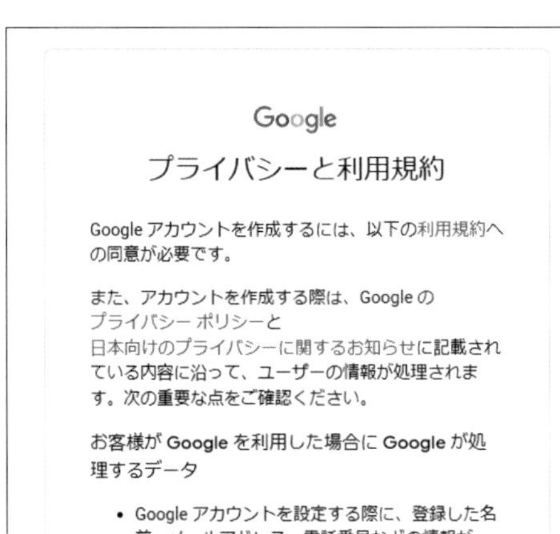

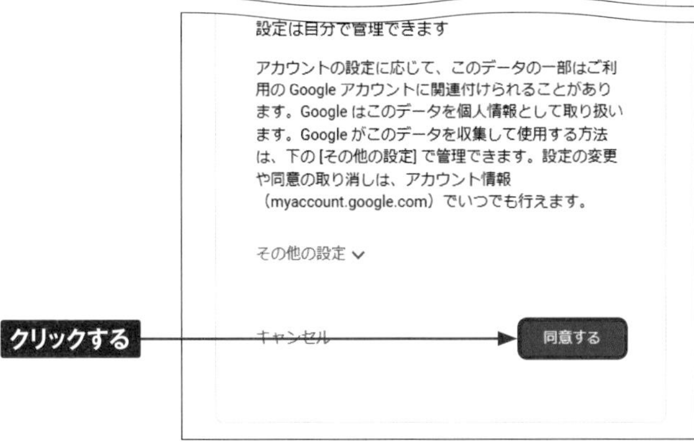

④ Googleアカウントが作成されます。

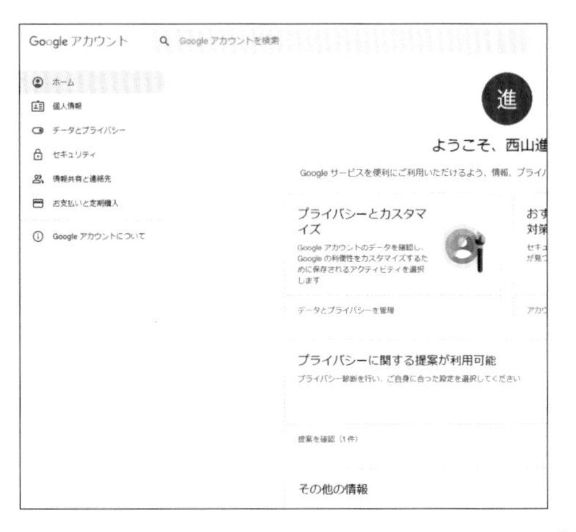

Section 11

Googleドライブの基本画面

Googleドライブは、Googleのトップページから表示することが可能です。Googleドライブの基本画面では、Googleドライブにアップロードしたファイルや保存容量などを確認できます。

Googleドライブを表示する

① Webブラウザで検索バーに「https://www.google.co.jp/」と入力し、Enterキーを押します。

入力する

② 画面右上にある ⁝⁝⁝ をクリックし、表示されたメニューから［ドライブ］をクリックします。

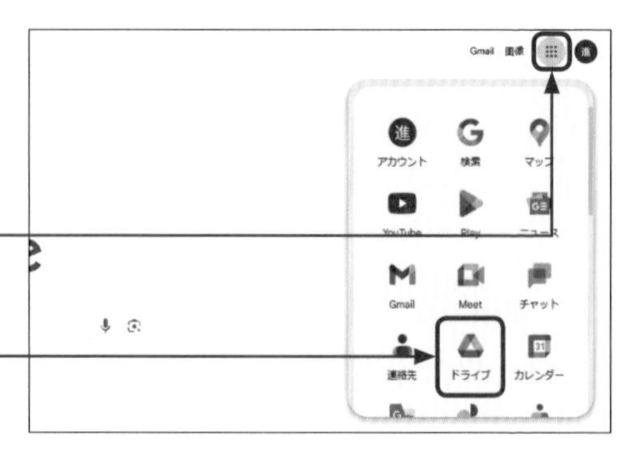

③ Googleドライブが表示されます。

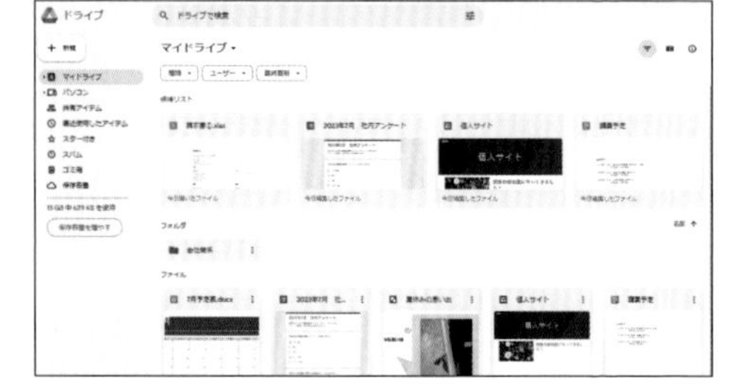

Googleドライブの基本画面

❶	ファイルのアップロードやGoogleドキュメントなどの新規作成を行えます。
❷	表示するファイルやフォルダを絞り込むことができます。
❸	保存容量を確認できます。
❹	Googleドライブ内のファイルやフォルダを検索できます。
❺	ファイルやフォルダが表示されます。
❻	表示形式をリストとグリッドで切り替えます。
❼	右の詳細情報の表示と非表示を切り替えます。
❽	ファイルなどのアイテムをクリックするとサイズや保存場所などの詳細情報が表示されます。
❾	Googleのアプリが一覧表示されます。
❿	アカウントの管理やログアウトを行えます。

Memo **GmailなどのアプリからでもGoogleドライブを表示できる**

GmailやGoogleカレンダーなど、Googleのアプリであれば、⠿→［ドライブ］の順にクリックすることで、Googleドライブを表示することができます。なお、YouTubeなど一部のアプリでは⠿が表示されない場合があります。

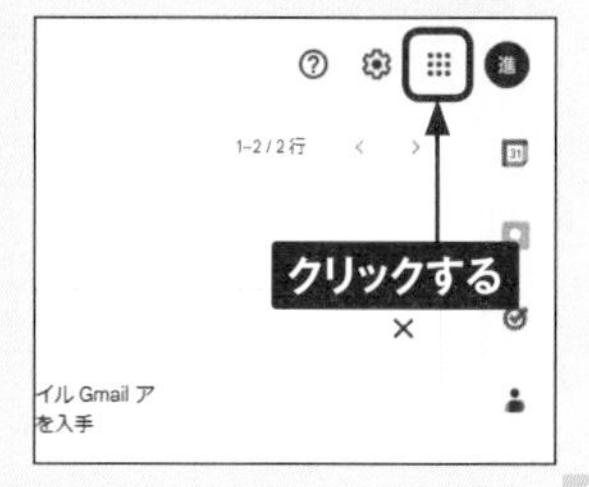

Section 12

ファイルをアップロードする

ファイルをアップロードして、クラウド上のGoogleドライブに保存すると、インターネット環境があれば、どこからでもファイルを利用したり、ほかのユーザーと共有したりすることができます。パソコン上のファイルのバックアップにも利用可能です。

ファイルをアップロードする

① Sec.11を参考にGoogleドライブを表示し、[新規] をクリックします。

クリックする

② 表示されたメニューから、[ファイルのアップロード] をクリックします。

クリックする

③ アップロードしたいファイルをクリックし、[開く] をクリックします。

①クリックする

②クリックする

④ ファイルがアップロードされます。

Section 13

ファイルをダウンロードする

Googleドライブに保存されているファイルはパソコンにダウンロードできます。ダウンロードされたファイルは、「ダウンロード」フォルダに保存されます。ファイルを別の形式でダウンロードする方法は、Sec.50を参照してください。

ファイルをダウンロードする

① Sec.11を参考にGoogleドライブを表示し、ダウンロードしたいファイルを右クリックします。

② ［ダウンロード］をクリックします。

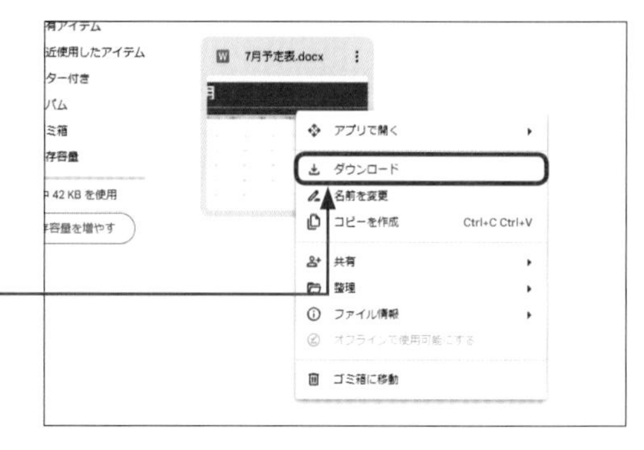

③ ファイルがダウンロードされます。Microsoft Edgeでは、画面上部に表示される［ファイルを開く］をクリックすると、ファイルが開きます。

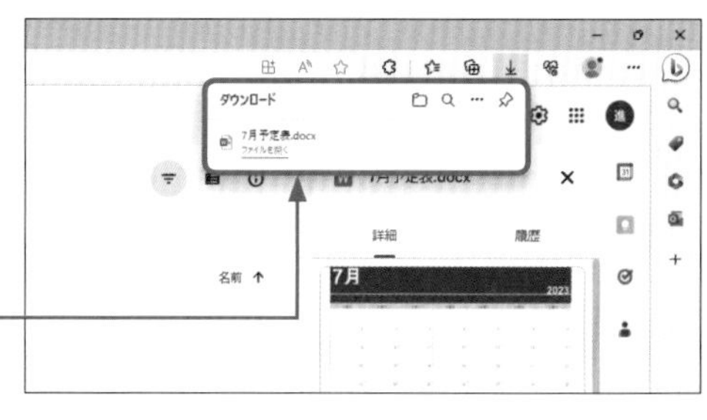

Section 14 ファイルをプレビューする

Googleドライブにアップロードされているファイルはプレビュー表示することができます。ファイルをアプリで開く前にファイルの内容がどのようなものであったか確認したいときなどに利用しましょう。

ファイルをプレビューする

① Sec.11を参考にGoogleドライブを表示し、プレビュー表示したいファイルを右クリックします。

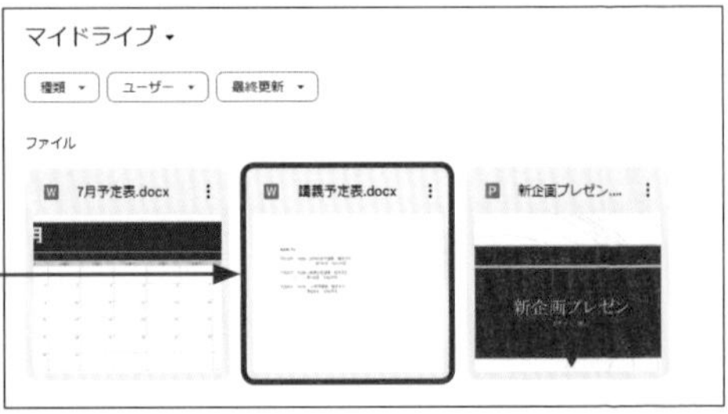

右クリックする

② 「アプリで開く」にマウスカーソルを合わせ、[プレビュー]をクリックします。

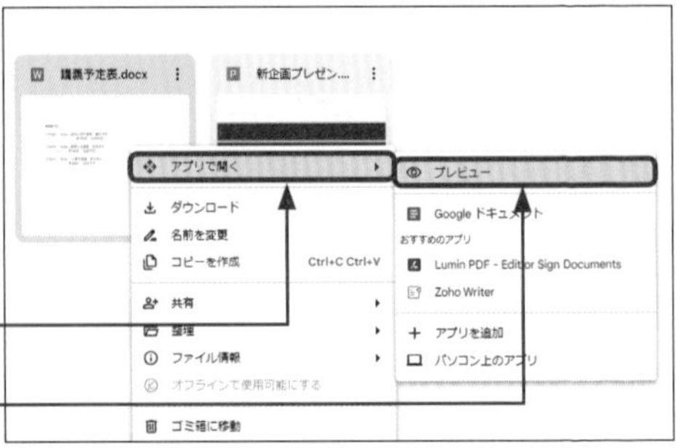

①マウスカーソルを合わせる
②クリックする

③ ファイルがプレビュー表示されます。←をクリックすると、手順①の画面に戻ります。

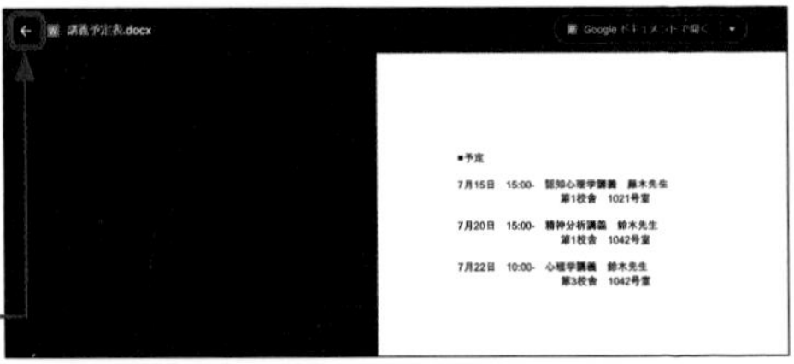

クリックする

機能紹介
導入
Googleアプリの利用
アプリの利用

Section 15

ファイルをアプリで開く

アップロードしたファイルは、Webブラウザでプレビュー表示することができるほか（Sec.14参照）、ドライブから直接GoogleドキュメントやGoogleスプレッドシートなどのアプリで開いたり、編集したりすることも可能です。

ファイルをアプリで開く

① Sec.11を参考にGoogleドライブを表示し、開きたいファイルを右クリックします。

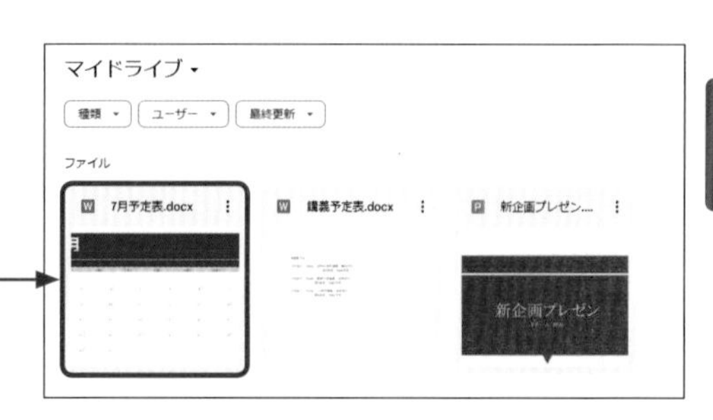

② 「アプリで開く」にマウスカーソルを合わせ、任意のアプリ（ここでは［Googleドキュメント］）をクリックします。

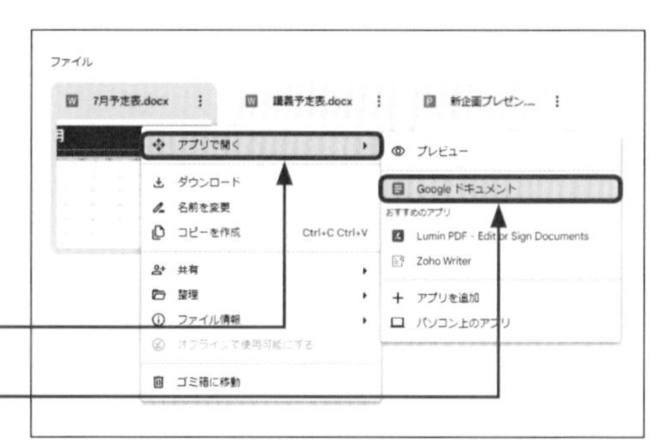

③ ファイルがアプリで開き、編集することができます。

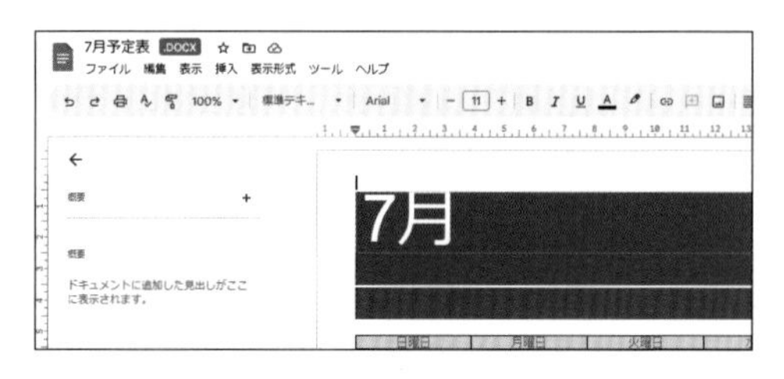

Section 16 フォルダを作成してファイルを整理する

Googleドライブでは、任意の名前のフォルダを作成できます。フォルダにファイルを移動することで、Googleドライブ内のファイルの整理に役立ちます。ファイルの数が増えた際に利用しましょう。

フォルダを作成してファイルを整理する

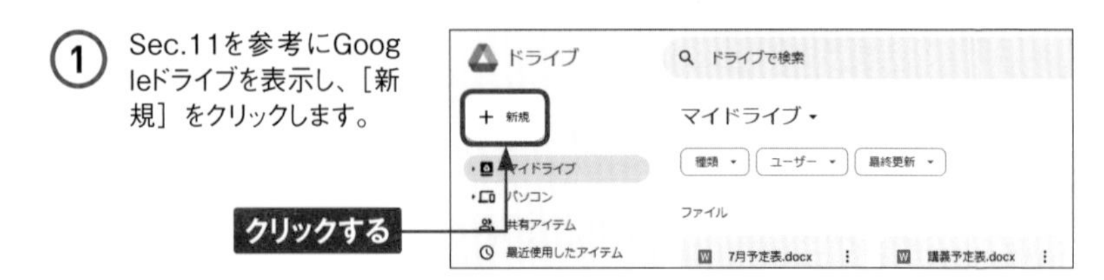

① Sec.11を参考にGoogleドライブを表示し、[新規]をクリックします。

② [新しいフォルダ]をクリックします。

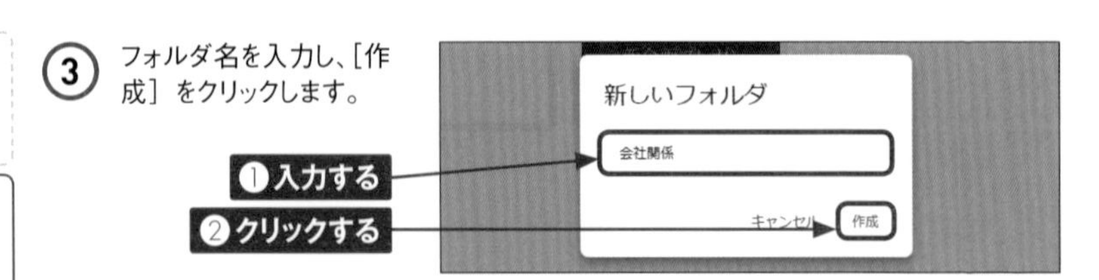

③ フォルダ名を入力し、[作成]をクリックします。

④ フォルダが作成されます。

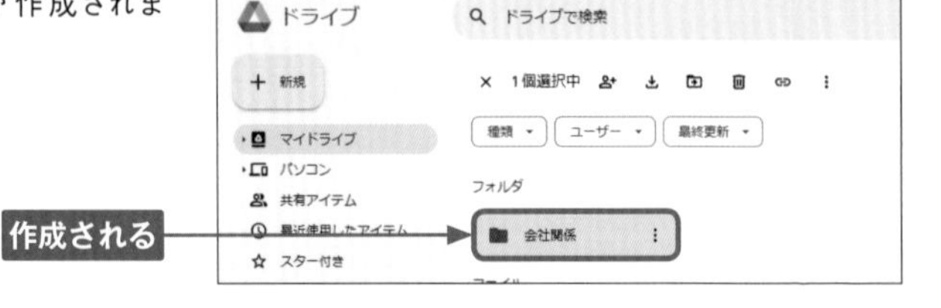

機能紹介
導入
Googleアプリの利用
アプリの利用

5 フォルダに移動したいファイルを右クリックします。

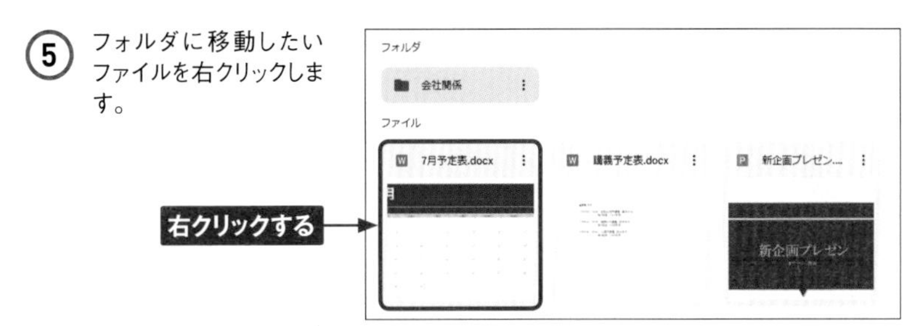

6 「整理」にマウスカーソルを合わせ、[移動] をクリックします。

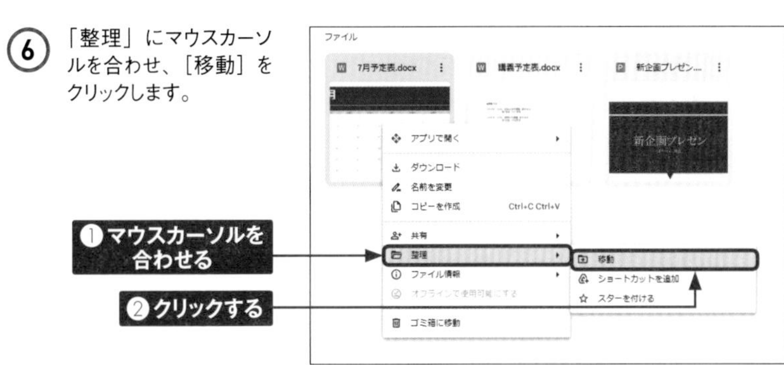

7 移動したいフォルダをクリックし、[移動] をクリックします。

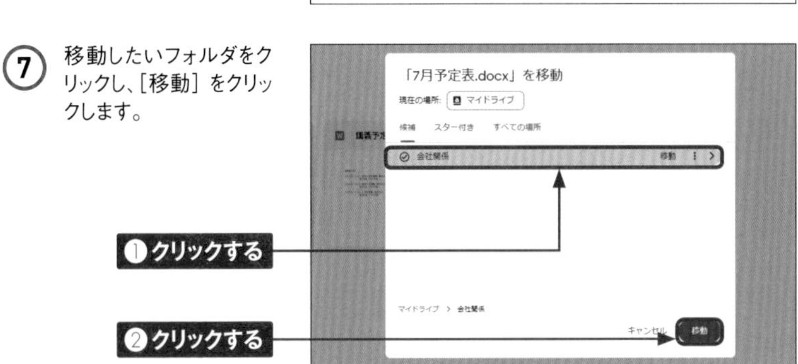

8 ファイルがフォルダに移動します。

Section 17

ファイルを削除する

Googleドライブ内のファイルはいつでも削除することができます。削除したファイルは「ゴミ箱」フォルダに移動します。なお、ゴミ箱に移動したファイルは30日後に完全に削除されるため、復元したい場合は注意が必要です。

ファイルを削除する

① Sec.11を参考にGoogleドライブを表示し、削除したいファイルを右クリックします。

右クリックする

フォルダ
会社関係
ファイル
7月予定表.docx
講義予定表.docx
新企画プレゼン...

② ［ゴミ箱に移動］をクリックします。

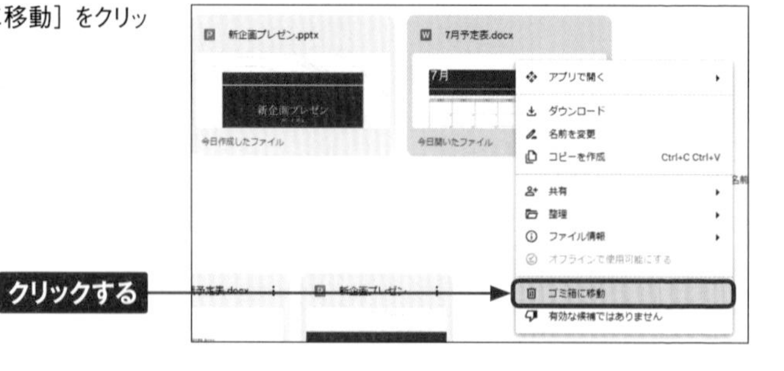

③ ファイルが削除され、「ゴミ箱」に移動します。

削除したファイルを復元する

① Sec.11を参考にGoogleドライブを表示し、［ゴミ箱］をクリックします。

② 復元したいファイルを右クリックします。

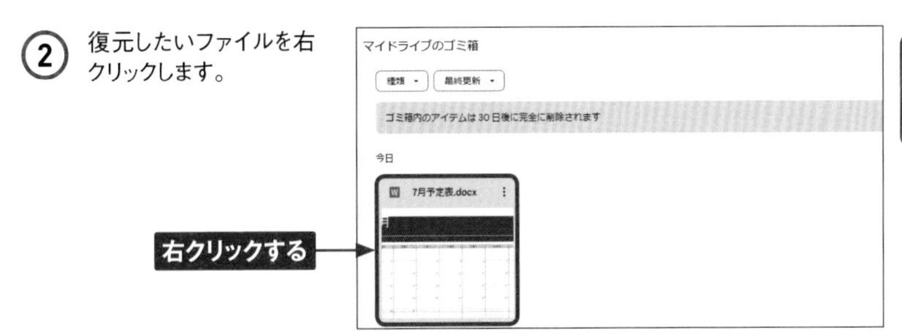

③ ［復元］をクリックします。

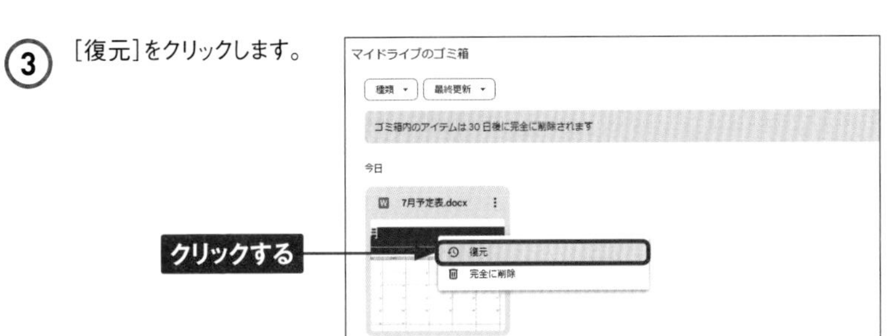

④ ファイルが復元されます。

Section 18 ファイルを検索する

Googleドライブ上に保存されているファイルやフォルダから、特定のファイルを開きたいときは、キーワードで検索することができます。ファイル名や画像、PDF内の文字を対象に検索することができます。

ファイルを検索する

1. Sec.11を参考にGoogleドライブを表示し、[ドライブで検索]をクリックし、検索したいキーワードを入力して、Enterキーを押します。検索候補に目的のファイルが表示された場合は、目的のファイル名をクリックします。

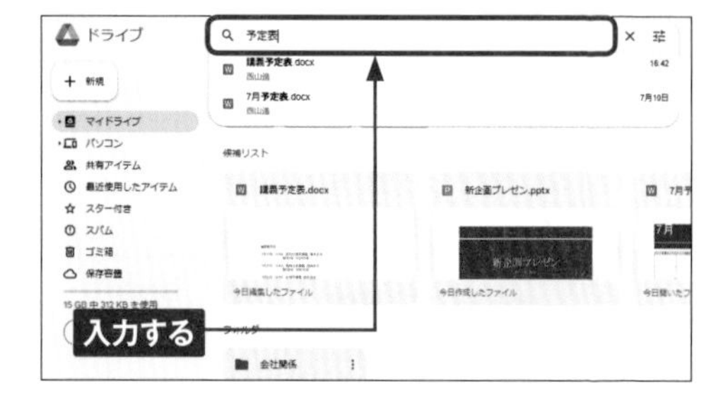

2. 検索結果が一覧表示されます。表示したいファイルをダブルクリックします。

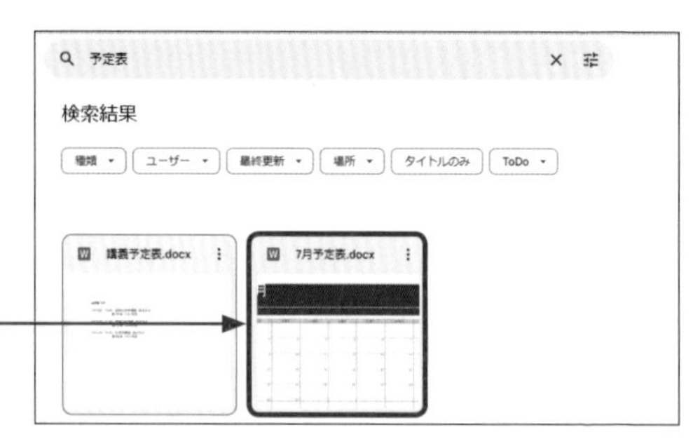

ダブルクリックする

3. ファイルが表示されます。

機能紹介
導入
Googleアプリの利用
アプリの利用

Section 19

検索チップを利用して検索する

「種類」「ユーザー」「最終更新」といった検索チップを使用することで、条件を指定して、ドライブ上から目的のデータをすばやく検索することができます。

検索チップを利用して検索する

① Sec.11を参考にGoogleドライブを表示し、［種類］をクリックします。

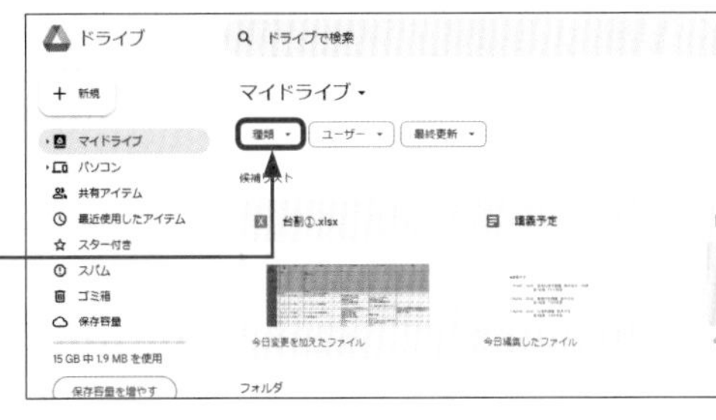

② ここでは［スプレッドシート］をクリックします。

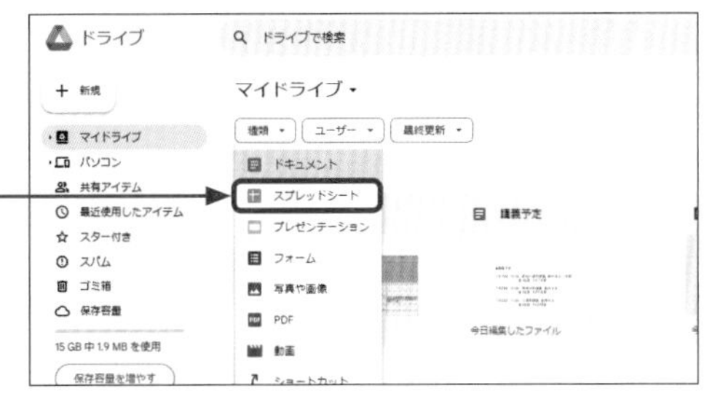

③ 検索結果が一覧表示されます。［ユーザー］や［最終更新］をクリックして、検索結果をさらに絞ることができます。

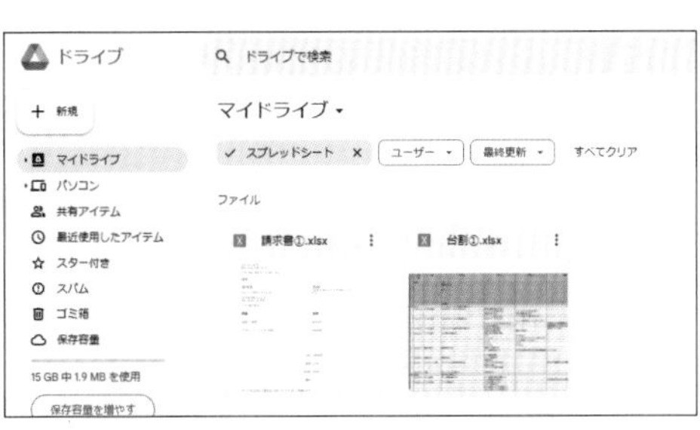

検索オプションを利用して検索する

検索オプションとは、「オーナー」「含まれている語句」「場所」など、細かな条件を指定して、検索結果を絞り込める機能です。検索後も、かんたんに条件を変更して再検索することができます。

検索オプションを利用して検索する

① Sec.11を参考にGoogleドライブを表示し、☷をクリックします。

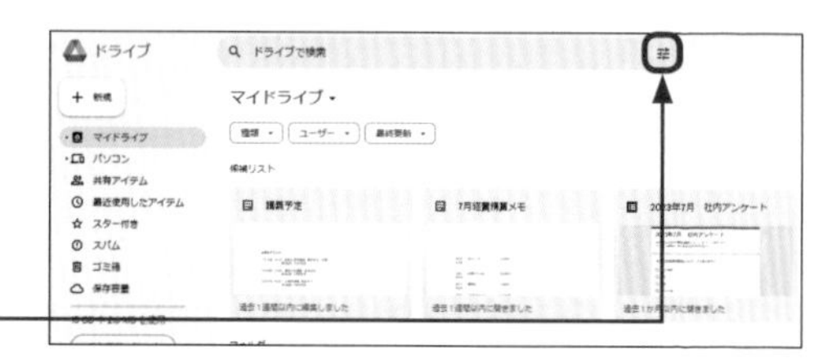

クリックする

② 検索したいファイルやフォルダの「種類」「オーナー」「含まれている語句」などの項目を入力・設定し、[検索] をクリックします。

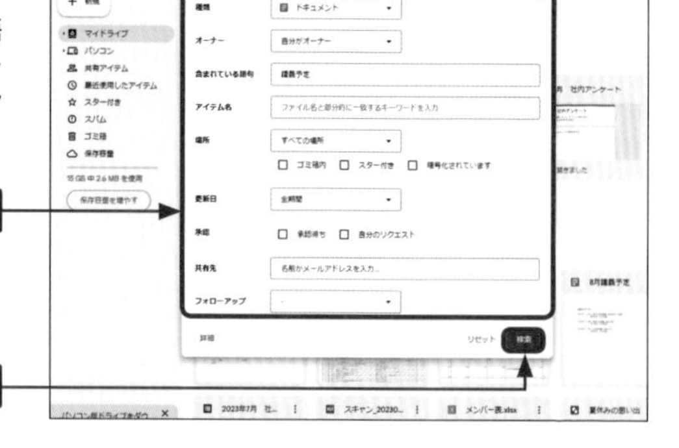

②クリックする

③ 検索結果が一覧表示されます。

④ 適用されているフィルタ（ここでは「ドキュメント」）の×をクリックするとフィルタが削除され、新たに検索結果が表示されます。

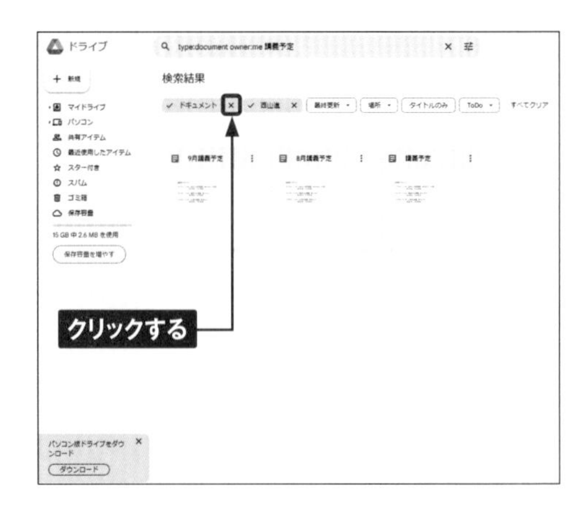

⑤ 新しく条件を追加して検索したい場合は、各フィルタを指定します。ここでは［場所］→［スター付き］の順にクリックします。

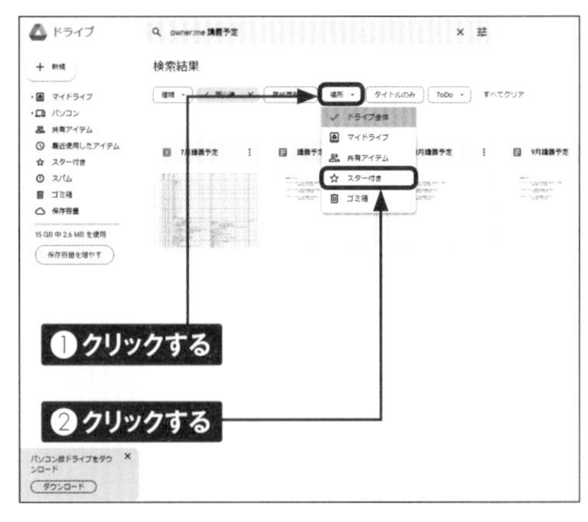

⑥ 検索結果が一覧表示されます。［すべてクリア］をクリックすると、フィルタに表示されている条件のみが削除されます。

Section 21 重要なファイルやフォルダに目印を付ける

Googleドライブ上に保存されている重要なファイルやフォルダには、「スター」という目印を付けることができます。「スター」が付けられたファイルは、もとのフォルダのほかに「スター付き」フォルダにも表示されるようになります。

ファイルやフォルダにスターを付ける

① Sec.11を参考にGoogleドライブを表示し、スターを付けたいファイルを右クリックします。

右クリックする

② 「整理」にマウスカーソルを合わせ、［スターを付ける］をクリックします。

②クリックする

③ ファイルにスターが付きます。

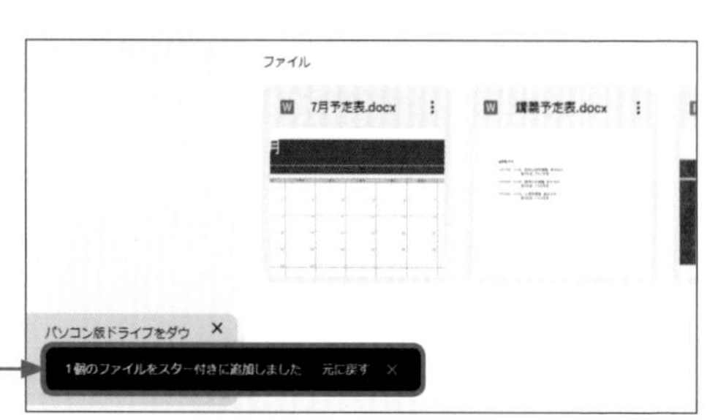

スターが付く

スターを付けたファイルやフォルダを見る

① Sec.11を参考にGoogleドライブを表示し、[スター付き] をクリックします。

② スターが付いたファイルやフォルダが表示されます。

Memo スターを外す

スターを付けたファイルやフォルダからスターを外したい場合は、P.46手順②の画面で［スターを外す］をクリックします。スターが外れ、「スター付き」の一覧に表示されなくなります。

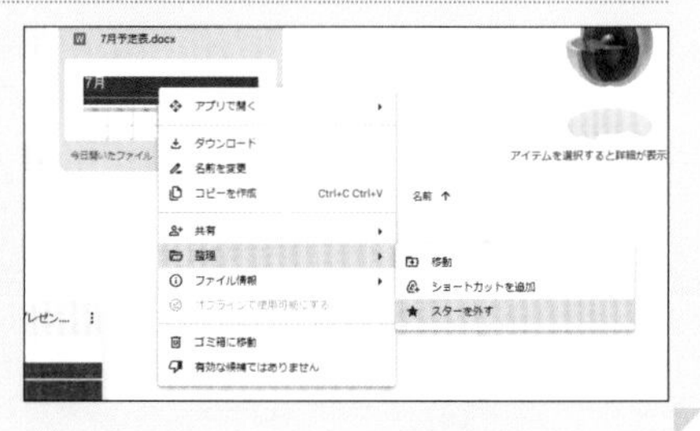

第2章 Googleドライブの基本操作を理解する

Section 22

GoogleのアプリでOfficeファイルを閲覧する

Googleドライブで利用できる「Googleドキュメント」や「Googleスプレッドシート」、「Googleスライド」はそれぞれ、OfficeのWord、Excel、PowerPointと互換性があるため、ドライブ上での閲覧や編集が可能です。

GoogleのアプリでOfficeファイルを閲覧する

Googleドライブでは「Googleドキュメント」や「Googleスプレッドシート」、「Googleスライド」などのアプリが利用でき、これらのアプリはそれぞれ、Microsoft OfficeのWord、Excel、PowerPointと互換性（一部制限あり）があります。そのため、GoogleドライブにOfficeファイルをアップロードした際、Googleのアプリを利用することで、Googleドライブ上でOfficeファイルの閲覧や編集をすることが可能です。また、Googleドライブ上で作成や編集をしたGoogleドキュメントやGoogleスプレッドシートなどはそれぞれWordやExcelなどのOfficeファイルに変換して保存することもできます。ここでは、Googleのアプリである「Googleドキュメント」「Googleスプレッドシート」「Googleスライド」を紹介します。

●Googleドキュメント

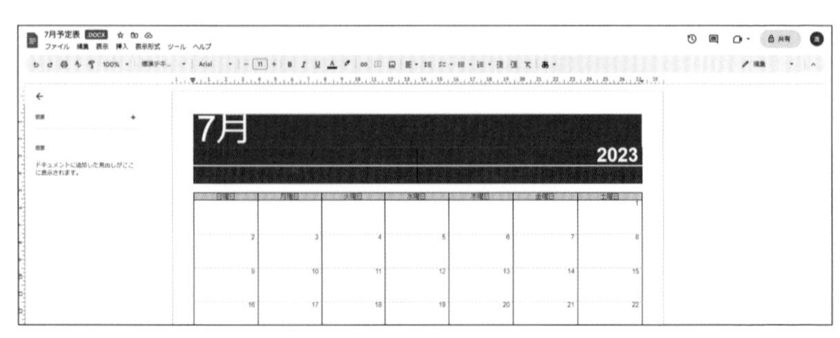

Googleドキュメントは、Webブラウザ上で文章の作成や編集ができるアプリです。Googleドライブと同様にパソコンか、スマートフォンなどの端末とインターネット環境があればどこからでも文章の作成や編集ができます。Googleドキュメントはwordと互換性があるため、GoogleドライブにWordファイルをアップロードし、Googleドライブ上で直接編集が可能です（Sec.25参照）。作成したファイルをWordに変換してダウンロードし、編集することもできます。

● Googleスプレッドシート

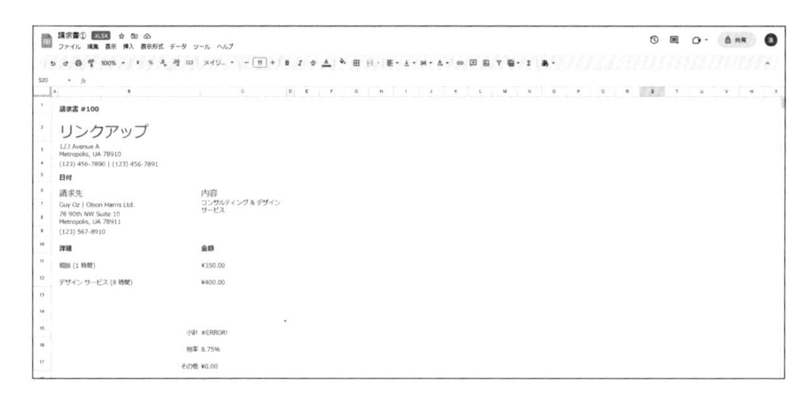

Googleスプレッドシートは、Webブラウザ上で表計算やグラフの作成・編集ができるアプリです。Googleドキュメントと同様にパソコンか端末とインターネット環境があればどこからでもシートの作成や編集ができます。GoogleスプレッドシートはExcelと互換性があるため、GoogleドライブにExcelファイルをアップロードし、Googleドライブ上で直接編集が可能です。作成したファイルをExcelに変換してダウンロードし、Excelで編集することもできます。

● Googleスライド

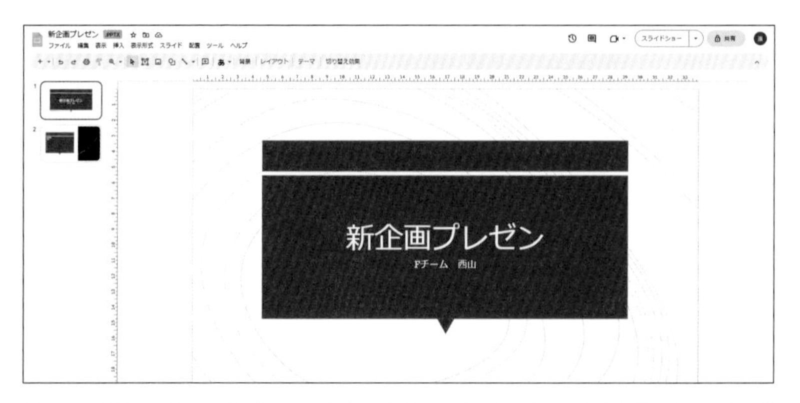

Googleスライドは、Webブラウザ上でプレゼンテーション資料などに利用できるスライドの作成や編集ができるアプリです。 Googleドキュメントと同様にパソコンか端末とインターネット環境があればどこからでもスライドの作成や編集ができます。PowerPointと互換性があるため、GoogleドライブにPowerPointファイルをアップロードし、Googleドライブ上で直接編集が可能です。作成したファイルをPowerPointに変換してダウンロードし、編集することもできます。

Section 23

Googleドライブで Googleのアプリを利用する

Googleドライブでは、Googleドキュメントのほかにもさまざまなアプリの利用が可能です。また、Googleドライブで利用できるアプリは「設定」画面から管理することができます。

Googleドライブで Googleのアプリを利用する

Googleドライブでは、GoogleドキュメントやGoogleスプレッドシートなどのほかにも、Googleフォーム（Sec.26参照）やGoogle図形描画（Sec.27参照）などさまざまなアプリも利用が可能です。Googleフォームでは、アンケートの作成・配布ができ、アンケートの集計もかんたんにまとめることができます。アンケートの回答方法も「記述式」や「ラジオボタン」などから選択でき、さまざまな用途に対応できます。Google図形描画では、グラフや図形を自由に配置してドキュメントやWebサイトを作成できます。ほかにも、Googleマイマップ、Googleサイトなどのアプリがあり、これらはすべて無料で利用が可能です。

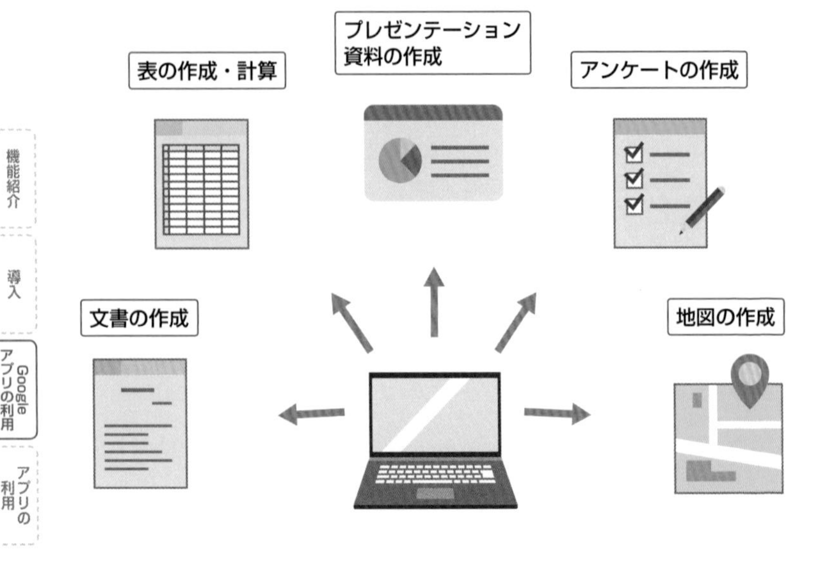

Googleのアプリを管理する

① Sec.11を参考にGoogleドライブを表示し、⚙→［設定］の順にクリックします。

② ［アプリの管理］をクリックします。

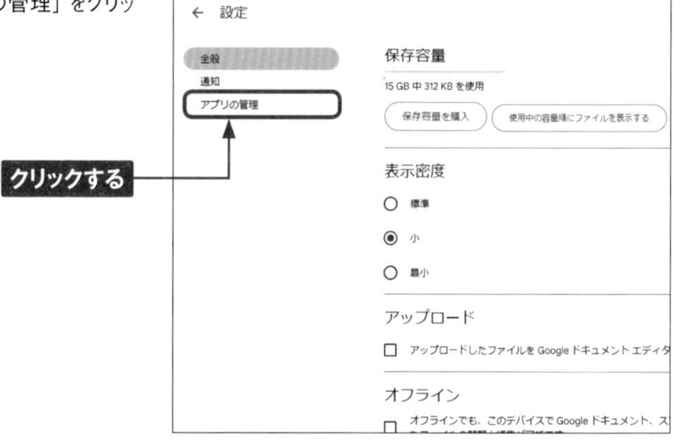

③ Googleドライブで利用できるアプリが一覧表示されます。

第2章 Googleドライブの基本操作を理解する

Section 24

Googleアプリの共通機能を理解する

GoogleドキュメントやGoogleスプレッドシートなどのGoogleのアプリには、編集や共有、コメントの追加などの共通機能があります。ここでは、Googleアプリの共通機能を紹介します。

Googleアプリの共通機能を理解する

●ファイルを編集する

Googleのアプリを利用すると、Googleドライブ上でファイルを編集することができます。GoogleドキュメントはOfficeファイルと互換性があるため、Googleドキュメントを利用することでWordファイルを、Googleスプレッドシートを利用することでExcelファイルを編集できます。

●ファイルを共有する

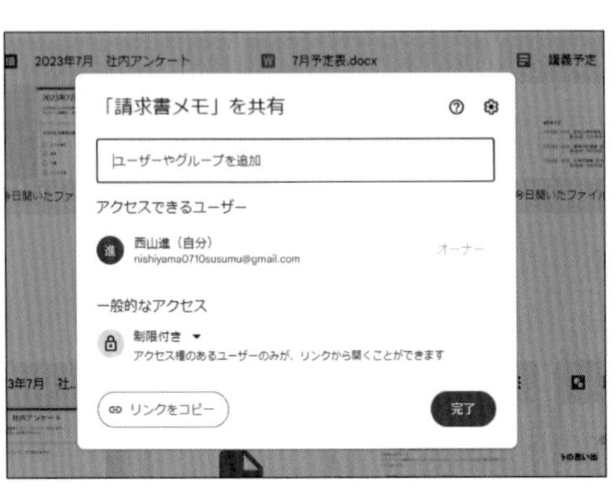

Googleドライブで扱うファイルはほかのユーザーと共有することができます。撮った写真を共有して鑑賞したり、仕事で使用するファイルを共有してチームメンバーと共同編集したりと、活用方法はさまざまです。共有や共有の解除はかんたんに行えます。

●ファイルにコメントを追加する

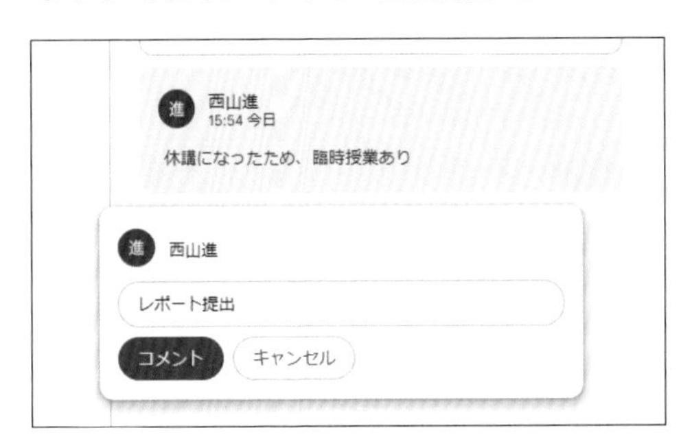

Googleドライブのファイルにはコメントを付けられます。共有相手にあらかじめ知らせたいことや内容に関する疑問点などをファイルに書き込むことが可能です。追加したコメントを編集・削除したり、コメント履歴を確認したりすることもできます。

●ファイルをオフラインでも利用できるようにする

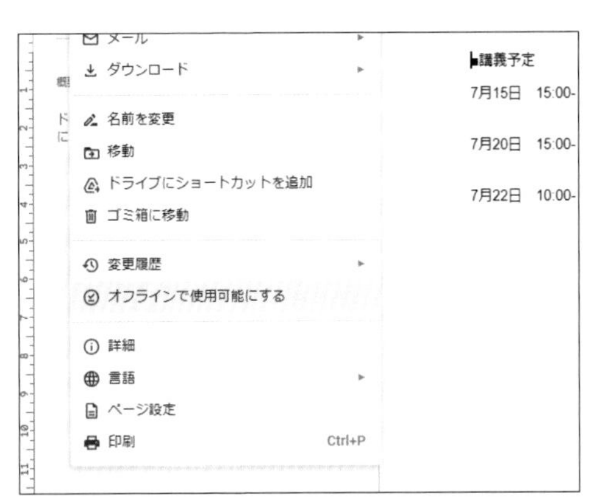

Googleドライブに保存されているファイルは、オフラインでの使用を許可すればインターネット環境のない場所でも閲覧・編集が可能になります。電波環境の悪い場所やインターネットを接続できない場所でもファイルを利用できるようになります。なおこの機能を利用するためには、Chrome拡張機能のGoogleオフライン ドキュメントをインストールする必要があります。

●GoogleドライブのファイルをGmailで送信する

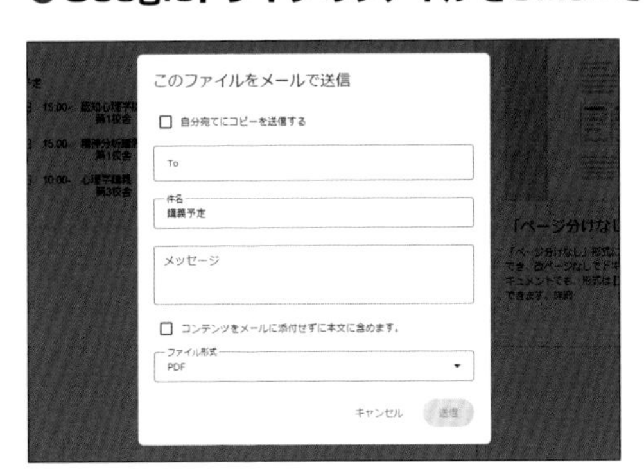

Googleドライブに保存されている文書や写真などのファイルはGmailで送信できます。また送信時にファイルをPDFに変換することも可能です。「Gmail」アプリを起動しなくても、Googleドライブの画面から、宛先のメールアドレスや件名、本文の内容を編集できるため、ファイルの送信を手軽に行えます。

Section 25

Googleアプリを利用する

Googleドライブで、GoogleドキュメントやGoogleスプレッドシート、Googleスライドを使用して作成したファイルは、Webブラウザ上で編集、保存することができます。ここでは「Googleドキュメント」を例に解説します。

ドキュメントを作成する

① Sec.11を参考にGoogleドライブを表示し、[新規]をクリックします。

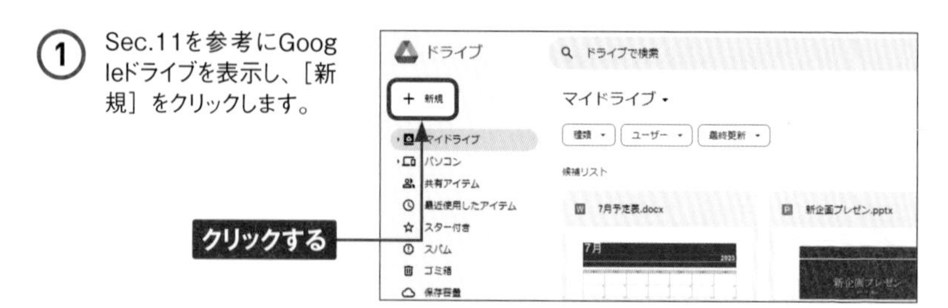

② [Googleドキュメント]をクリックします。

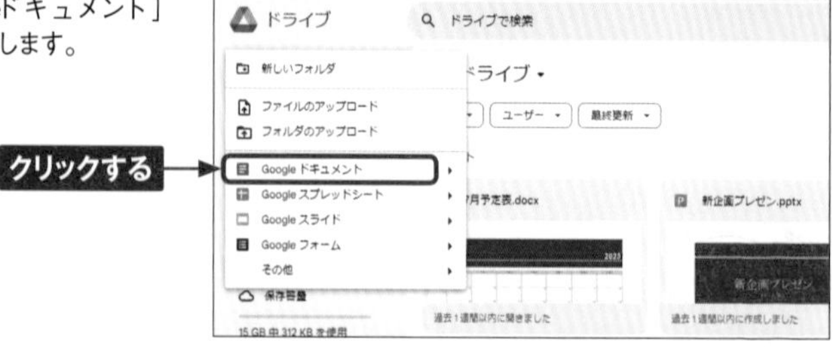

③ ファイル名を入力して、本文を入力します。終了する場合は、Webブラウザのタブの✕をクリックします。

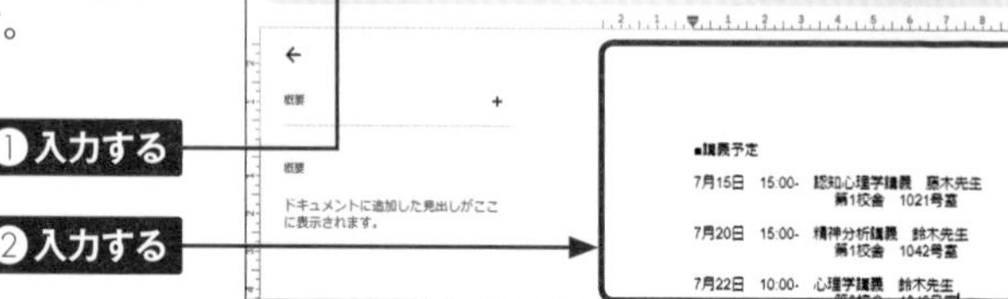

ドキュメントを編集する

① Sec.11を参考にGoogleドライブを表示し、編集するファイルを右クリックします。

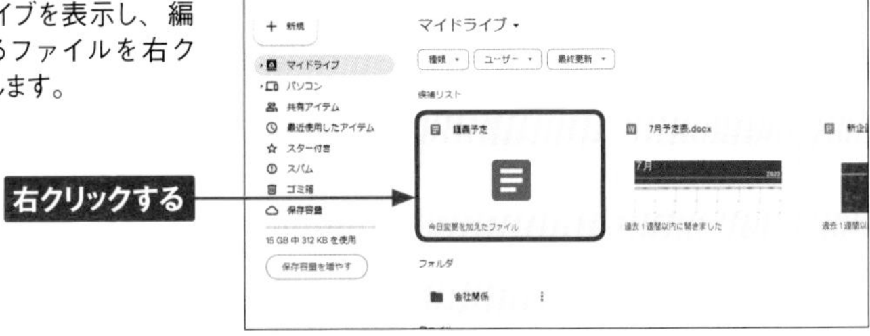

② 「アプリで開く」にマウスカーソルを合わせ、[Googleドキュメント]をクリックします。

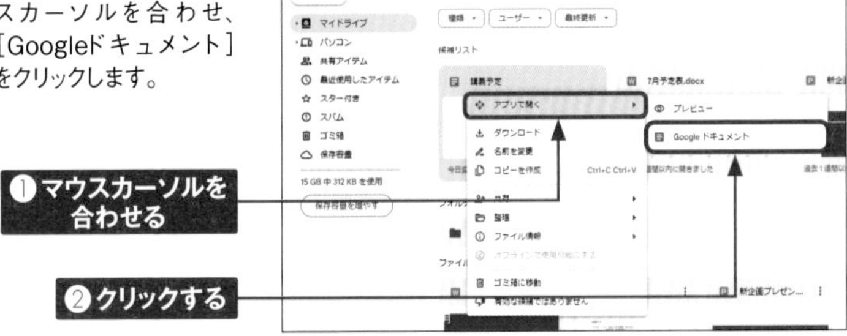

③ ファイルを編集し、Webブラウザのタブの×をクリックしてGoogleドキュメントを終了します。

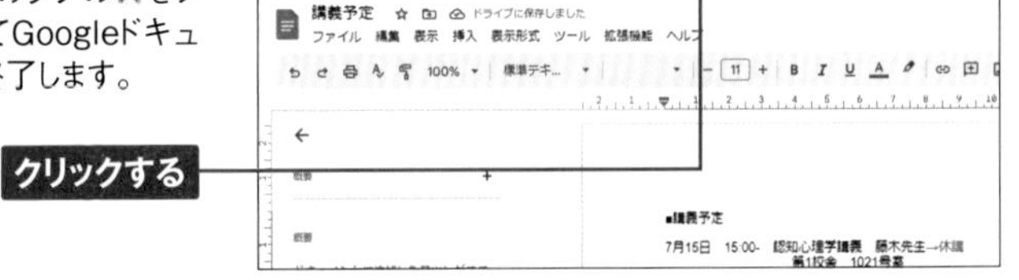

Memo ファイルは自動保存される

Googleドライブはファイルを編集すると、即時に自動保存されるため、手動で保存する必要はありません。変更が保存されると「ドライブに保存しました」と表示されます。

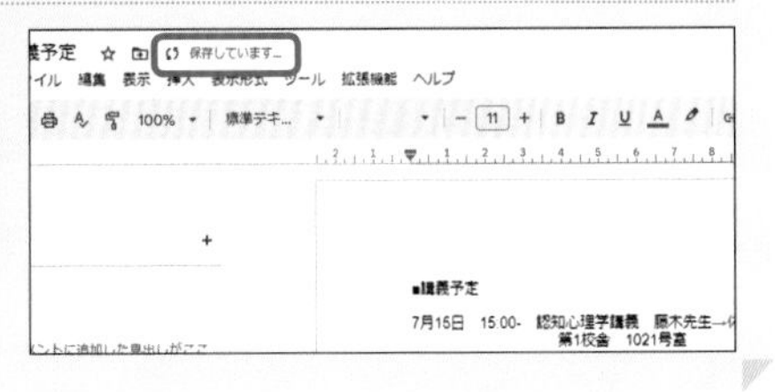

ドキュメントをメールで送信する

① Sec.11を参考にGoogleドライブを表示し、メールで送信するファイルを右クリックします。

② 「アプリで開く」にマウスカーソルを合わせ、[Googleドキュメント]をクリックします。

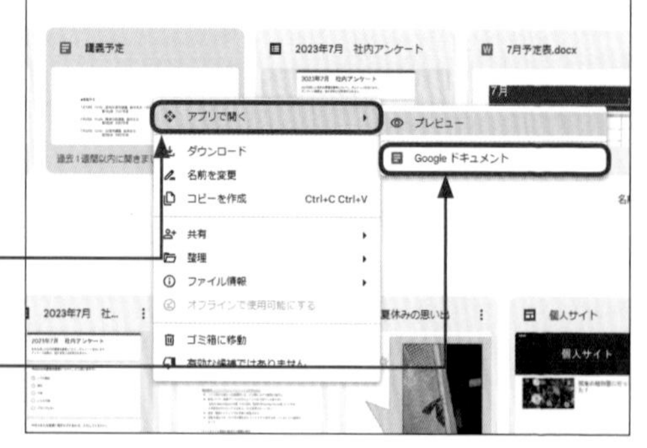

③ ドキュメントが表示されたら、[ファイル]をクリックします。

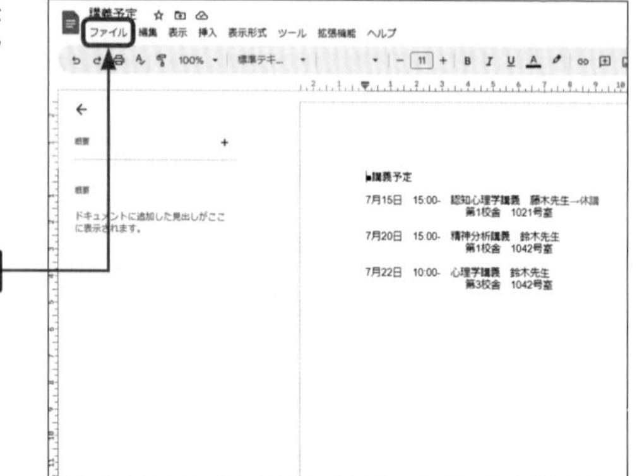

④ 「メール」にマウスカーソルを合わせ、[このファイルをメールで送信] をクリックします。

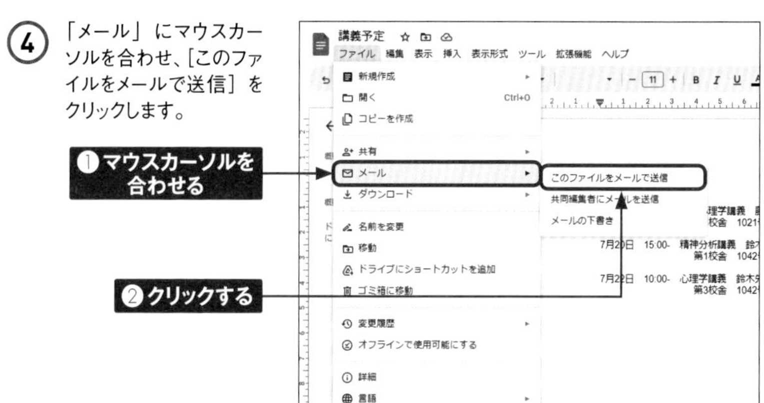

⑤ 相手のメールアドレス、メッセージ、ファイル形式などを入力・設定し、[送信]をクリックします。

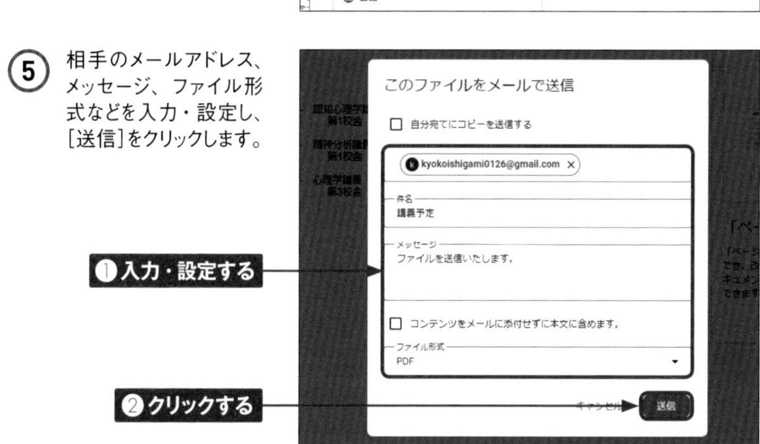

Memo ファイルを共有中のメンバーにメールで送信する

手順④の画面で［共同編集者にメールを送信］をクリックすると、共有しているメンバーのメールアドレスが自動的に送信先に設定されます。［送信］をクリックすると、一斉にドキュメントを送信することができます。

第2章 Googleドライブの基本操作を理解する

Section
26 Googleフォームを利用する

Googleフォームを利用すると、アンケートフォームをかんたんに作成することができます。さまざまなテーマやロゴが利用できるので、オリジナルのアンケートフォームを作成し、共有することが可能です。

Googleフォームを利用する

① Sec.11を参考にGoogleドライブを表示し、[新規] → [Googleフォーム] の順にクリックします。

② Googleフォームの紹介画面が表示されたら、[スキップ] をクリックします。フォームを作成し、[送信]をクリックします。

③ アンケートに回答してほしいユーザーのメールアドレスと件名、メッセージを入力し、[送信] をクリックします。⊖をクリックすると、作成したGoogleフォームのリンクをコピーして共有することができます。

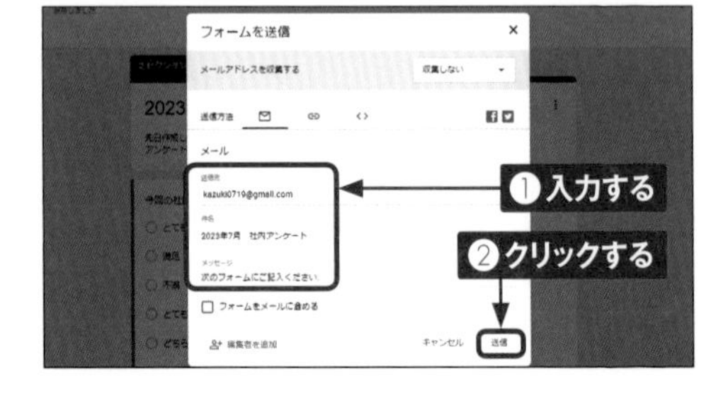

Section 27

そのほかのGoogleアプリを利用する

Googleドライブを表示し、［新規］をクリックして「その他」にマウスカーソルを合わせるとGoogleアプリが表示され、「Google図形描画」や「Googleマイマップ」などのアプリが利用できます。ここでは3つのアプリを紹介します。

そのほかのGoogleアプリ

●Google図形描画

ドキュメントやWebサイトをかんたんに作成できるアプリです。写真やテキストの追加なども自由に行えます。

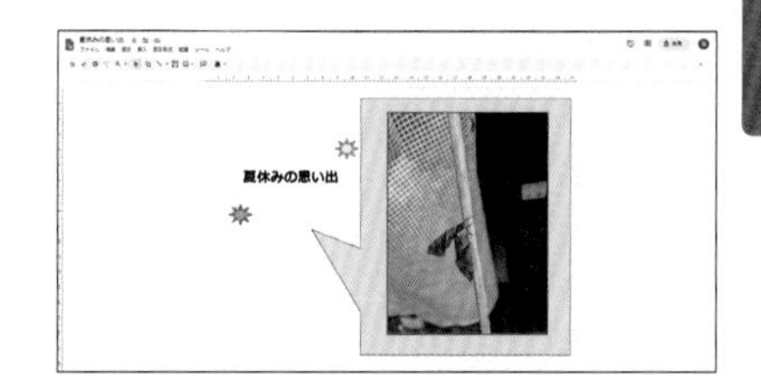

●Googleマイマップ

検索した場所の地図を保存したり、地図上に描画やアイコンを追加したりすることで自分だけの地図を作成できるアプリです。作成した地図はほかの人に公開することも可能です。

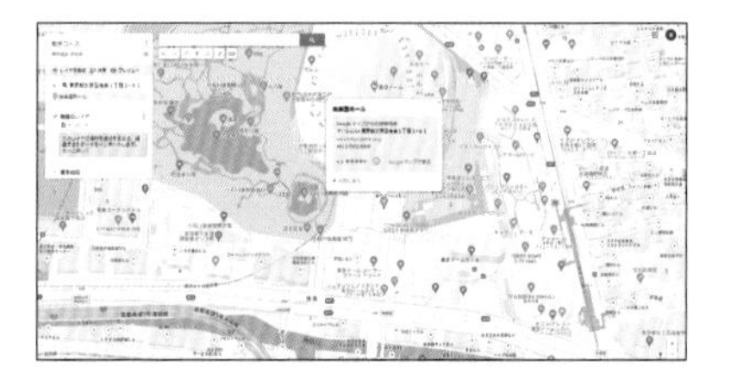

●Googleサイト

Webサイトを作成して、公開することができるアプリです。Webサイトを作成するための知識などがなくても、直感的にサイトを作成できることが特徴です。共同編集することも可能です。

パソコン版Googleドライブの利用を開始する

パソコン版Googleドライブとは、パソコン上のフォルダをGoogleドライブと同期接続でき、WindowsのエクスプローラーやMacのFinderからGoogleドライブを操作できる機能を持つアプリです。

パソコン版Googleドライブを利用する

① WebブラウザでGoogleのサイト（https://www.google.com/intl/ja/drive/download/）にアクセスし、［パソコン版ドライブをダウンロード］をクリックします。

ファイルを安全に保存して、どのデバイスからでもアクセス

パソコン上で選択したフォルダを Google ドライブと同期したり、Google フォトにバックアップしたりできるほか、Windows や Mac パソコンから直接、あらゆるコンテンツにアクセスできます

クリックする → パソコン版ドライブをダウンロード

② 「GoogleDriveSetup.exe」の［ファイルを開く］をクリックします。「このアプリがデバイスに変更を加えることを許可しますか？」画面が表示されたら［はい］をクリックします。

③ ［インストール］をクリックします。インストールが完了したら、［ブラウザでログイン］をクリックします。

Googleドライブ

Google ドライブをインストールしますか？

☐デスクトップにアプリケーションのショートカットを追加する

☑Google ドキュメント、スプレッドシート、スライドのデスクトップ ショートカットを追加

クリックする → インストール　閉じる

4 メールアドレスを入力し、[次へ]をクリックします。

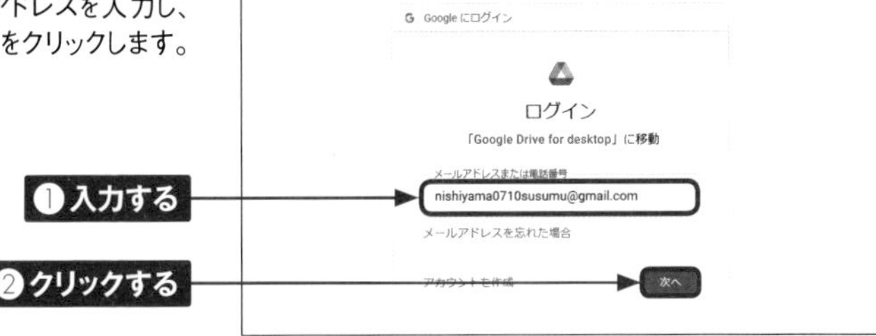

5 パスワードを入力し、[次へ]をクリックします。「このアプリをGoogleからダウンロードしたことをご確認ください」画面が表示されたら、[ログイン]をクリックします。

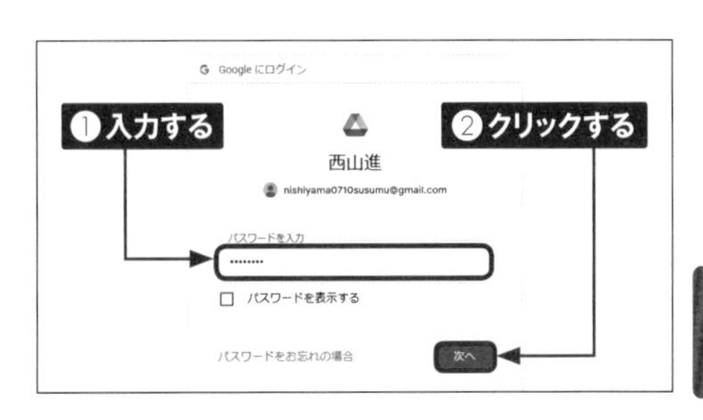

6 デスクトップ画面下部にパソコン版Googleドライブのアイコンが表示されます。 をクリックします。

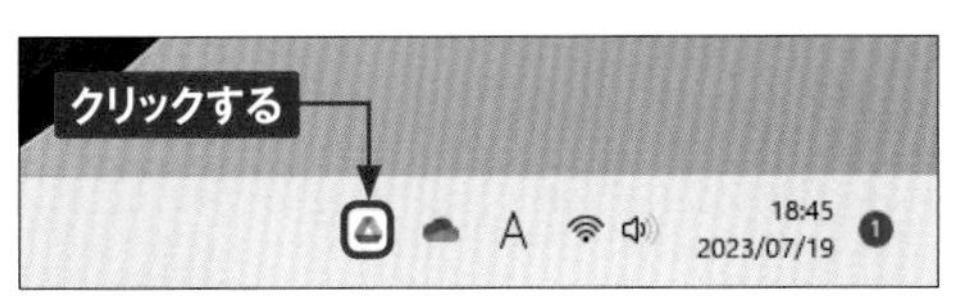

7 パソコン版Googleドライブの状態を確認できます。

Memo パソコン版Googleドライブをアンインストールするとき

パソコン版Googleドライブ(Sec.28～30参照)をパソコンからアンインストールしたい場合は、アンインストールする前に、P.62手順②の画面で⚙をクリックし、[アカウントの接続を解除]をクリックする必要があります。

Section 29

Googleドライブのファイル同期を設定する

パソコン版Googleドライブを利用すると、パソコンに仮想のGoogleドライブフォルダが作成されます。ドライブ内のファイルはGoogleドライブ内のみに保存するストリーミングと、パソコンにも保存できるミラーリングが選択できます。

ファイルの保存場所を変更する

① デスクトップで△→⚙→［設定］の順にクリックします。

② 「パソコン版ドライブを使ってみる」画面が表示されたら［スキップ］をクリックします。［Googleドライブ］をクリックします。

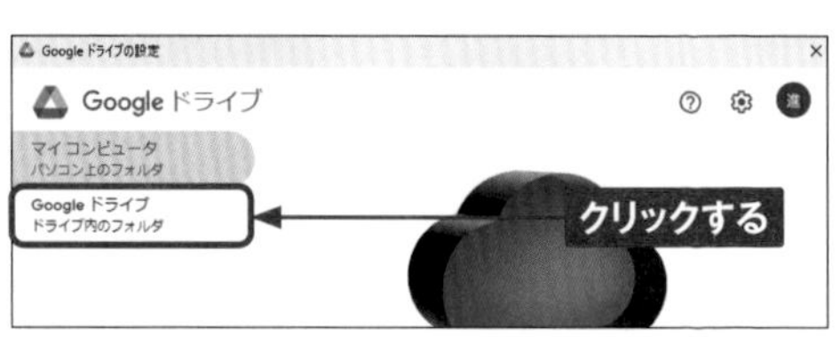

③ 「マイドライブの同期オプション」画面が表示されたら［OK］をクリックします。「ファイルをミラーリングする」の○→［場所を確認］の順にクリックします。

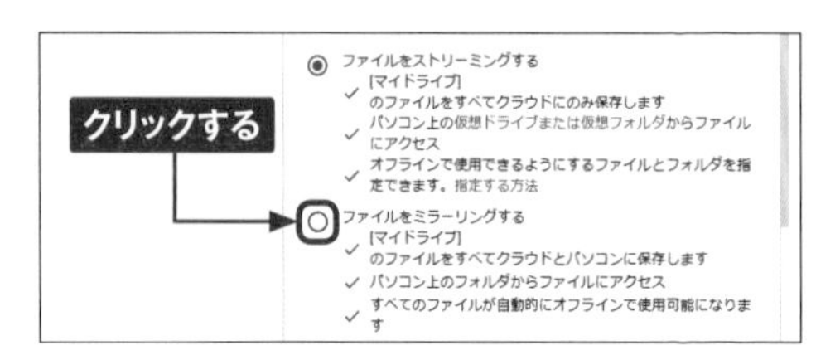

④ ［保存］をクリックします。

同期を一時停止する

パソコン版Googleドライブは、常にパソコン上のデータと同期していますが、同期は一時停止することが可能です。Googleドライブに保存したくないデータを扱う場合などに設定しましょう。なお、同期の再開もかんたんに行えます。

同期を一時停止する

① デスクトップで → の順にクリックします。

②クリックする

①クリックする

② ［同期を一時停止］をクリックします。

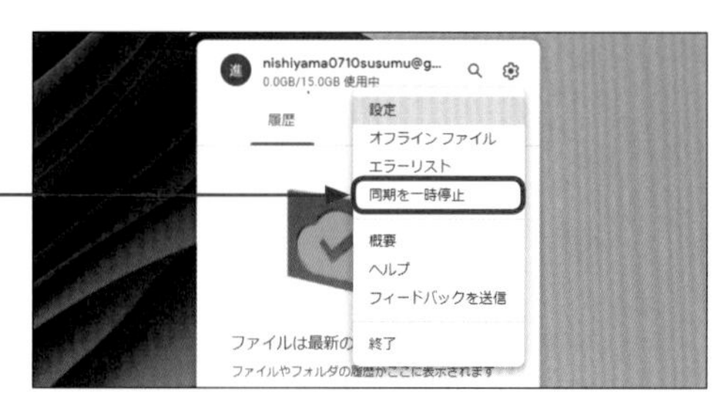

③ 同期が一時停止されます。同期を再開する場合は、 →［同期を再開］の順にクリックします。

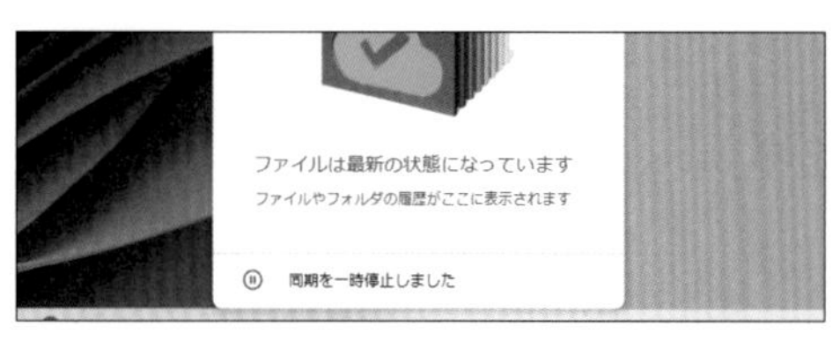

Section 31

スマートフォンでGoogleドライブを利用する

スマートフォン用「ドライブ」アプリを使うと、外出先からでもGoogleドライブのさまざまな機能を利用できます。なお、Androidスマートフォンの場合「ドライブ」アプリは最初からインストールされています。

Googleドライブを利用する

1 スマートフォンのホーム画面で［Google］をタップし、［ドライブ］をタップします。

2 初回はGoogleアカウントへのログインが求められるので、メールアドレスを入力し、［次へ］をタップします。

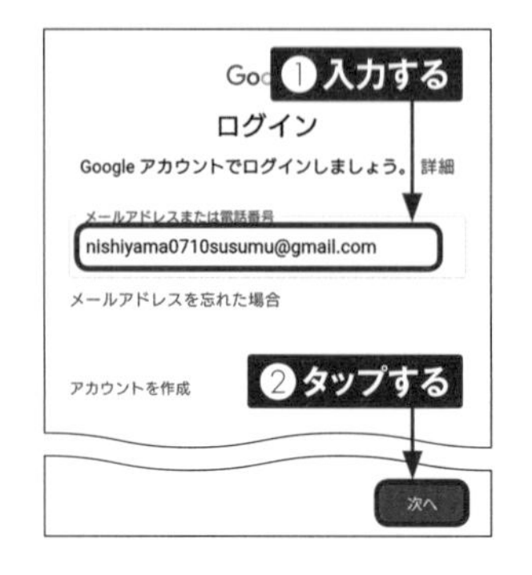

3 パスワードを入力し、［次へ］→［有効にしない］→［同意する］→［同意する］の順にタップします。

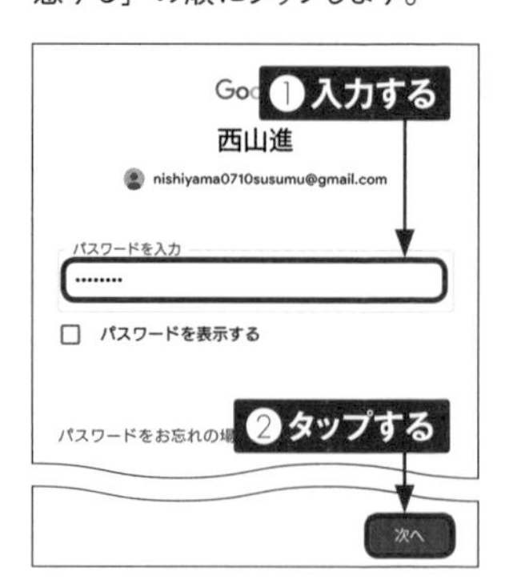

4 Googleドライブの設定が完了し、利用できるようになります。

Section 32

スマートフォンでファイルを開く

スマートフォン用「ドライブ」アプリでは、ファイルの閲覧やコメントの追加、ファイルのアップロードなどの操作を行えます。「ドライブ」アプリをタップして起動し、ファイルをタップすることでファイルが表示されます。

ファイルを開く

① スマートフォンのホーム画面で［Google］をタップし、［ドライブ］をタップします。

② ［ファイル］をタップし、開きたいファイルをタップします。

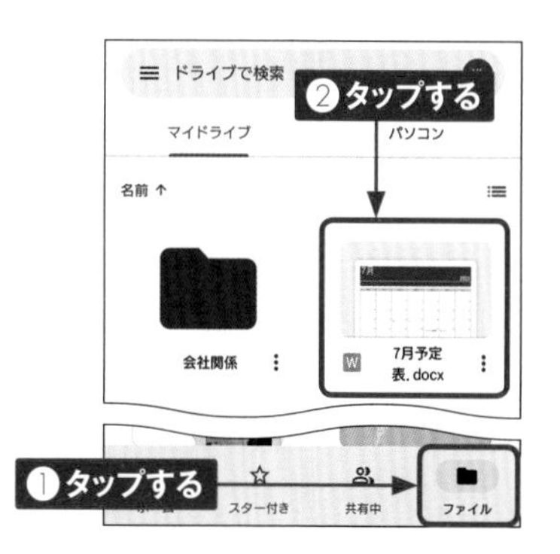

③ ファイルが表示されます。←をタップすると、ファイルが閉じます。

Memo iPhoneにインストールする

iPhoneで「Googleドライブ」アプリを利用したい場合は、「App Store」からインストールする必要があります。ホーム画面で［App Store］をタップし、画面下部にある［検索］をタップします。入力欄に「Googleドライブ」と入力し、［検索］（または［Search］）をタップします。「Googleドライブ」をタップし、［入手］→［インストール］の順にタップします。Apple IDとパスワードを入力して、［OK］をタップすると、インストールが開始されます。

Section 33

スマートフォンからファイルを操作する

スマートフォンの「ドライブ」アプリで、Googleドライブに保存されているファイルを開くには、対応したアプリがインストールされている必要があります。ファイルを編集したい場合は、あらかじめ対応したアプリをインストールしておきましょう。

ファイルを操作する

① P.65手順①〜②を参考に「ドライブ」アプリのファイルを表示し、編集したいファイルをタップします。

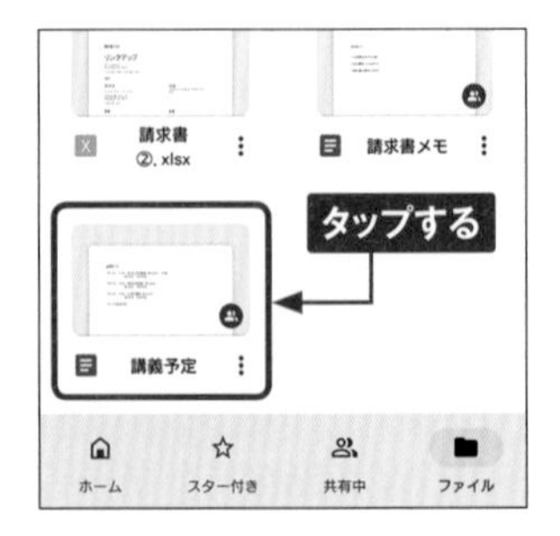

② ファイルが表示されます。をタップします。

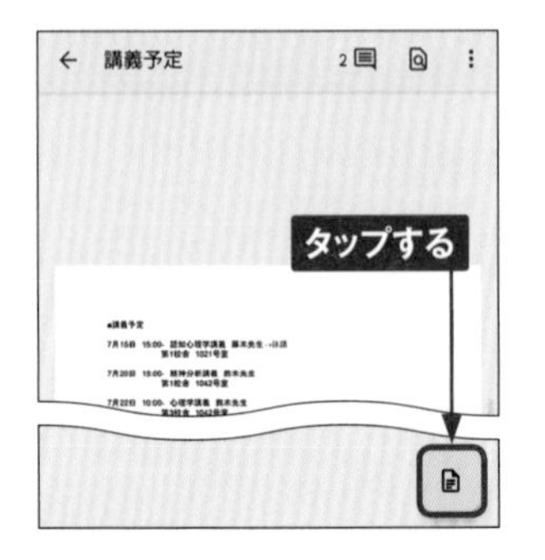

③ 編集したいファイルに対応したアプリ（ここでは「Googleドキュメント」アプリ）の紹介画面が表示されます。［インストール］をタップします。

④ 「Googleドキュメント」アプリをインストールし、再度手順②の画面を表示して［OK］をタップすると、ファイルを操作できます。

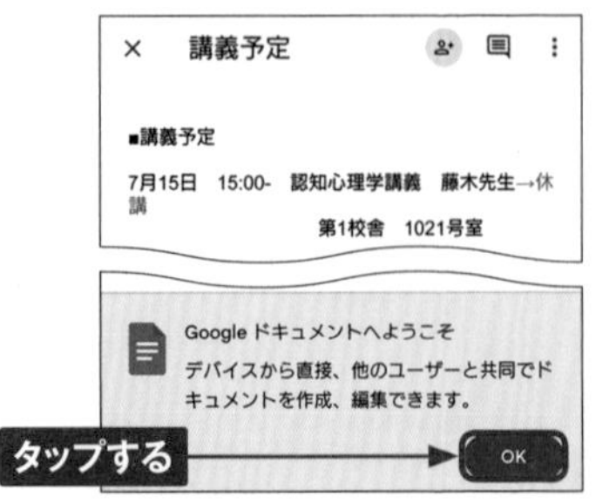

Googleドライブを活用する

Section 34
ファイルの履歴を管理する

Googleドライブでは、変更されたファイルの履歴を「版」として管理できます。Google形式（Sec.22参照）のファイルは、古い版を復元することができます。

Google形式ファイルの履歴を管理する

① Sec.11を参考にGoogleドライブを表示して、履歴を確認したいファイルを開き、［ファイル］をクリックします。

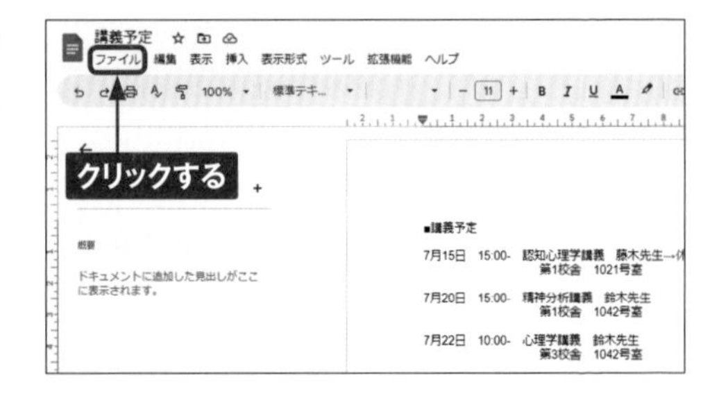

② 「変更履歴」にマウスカーソルを合わせ、［変更履歴を表示］をクリックします。

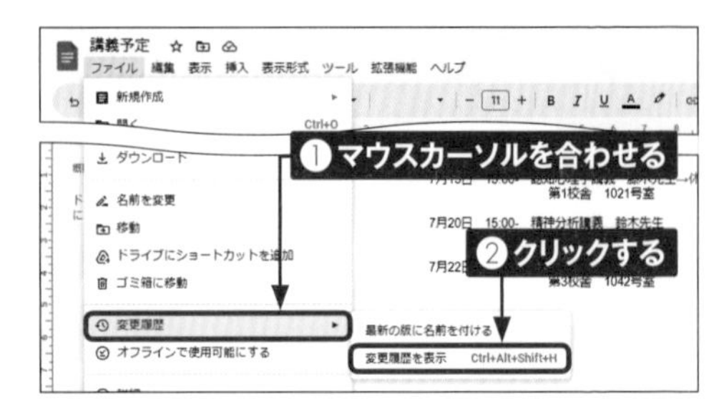

③ 画面右側に変更履歴が表示されます。ファイルを変更前の状態に戻したい場合は、戻したいファイルの履歴をクリックし、［この版を復元］をクリックします。

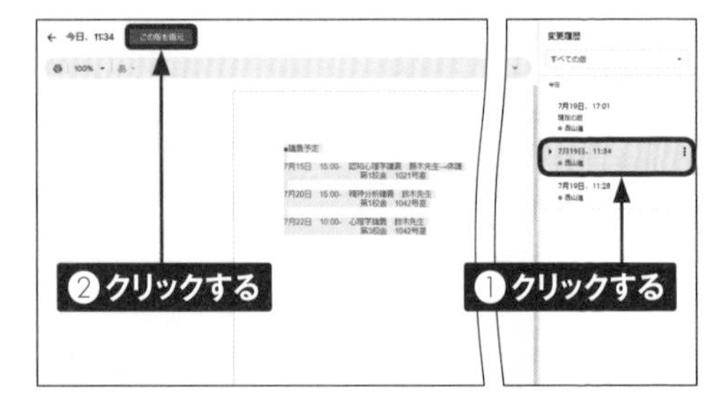

ファイル操作
共有
便利機能
設定とアカウント

Section 35

ファイルをオフラインで編集する

オフラインアクセスをオンにすると、GoogleドキュメントやGoogleスプレッドシート、Googleスライドのファイルをインターネットに接続せずに利用することができます。なお、オフライン時に加えた編集内容は、次回のオンライン時に同期されます。

ファイルをオフラインで編集する

1 Sec.11を参考にGoogleドライブを表示して、⚙をクリックし、[設定]をクリックします。

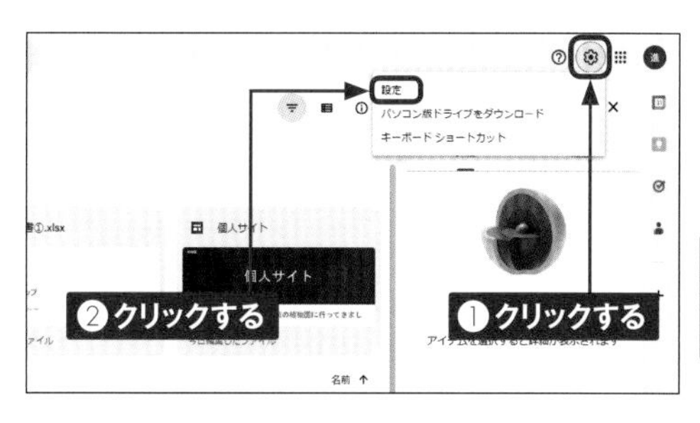

2 「全般」の「オフラインでも、このデバイスでGoogleドキュメント、スプレッドシート、スライドのファイルの作成や最近使用したファイルの閲覧と編集が可能です」のチェックボックスをクリックしてチェックを付けます。

Memo オフラインアクセスを利用するには

オフラインアクセスを設定するには、Chrome拡張機能のGoogle オフライン ドキュメントのインストールと、WebブラウザがChromeまたはMicrosoft Edgeである必要があります。なお、パソコン用Googleドライブを利用している場合は、ミラーリングによってすべてオフラインで利用できます。

Section 36

ファイルを印刷する

Googleドライブで開いたOfficeファイルやPDFファイルは、印刷することができます。必要に応じて、用紙サイズや部数、レイアウトなどを設定しましょう。なお、Webブラウザによってファイルの印刷方法は異なります。

ファイルを印刷する

1 Sec.11を参考にGoogleドライブを表示して、印刷したいファイルを開き、🖶をクリックします。

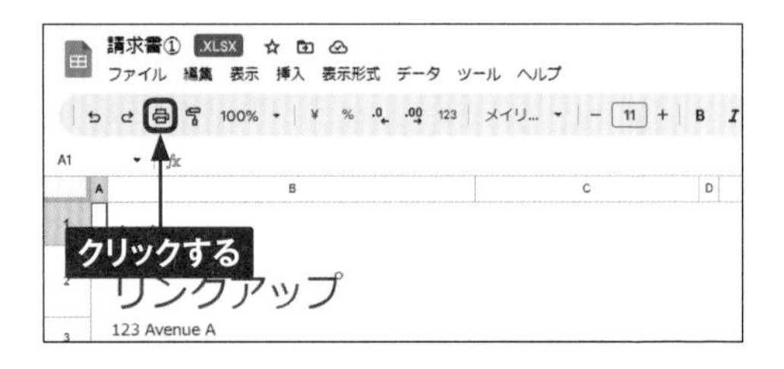

2 Googleアプリで開いている場合は、印刷する範囲や用紙サイズを設定し、[次へ] をクリックします。

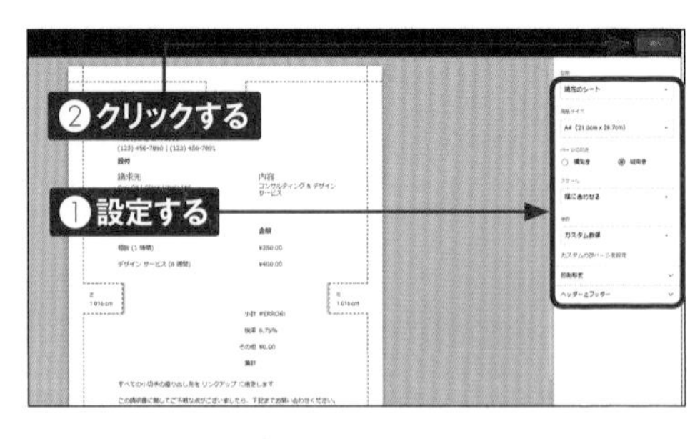

3 プリンターや部数、レイアウトなどを設定し、[印刷] をクリックして、印刷を行います。

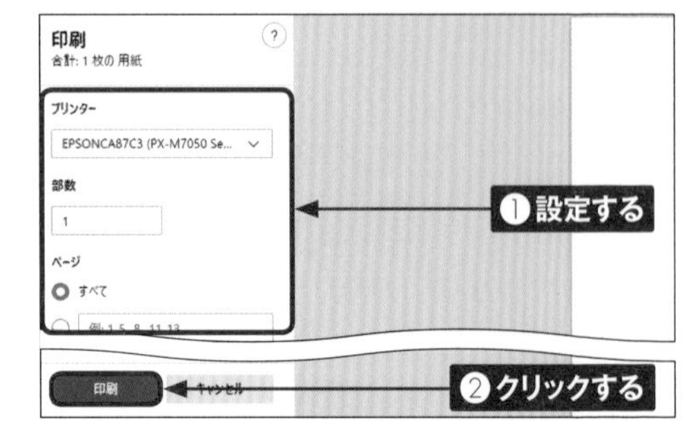

個別のフォルダやファイルのみ同期する

パソコン版Googleドライブ（Sec.28参照）を利用すると、パソコン上の個別のフォルダやファイルをGoogleドライブと同期することが可能です。特定の資料をGoogleドライブと同期したいときに利用しましょう。

個別のフォルダやファイルのみ同期する

① デスクトップで △ → ⚙ の順にクリックします。

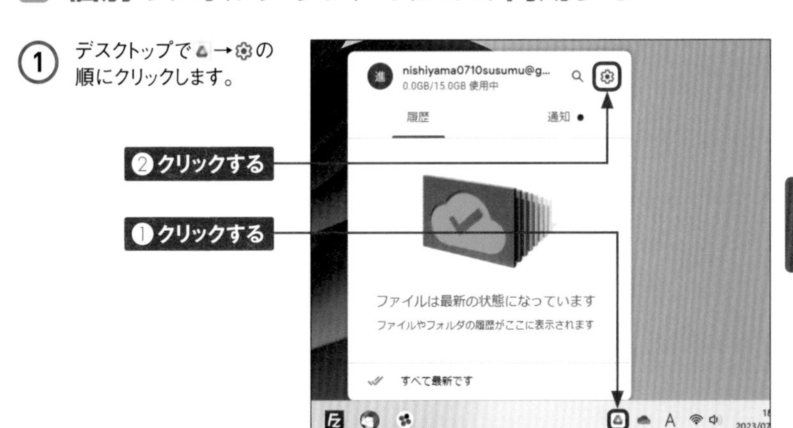

② ［設定］をクリックします。

③ ［マイコンピュータ］をクリックして、［フォルダを追加］をクリックします。

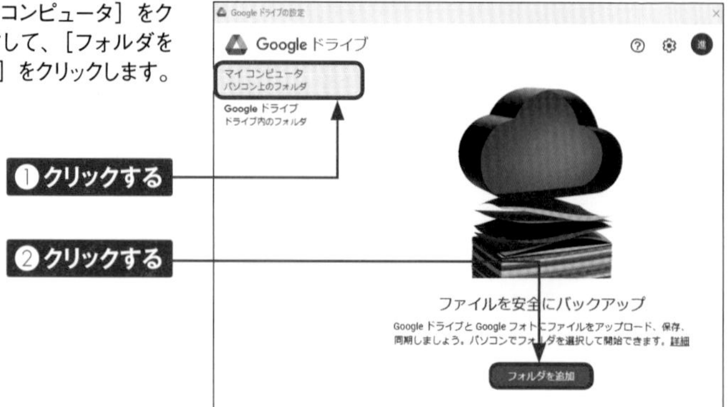

④ フォルダをクリックして選択し、［フォルダーの選択］をクリックします。

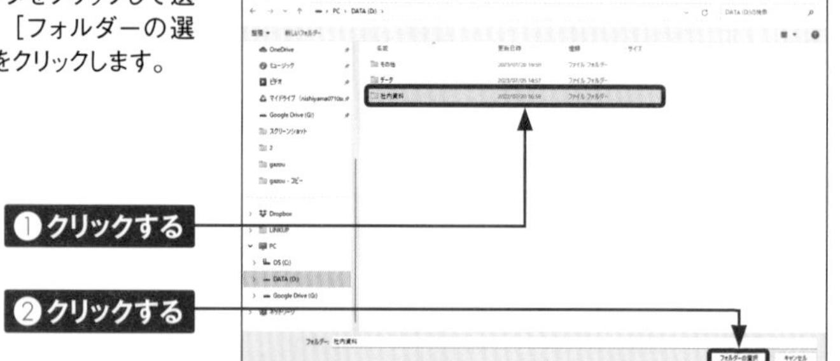

⑤ 「Googleドライブと同期する」の□をクリックしてチェックを付けて、［完了］をクリックします。

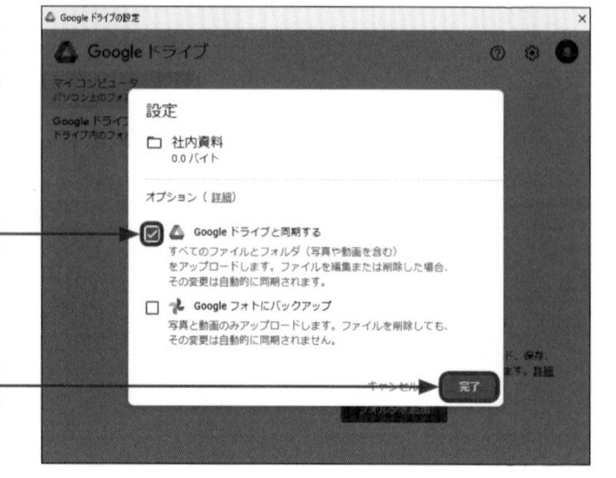

⑥ ［保存］をクリックします。

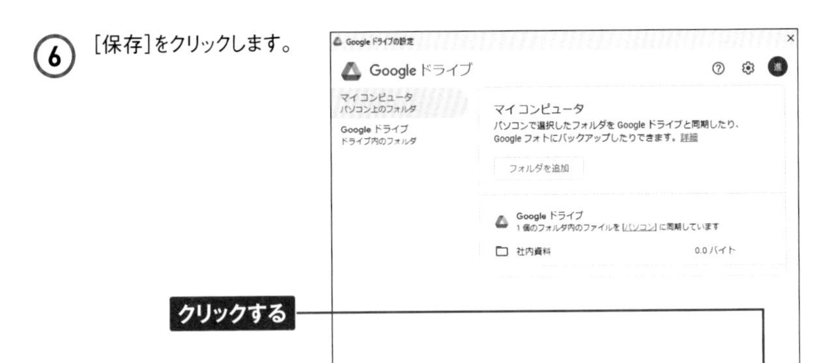

⑦ Sec.11を参考にGoogleドライブを表示し、［パソコン］をクリックして［マイコンピュータ］をダブルクリックすると、フォルダが同期されていることが確認できます。

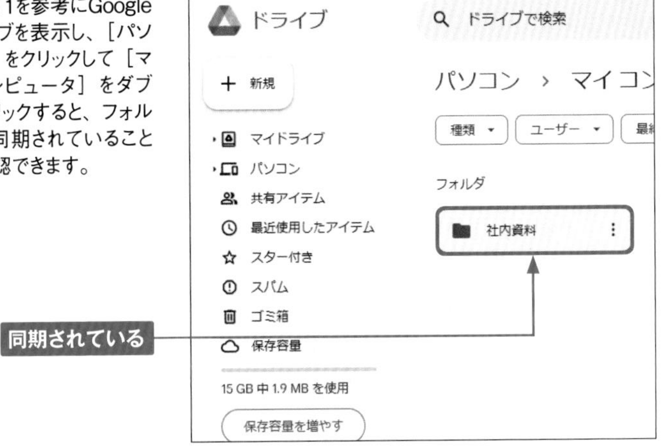

第3章 Googleドライブを活用する

Memo Googleドライブに同期されているファイル

Googleドライブに同期されているフォルダやファイルのアイコンには、Googleドライブのマークが表示されます。

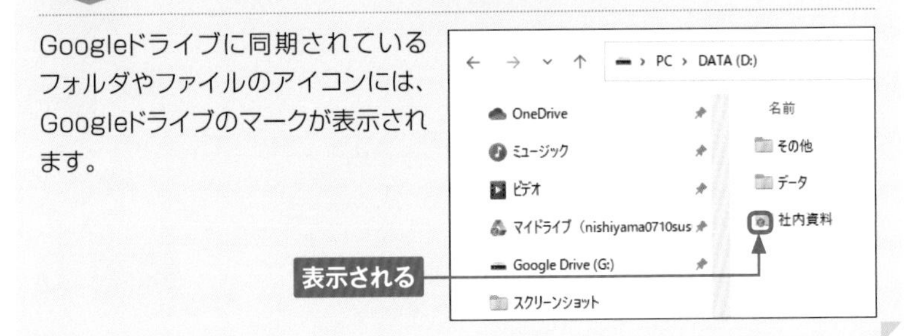

Section 38

ファイルやフォルダをほかの人と一緒に利用する

Googleドライブで作成や保存をしたファイルは、ほかのユーザーと共有し、一緒に利用できます。なお、共有相手がGoogleアカウントを作成していない場合、その共有相手はファイルの閲覧のみ行うことができます。

ファイルやフォルダを共有する

① Sec.11を参考にGoogleドライブを表示し、共有したいファイルを右クリックします。

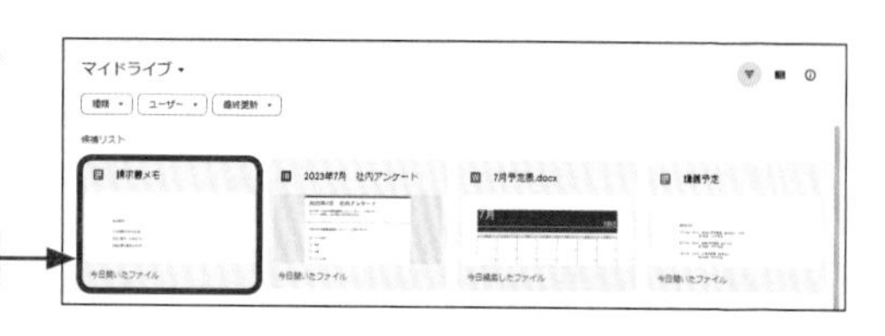

② 「共有」にマウスカーソルを合わせ、[共有] をクリックします。

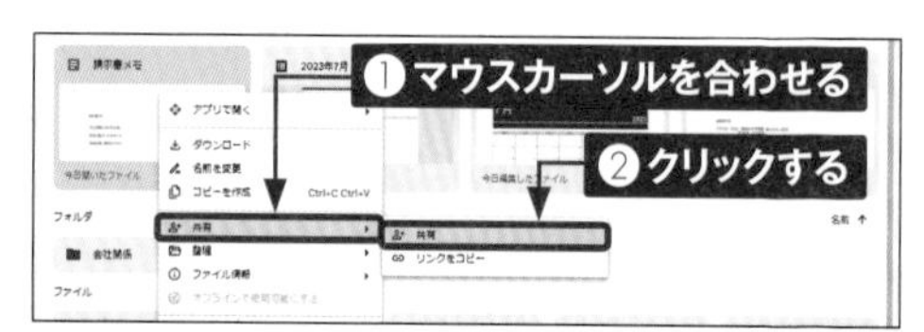

③ 共有するユーザーのメールアドレスとメッセージを入力し、[送信] をクリックします。

④ メールが送信され、ファイルが共有されます。手順①の画面で、▤をクリックして、リスト表示に切り替えます。

⑤ ファイル名の横に表示される👥で、共有されていることが確認できます。

共有された

共有したユーザーを確認する

① 手順④の画面で、共有されたファイルをクリックし、ⓘをクリックします。

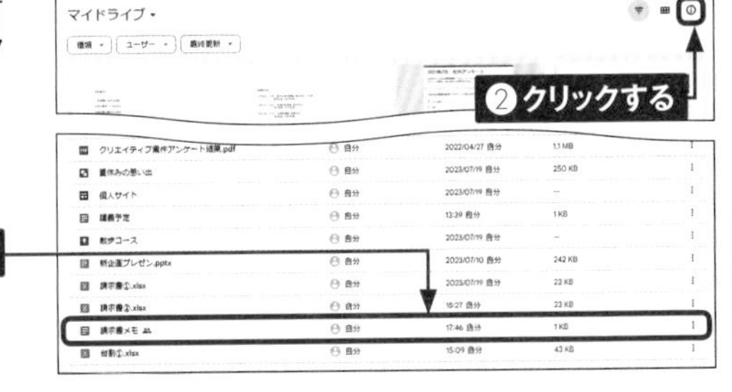

② 画面右側の「マイドライブ」画面に共有したユーザーなどの詳細が表示されます。

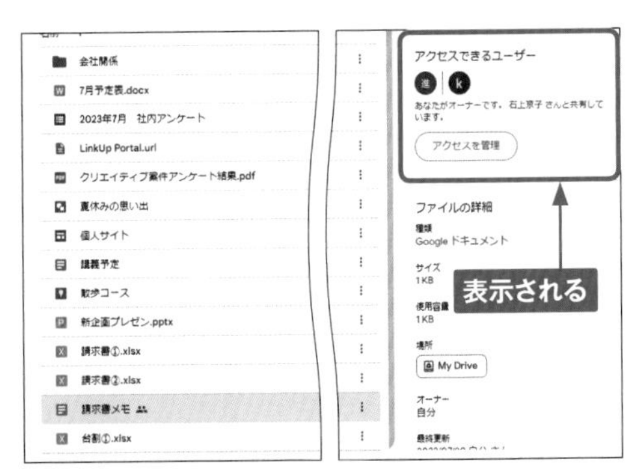

Memo ファイルのコピーを無効化する

手順③の画面で⚙をクリックし、[閲覧者と閲覧者（コメント可）に、ダウンロード、印刷、コピーの項目を表示する］をクリックしてチェックを外すと、自分以外のユーザーによるファイルのコピーを無効化できます。

Section 39

Googleアカウントを持っていない人と共有する

Googleドライブで「公開」に設定されたファイルやフォルダは、Googleアカウントを作成していない人でもアクセスが可能になります。公開範囲は、「制限付き」または「リンクを知っている全員」のどちらかを選択できます。

ファイルやフォルダをリンク共有する

① Sec.11を参考にGoogleドライブを表示し、共有したいファイルを右クリックします。

② 「共有」にマウスカーソルを合わせ、[共有]をクリックします。

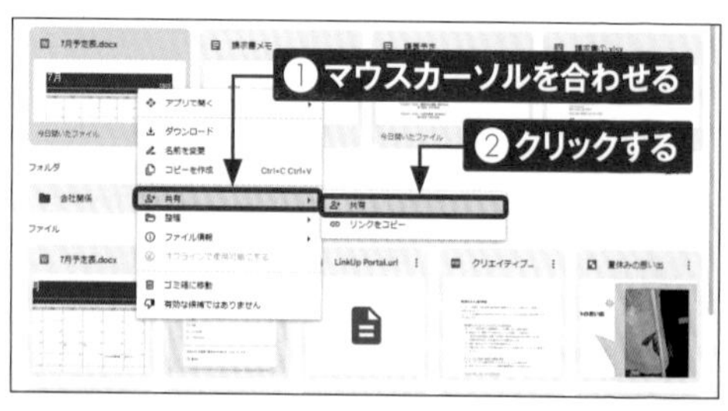

③ [制限付き] → [リンクを知っている全員]の順にクリックします。

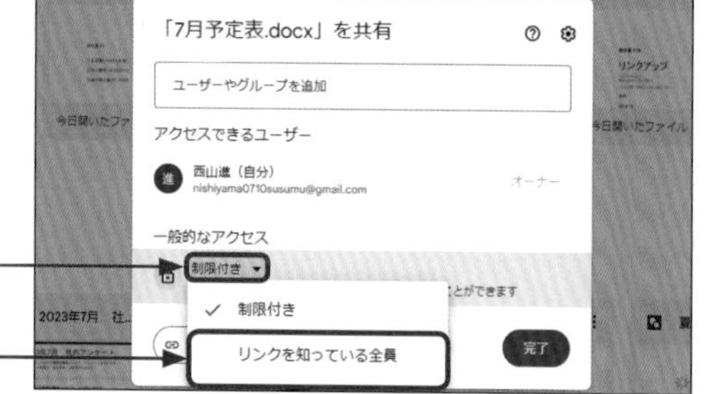

④ ［閲覧者］→［編集者］の順にクリックします。

⑤ リンクを知っている全員がファイルを編集できるようになります。［リンクをコピー］をクリックすると、リンクをクリップボードにコピーできるので、メールなどでリンクを送信します。［完了］をクリックします。

Memo 「制限付き」と「リンクを知っている全員」

手順②の画面で、「制限付き」と「リンクを知っている全員」を選択する画面が表示されます。「制限付き」とは、共有するユーザー（Sec.38参照）に追加された人のみがリンクからアクセスできる設定を表します。そのため、共有するユーザーに追加されていない人はリンクを持っていてもファイルにアクセスすることはできません。「リンクを知っている全員」は、共有するユーザーに追加されているかどうかにかかわらず、すべての人がリンクからファイルにアクセスすることができる設定のことです。Googleアカウントを持っていない人にファイルを共有したい場合に利用しましょう。なお、標準では制限付きでリンクが作成されます。

Section 40 複数人でグループを作成する

Googleには、オンラインディスカッションやメンバーどうしのメールのやり取り、共同作業などを行える「Googleグループ」というサービスがあります。Googleドライブの共有（Sec.38参照）にも利用できます。

Googleグループを利用する

① P.32手順②の画面で［その他のソリューション］をクリックします。

② 下方向にスクロールし、「Googleのプロダクト」を表示します。［Googleグループ］をクリックします。

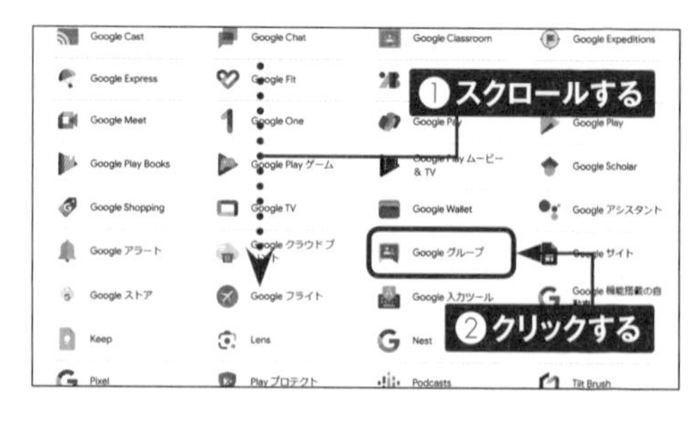

③ Googleグループが表示されます。［グループを作成］をクリックします。

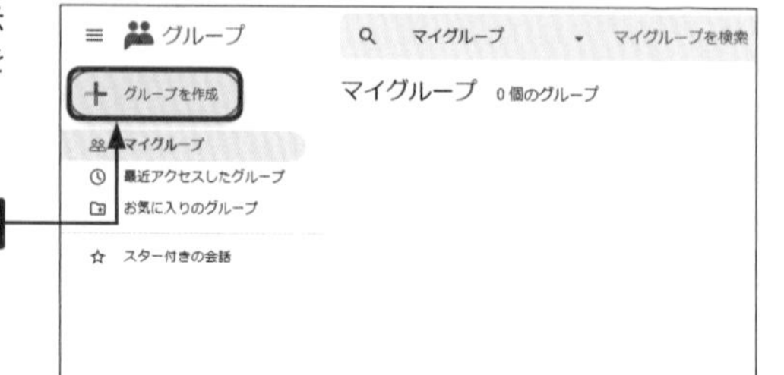

4 グループ名とグループメールに設定したいアドレス、グループの説明を入力し、[次へ]をクリックします。

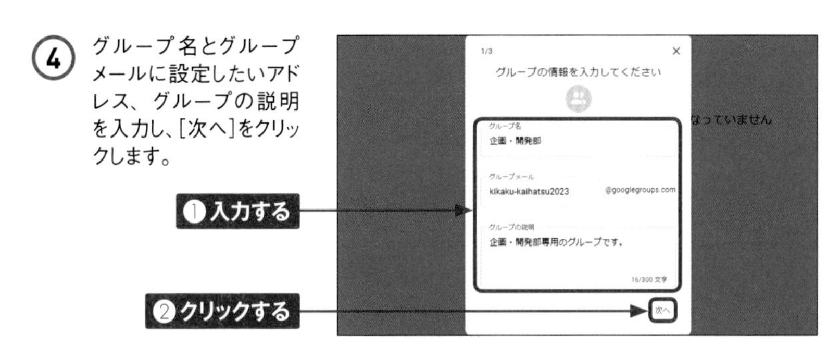

5 プライバシー設定をクリックして選択し、[次へ] をクリックします。

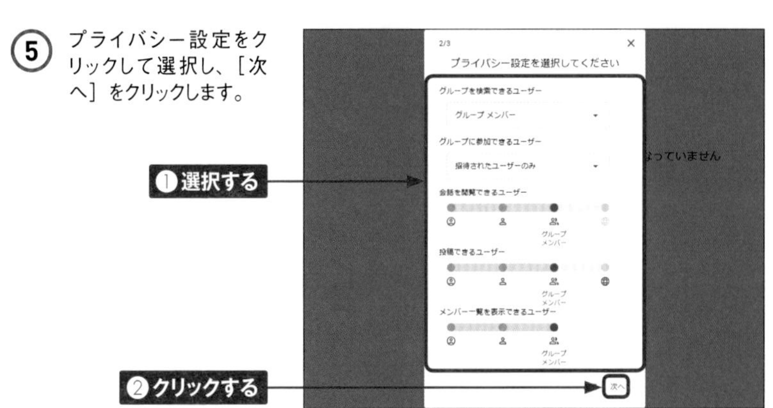

6 グループメンバーにしたいユーザーのメールアドレス、招待メッセージなどを入力して、[グループを作成] をクリックします。

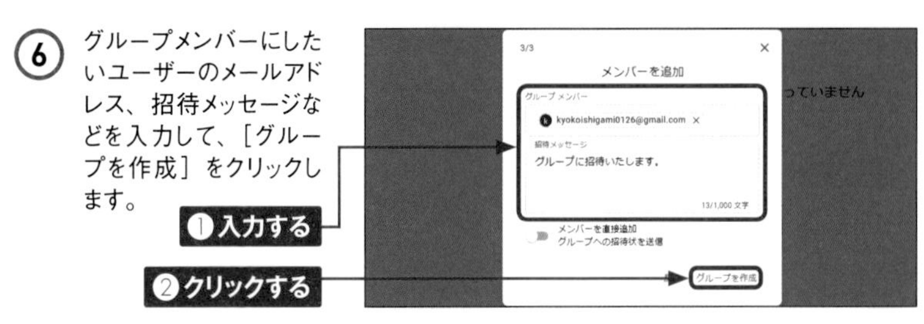

7 「私はロボットではありません」 をクリックしてチェックを付け、[グループを作成] をクリックすると、グループが作成されます。

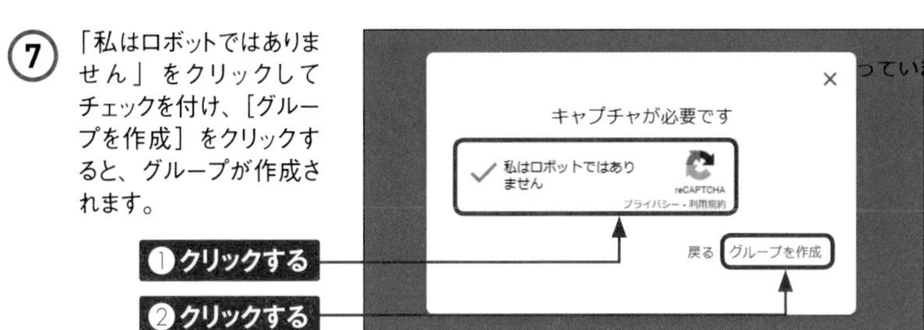

Section 41

Googleグループの機能を理解する

Googleグループには、グループメンバーでの会話やグループメンバー全員への共有など、グループ利用に便利な機能が数多く用意されています。ここでは、Googleグループの機能について紹介します。

Googleグループの機能を理解する

Googleグループは、メーリングリストを作成して情報を共有するサービスです。複数のユーザーにまとめてメールを送ることができるほか、オンラインディスカッションや予定の管理なども可能です。また、Googleドライブでファイルを共有するときに、共有するユーザーのメールアドレスの入力欄にグループのメールアドレスを入力することで、グループのメンバーに共有できます。

●Googleグループの画面構成

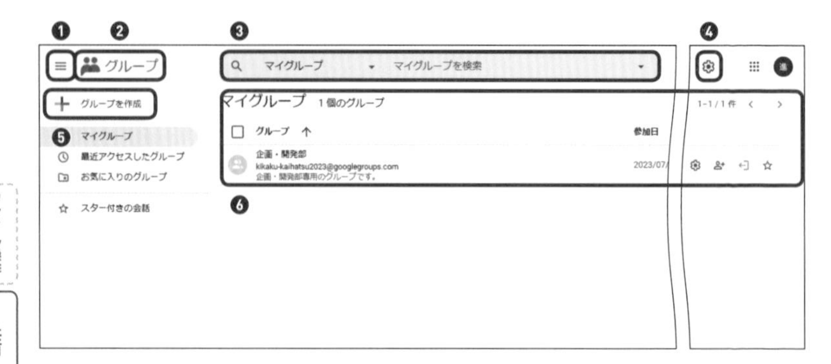

❶	メインメニューの表示／非表示を切り替えます。
❷	ホーム画面（マイグループ一覧画面）を表示します。
❸	マイグループや会話の検索を行えます。
❹	通知やマネージャーに対する権利などの設定を変更できます。
❺	グループを作成できます（Sec.40参照）。
❻	マイグループ（自分が参加しているグループ）が一覧で表示されます。

Googleグループの機能

●会話を投稿する／読む

Googleグループでは、グループに参加しているメンバーが閲覧できる「会話」を投稿することが可能です。投稿された会話には返信することもでき、チャットのようにメッセージのやり取りができます。また、会話を投稿できるメンバーの制限や会話を閲覧できるメンバーの制限といった管理設定も充実しています。

●グループにメンバーを追加する

Googleグループには、いつでもメンバーを追加することができます。追加したいメンバーのメールアドレスを入力するだけなのでかんたんです。グループのオーナーであれば、メンバーに与える権限や役割などの管理も可能です。

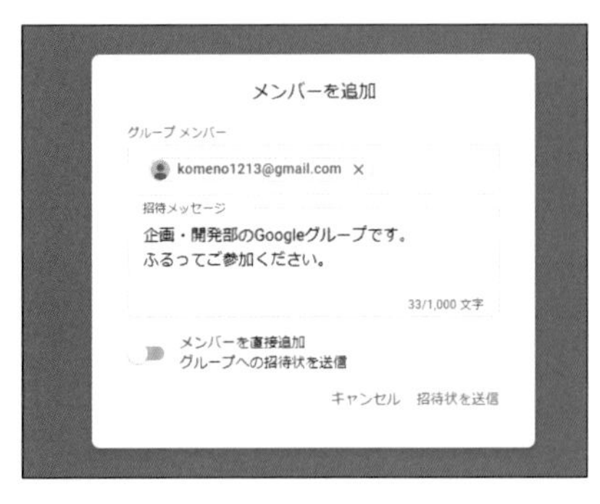

●共有時にGoogleグループを利用する

Googleドライブでファイルを共有するとき（Sec.38参照）に、共有したい相手のメールアドレスを入力する代わりにGoogleグループのメールアドレスを入力すると、グループに参加しているすべてのメンバーにファイルが共有されます。多くの人に共有したい場合などに便利な機能です。

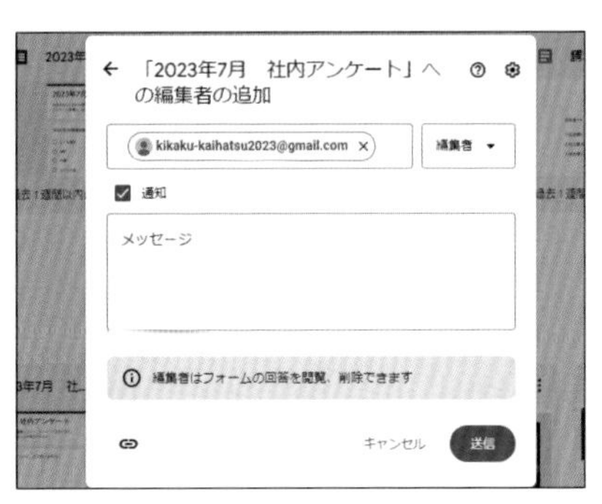

第3章 Googleドライブを活用する

Section 42

共有ファイルの権限を変更する

共有したファイルに参加しているユーザーは、「閲覧者」「閲覧者（コメント可）」「編集者」の3つの権限のうちのいずれかの状態にあります。この権限はいつでも変更できます。

共有ファイルの権限を変更する

① Sec.11を参考にGoogleドライブを表示し、▤をクリックします。

クリックする

② ファイル名の横に👥と表示されているファイルにマウスカーソルを合わせ、👤+をクリックします。

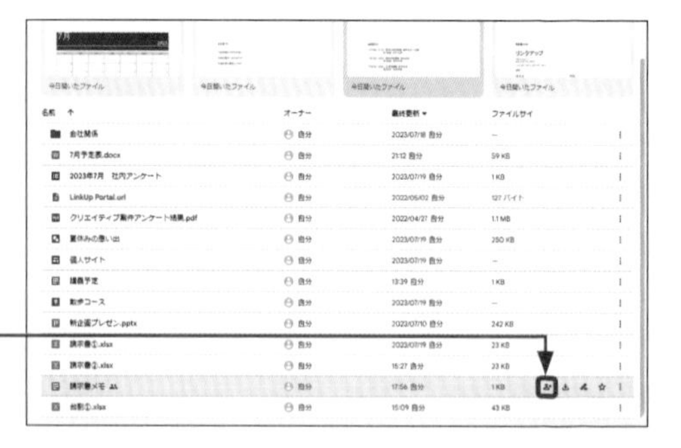

クリックする

③ 変更したいユーザーの権限（ここでは［編集者］）をクリックします。

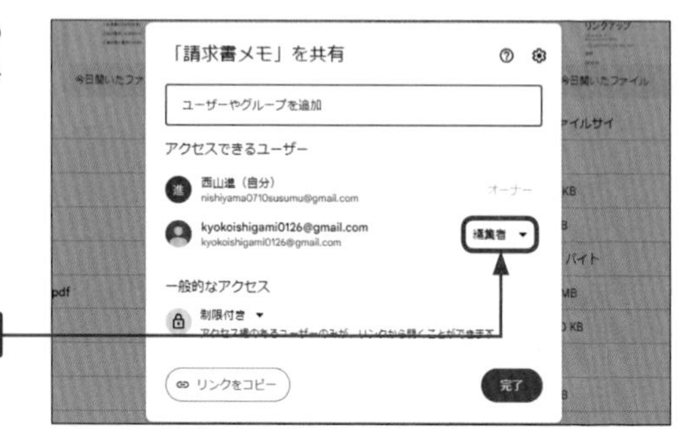

4. 権限（ここでは［閲覧者］）をクリックします。

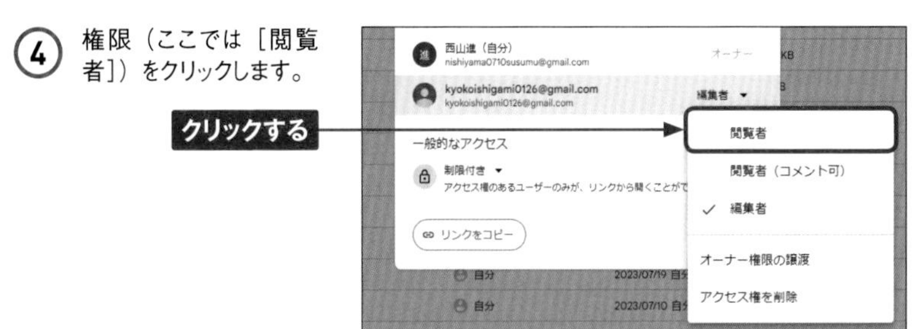

5. ［保存］をクリックします。

6. 権限が更新されます。

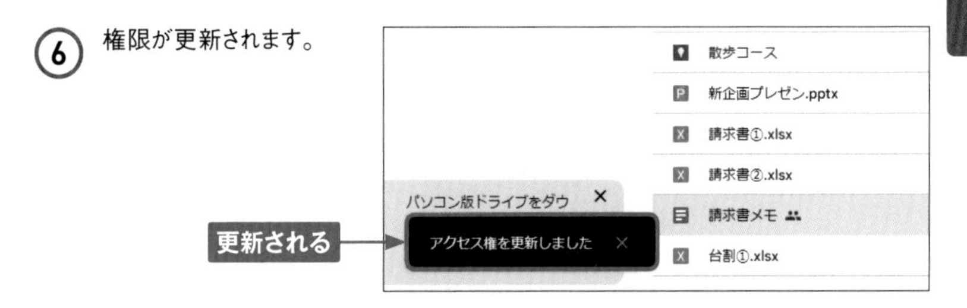

Memo 共有ファイルの権限

手順④の画面で表示される、「閲覧者」「閲覧者（コメント可）」「編集者」が与えられる権限は以下のとおりです。

権限	権限の内容
閲覧者	共有相手はファイルの表示のみできます。
閲覧者（コメント可）	共有相手はファイルの表示とコメントの追加ができます。
編集者	共有相手はファイルの表示、コメントの追加、編集、削除、移動ができます。

Section 43

共有を停止する

ほかのユーザーとファイルを共有している場合、ファイルのオーナーまたは編集権限のあるユーザーであれば、共有を停止することができます。共有は、ユーザーを削除することで解除されます。

共有を停止する

① Sec.11を参考にGoogleドライブを表示し、▤をクリックします。

クリックする

② ファイル名の横に👥と表示されているファイルにマウスカーソルを合わせ、👤+をクリックします。

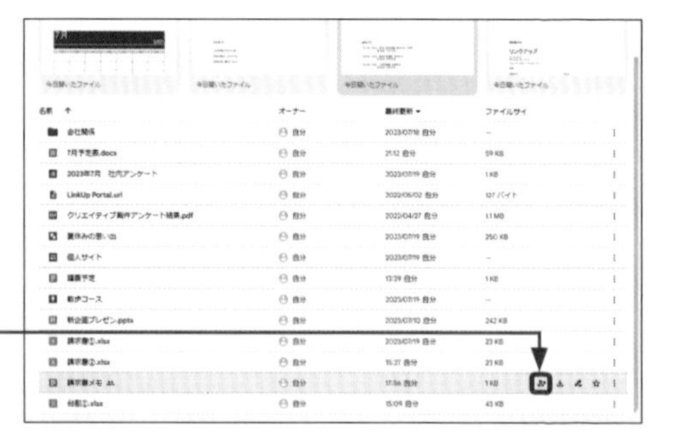

③ 削除したいユーザーの権限（ここでは［閲覧者］）をクリックします。

ファイル操作
共有
便利機能
設定とアカウント

④ [アクセス権を削除] をクリックします。

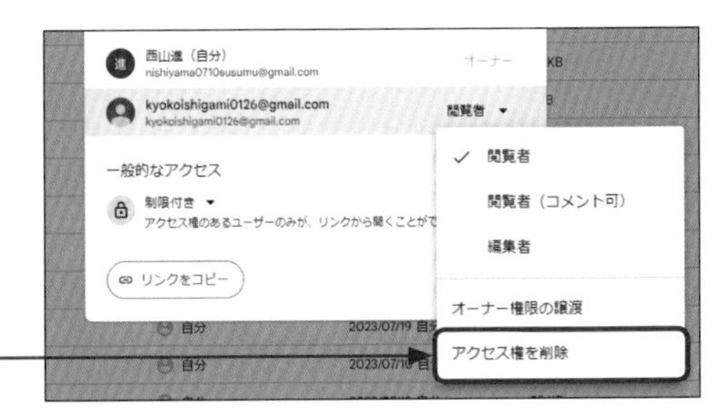

⑤ [保存]をクリックします。

⑥ ユーザーが削除され、そのユーザーへの共有が停止します。

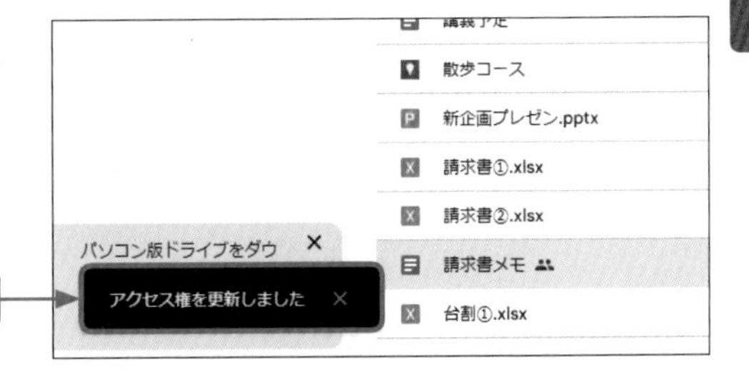

Memo オーナー権限の譲渡

手順④の画面で［オーナー権限の譲渡］→［招待メールを送信］の順にクリックし、相手が承認すると、ほかのユーザーにファイルのオーナー権限を移行することができます。オーナー権限を持っているユーザーは、ほかのユーザーの権限の変更をすることができます。

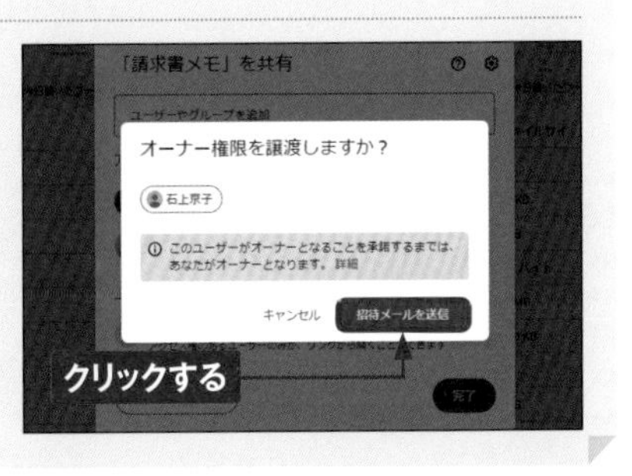

共有しない相手を設定する

Googleドライブでは、ほかのユーザーから共有され、自分がオーナーではないファイルは「共有アイテム」に表示されます。共有したくないユーザーは、ブロックしましょう。

共有しない相手を設定する

① Sec.11を参考にGoogleドライブを表示し、[共有アイテム] をクリックします。

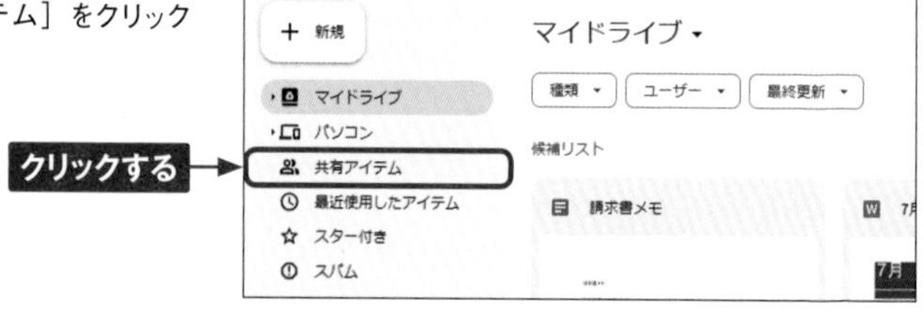

② ファイルを右クリックします。

③「報告またはブロック」にマウスカーソルを合わせ、[○○をブロック] をクリックします。

④ [ブロック] をクリックします。

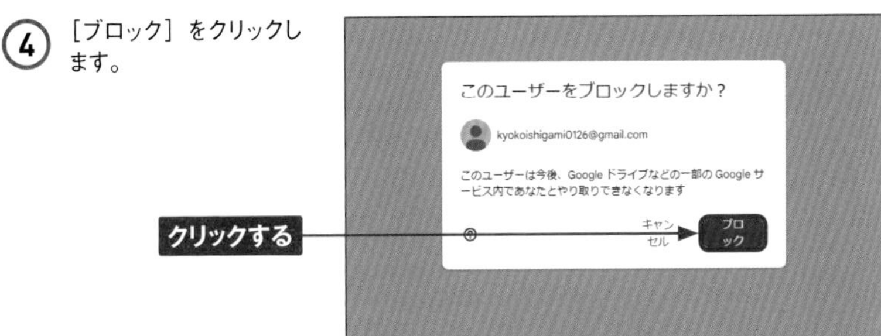

⑤ ユーザーがブロックされます。

ブロックされる

ユーザーをブロックしました

パソコン版ドライブをダウ

企画書①

Memo ブロックを解除する

ブロックをすると、お互いに共有やファイルへのアクセスができなくなりますが、ユーザーへのブロックはいつでも解除することができます。P.86手順①の画面で自分のアカウントアイコンをクリックし、[Googleアカウントを管理] をクリックします。[情報共有と連絡先] → [ブロック中] の順にクリックし、ブロックを解除したいユーザーの × をクリックすると、ブロックが解除されます。

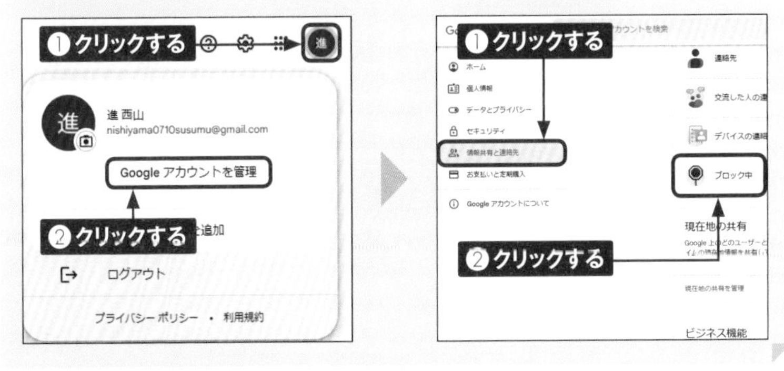

第3章 Googleドライブを活用する

Section 45

リンク共有を制限する

Googleドライブで「公開」に設定されたファイルやフォルダは、リンクを知っていれば誰でもアクセスが可能になりますが（Sec.39参照）、このリンク共有はいつでも制限することができます。

リンク共有を制限する

① Sec.11を参考にGoogleドライブを表示し、▤をクリックします。

クリックする

② ファイル名の横に👥と表示されているファイルにマウスカーソルを合わせ、👤+をクリックします。

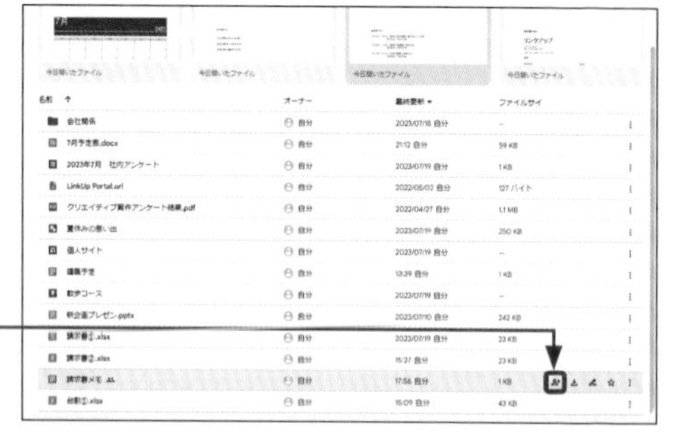

③［リンクを知っている全員］をクリックします。

ファイル操作
共有
便利機能
設定とアカウント

4 ［制限付き］をクリックします。

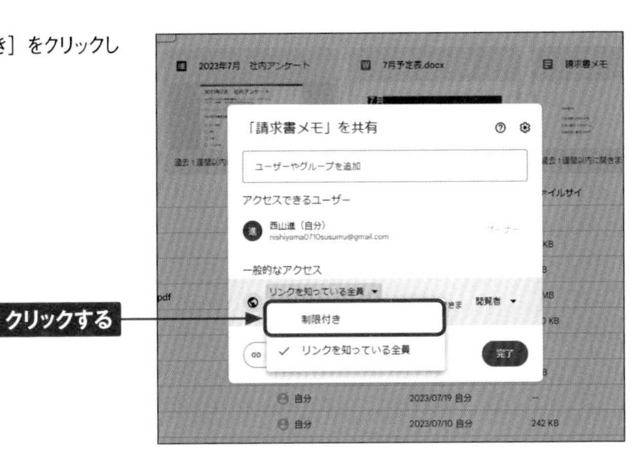

5 権限が更新され、共有するユーザー（Sec.38参照）に追加された人のみがリンクからアクセスすることができます。［完了］をクリックすると、手順②の画面に戻ります。

Memo リンク共有の権限のみ変更する

リンク共有を制限するのではなく、リンク共有されたユーザーの権限のみ変更したい場合は、P.88手順③の画面で権限（ここでは［閲覧者］）をクリックします。表示されたメニューから権限を選択してクリックすると権限が変更されます。［完了］をクリックすると、P.88手順②の画面に戻ります。

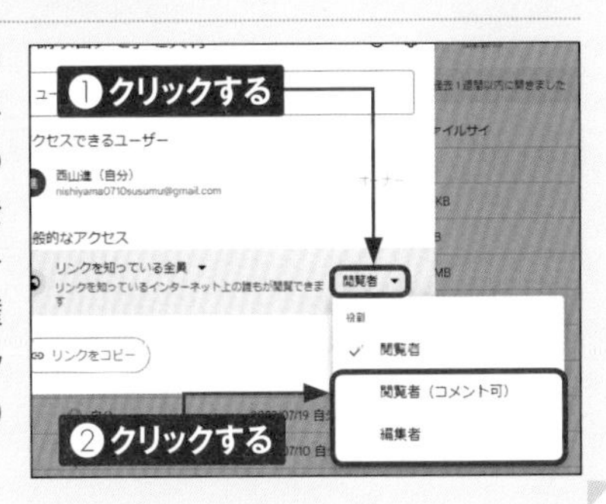

第3章 Googleドライブを活用する

共有ファイルを検索する

共有ファイルは、検索オプションを使用してオーナーや共有先のユーザーを指定することで、かんたんに見つけられます。ここでは、自分が共有したファイルを検索します。

自分が共有したファイルを検索する

① Sec.11を参考にGoogleドライブを表示し、䷀をクリックします。

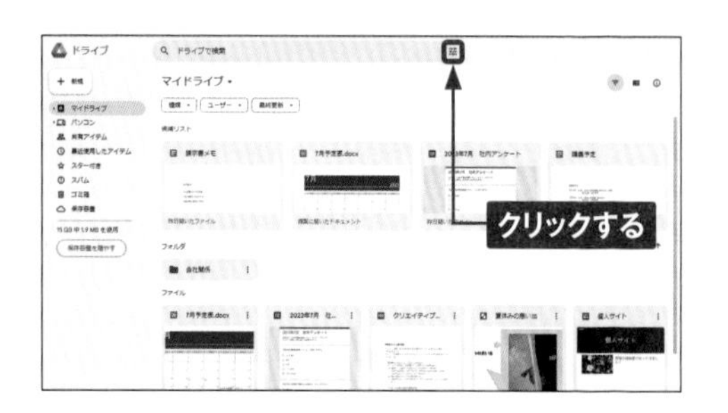

② 「共有先」の［名前かメールアドレスを入力…］をクリックして共有したユーザーのメールアドレスを入力し、［検索］をクリックします。「オーナー」を設定すると、指定したオーナーが共有しているファイルが検索できます。

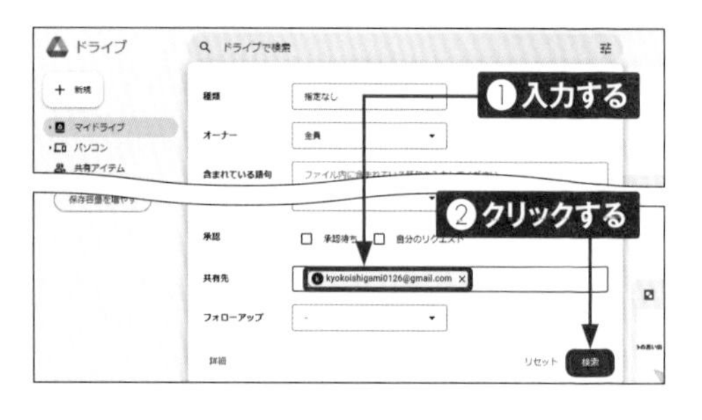

③ 共有したファイルが一覧表示されます。

ファイル操作
共有
便利機能
設定とアカウント

Section 47 スパムフォルダを利用する

Googleドライブでは、ほかのユーザーから共有されたファイルをスパムとして報告し、検索結果に表示されなくしたりコメントの通知を拒否したりすることができます。なお、自分が所有するファイルを報告することはできません。

ファイルやフォルダにスパムのマークを付ける

① P.86手順③の画面を表示し、「報告またはブロック」にマウスカーソルを合わせ、[レポート]をクリックします。

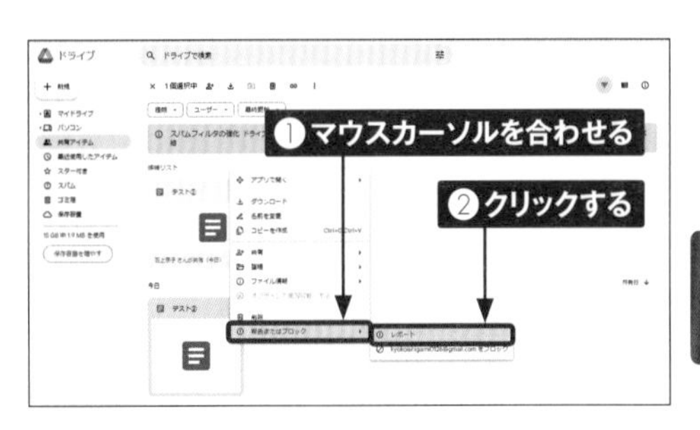

② 報告したい内容の○をクリックしてチェックを付け、[レポート]をクリックします。「○○さんをブロック」の□をクリックしてチェックを付けると、相手がブロック（Sec.44参照）されます。

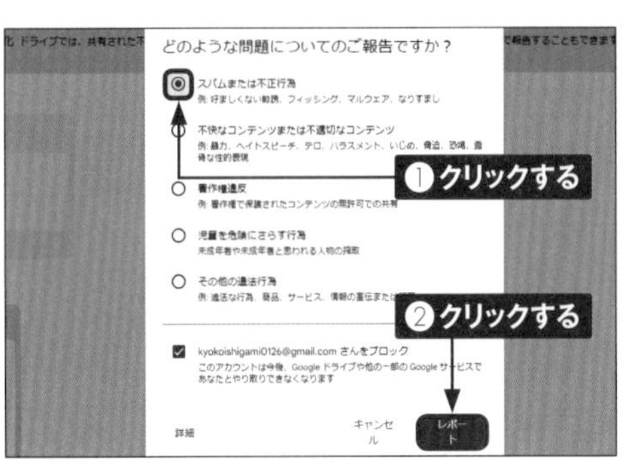

③ [スパム]をクリックすると、報告されたファイルが表示されます。「スパム」にあるファイルは30日後に完全に削除されます。

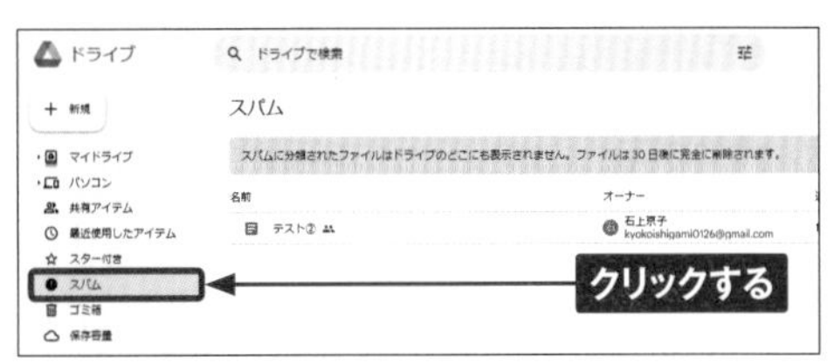

Section 48

Gmailの添付ファイルをGoogleドライブに保存する

Gmailで送受信したメッセージの添付ファイルは、Googleドライブに保存することができます。添付ファイルを一度表示したり、ダウンロードしたりする必要がなく、手軽に行えます。

Gmailの添付ファイルをGoogleドライブに保存する

① P.32手順②の画面で［Gmail］をクリックし、保存したいファイルが添付されたメールを表示します。保存したい添付ファイルにマウスカーソルを合わせ、をクリックします。

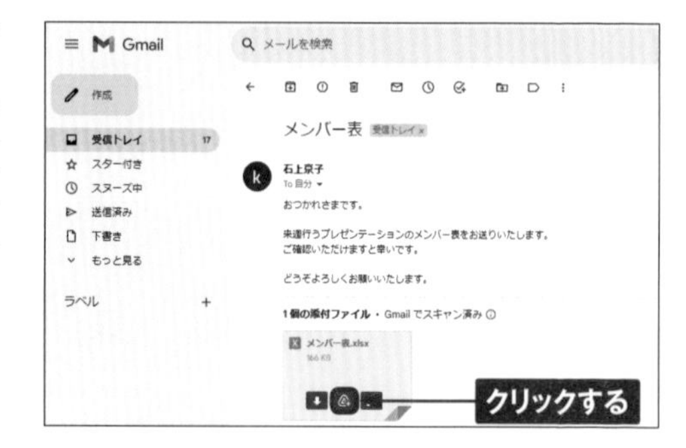

② ファイルがGoogleドライブに保存されます。

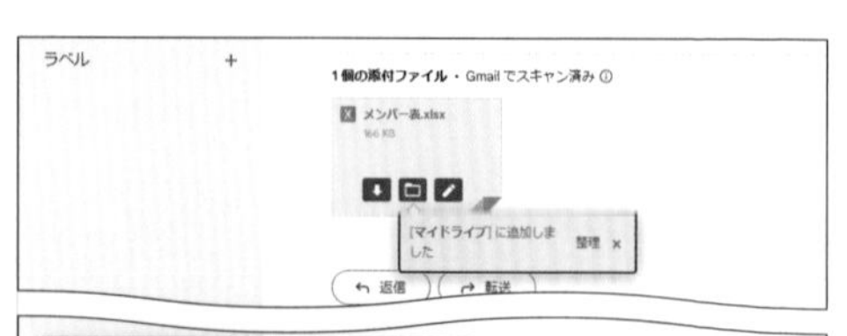

③ Sec.11を参考にGoogleドライブを表示すると、添付ファイルが保存されていることを確認できます。

保存された

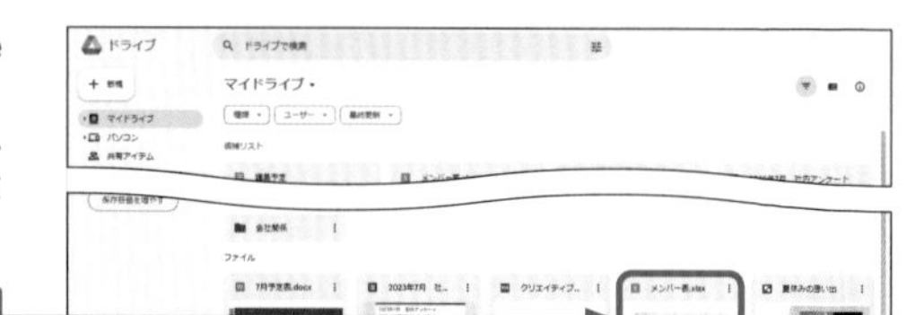

ファイル操作
共有
便利機能
設定とアカウント

Section 49

アプリからファイルを保存する

パソコン版Googleドライブ（Sec.28参照）をインストールしておくと、WordやExcelといったOfficeなど、アプリのファイルをGoogleドライブに直接保存できるようになります。Googleドライブにファイルをアップロードする手間が省けます。

Officeアプリからファイルを保存する

1 ここではWordのファイルをGoogleドライブに保存します。ファイルを開き、[ファイル] をクリックします。

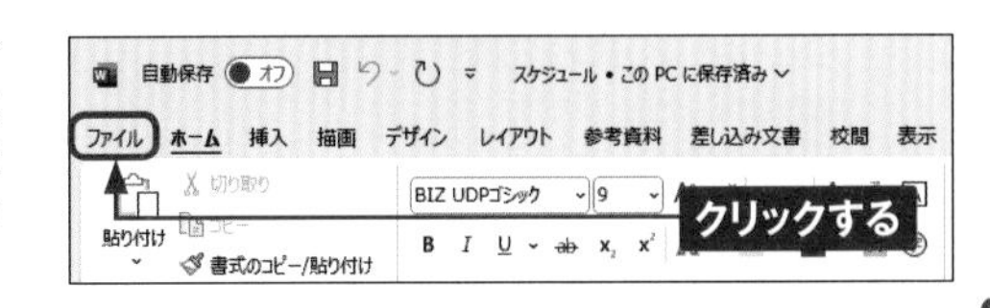

2 [名前を付けて保存] → [参照] の順にクリックします。

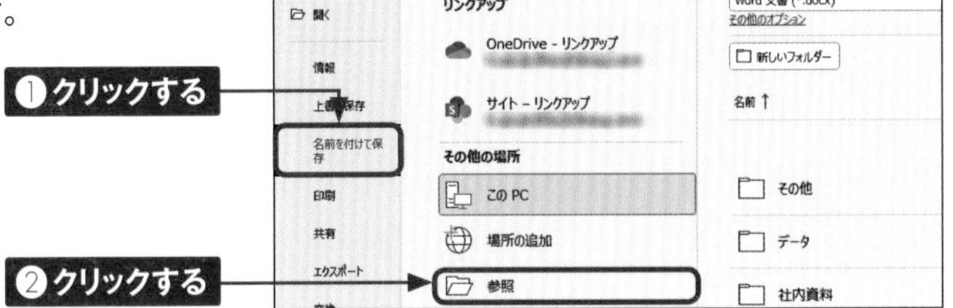

3 [PC]→[Google Drive (G:)] の順にクリックし、[開く] → [保存] の順にクリックすると、Googleドライブにファイルが保存されます。

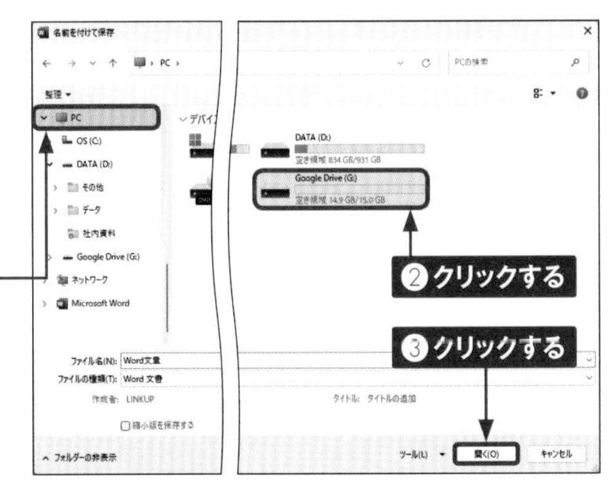

Section 50 OfficeファイルをPDFに変換する

Googleドライブは、保存したOfficeなどのファイルをPDFファイルに変換することができます。ここでは、例として文書ファイルをPDFファイルに変換して保存します。

OfficeファイルをPDFに変換する

① Sec.11を参考にGoogleドライブを表示し、PDFに変換したいファイルを右クリックします。

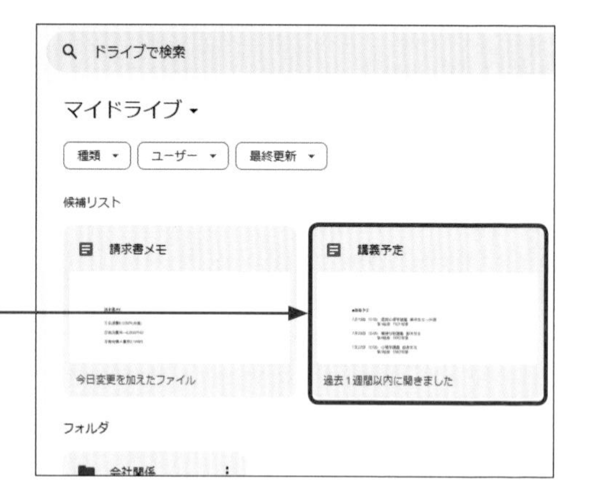

② 「アプリで開く」にマウスカーソルを合わせ、Googleのアプリをクリックします。ここでは、[Googleドキュメント]（ファイルの種類によって異なります）をクリックします。

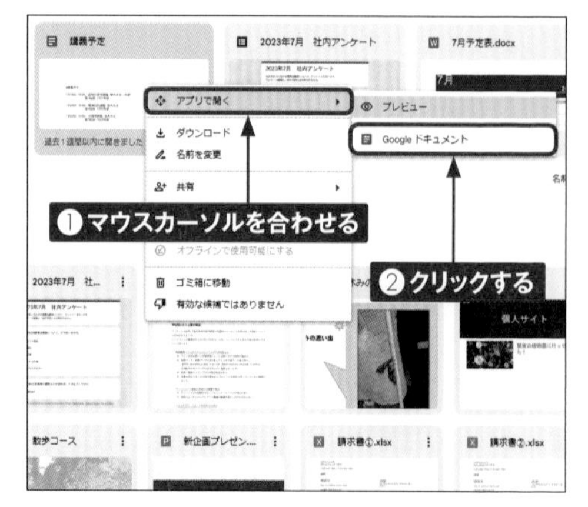

③ ドキュメントが表示されたら、［ファイル］をクリックします。

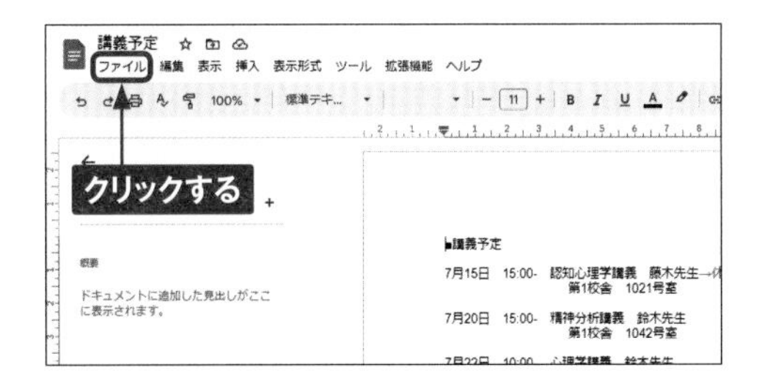

④ 「ダウンロード」にマウスカーソルを合わせ、［PDFドキュメント（.pdf）］をクリックします。

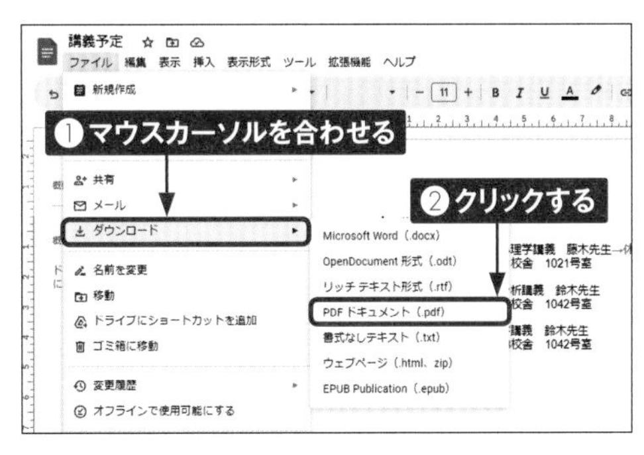

⑤ ファイルがPDFに変換され、ダウンロードされます。Microsoft Edgeでは、画面上部に表示される［ファイルを開く］をクリックします。

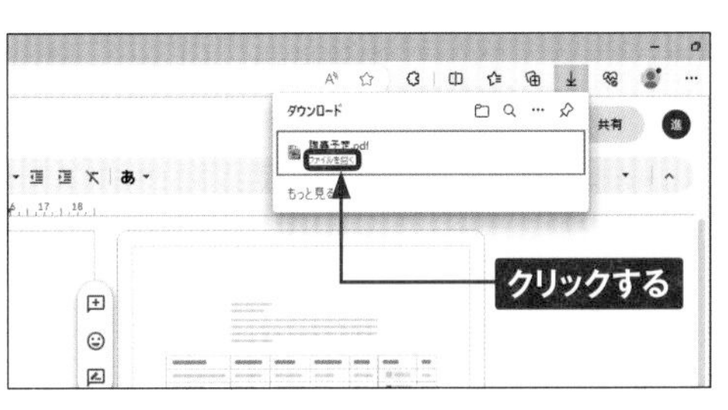

⑥ ダウンロードしたPDFファイルが表示されます。

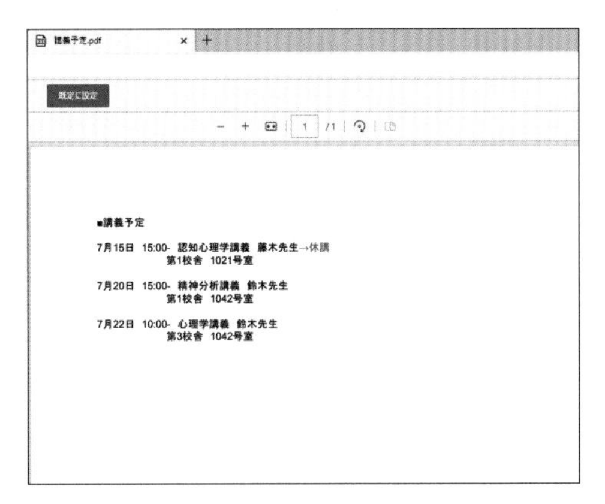

Section 51

スマートフォンでファイルを編集する

スマートフォンでGoogleドライブに保存されているファイルを開くには、対応したアプリをインストールする必要があります。ファイルを編集したい場合は、あらかじめ対応したアプリをインストールしておきましょう（Sec.33参照）。

ファイルを編集する

① P.65手順①～②を参考に「ドライブ」アプリのファイルを表示し、編集したいファイルをタップします。

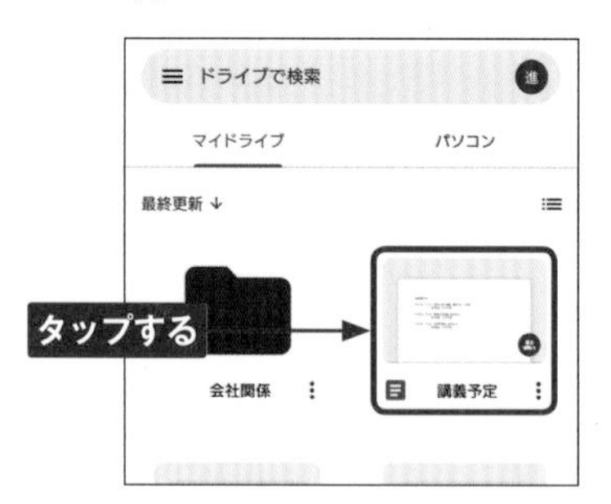

② ファイルがプレビューで表示されます。 をタップします。

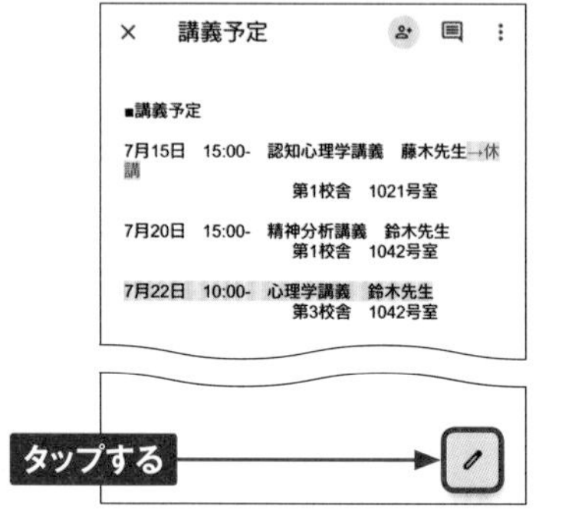

③ ファイルを編集できます。編集が完了したら、✓をタップします。

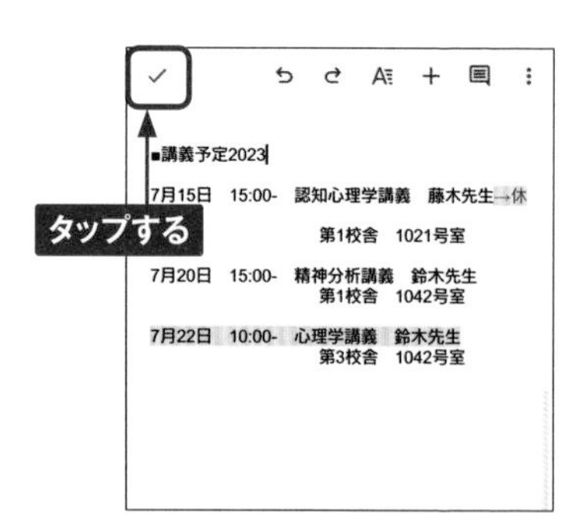

④ 変更が保存されます。

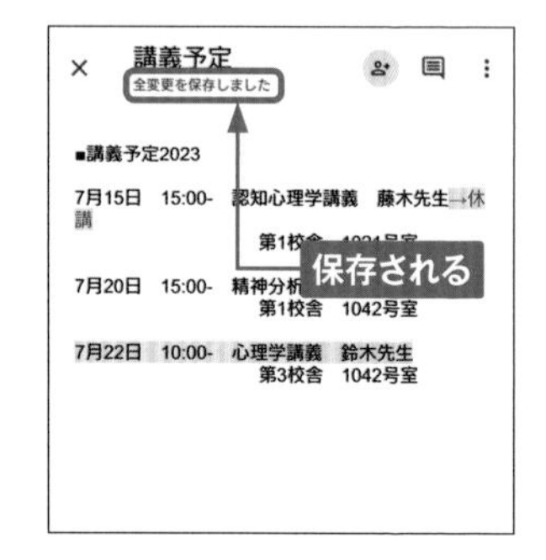

ファイルを共有する

① P.65手順①～②を参考に「ドライブ」アプリのファイルを表示し、共有したいファイルをタップします。

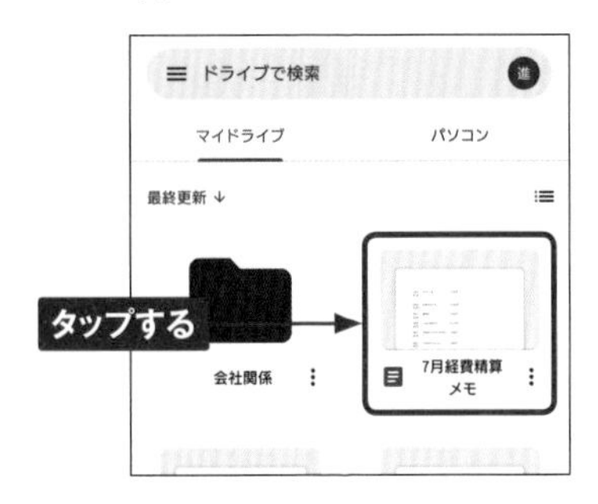

② をタップします。

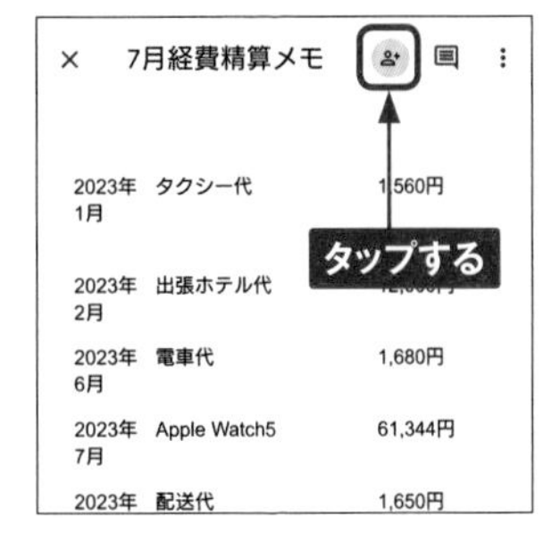

③ アクセスの許可が求められるので、［許可］をタップします。

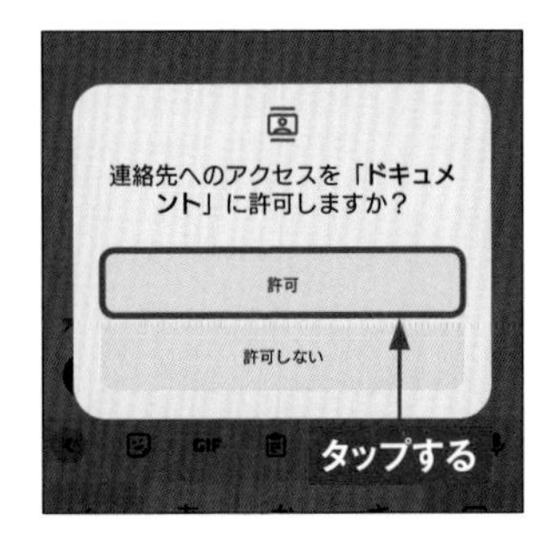

④ 共有したいユーザーのメールアドレスを入力し、⊳をタップします。

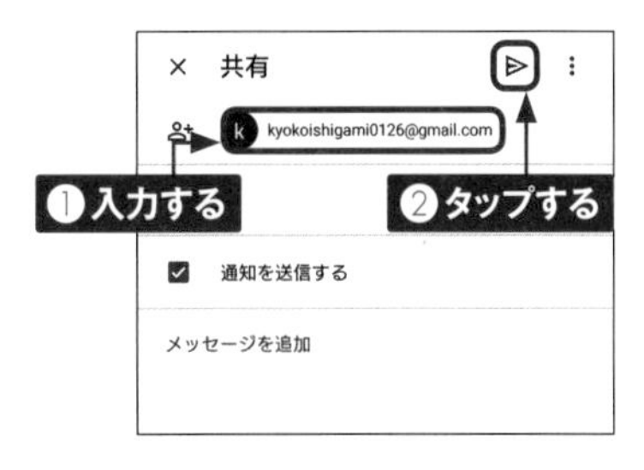

⑤ ユーザーが追加されます。

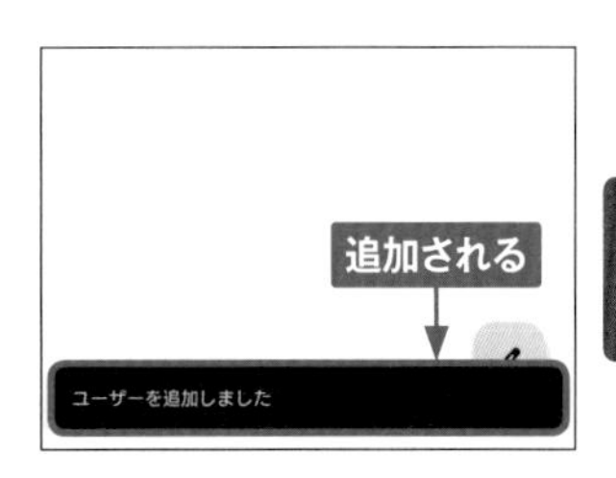

Memo　ファイルをオフラインで開く

スマートフォン用「ドライブ」アプリは、オフライン時でもファイルを開けるように設定することができます。オフライン時に開きたいファイルの右上にある⋮をタップし、「オフラインで使用可」のをタップしてオンにすると、オフライン時でもファイルを開くことができます。なお、Webブラウザ版Googleドライブでオフライン設定をする場合は、Sec.35を参照してください。

Section 52

スマートフォンで書類をスキャンする

スマートフォンの「Googleドライブ」アプリでは、スマートフォンのカメラを使って書類などのスキャン（取り込み）ができます。スキャンした書類は、PDFファイルで保存されます。なお、スキャンができるのはAndroid版のみになります。

書類をスキャンする

① P.65手順①～②を参考に「ドライブ」アプリのファイルを表示し、+をタップします。

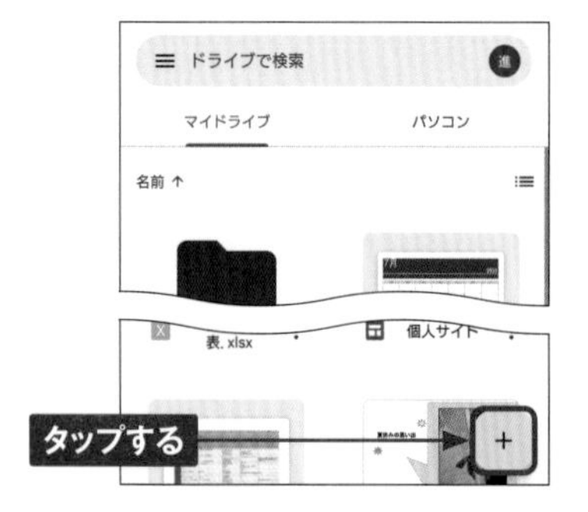

② ［スキャン］をタップします。

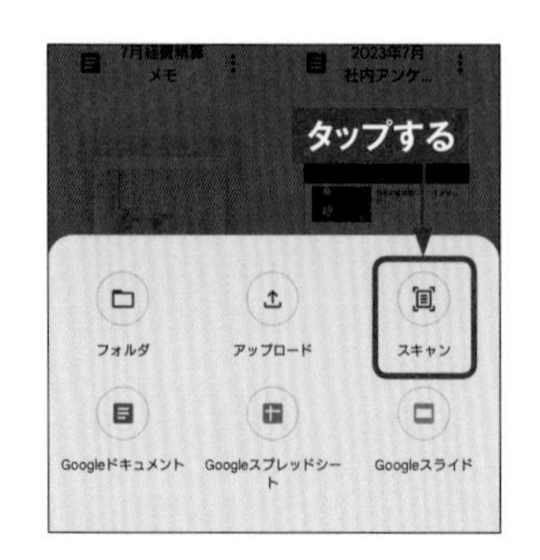

③ アクセスの許可が求められるので、［アプリの使用時のみ］または［今回のみ］をタップします。

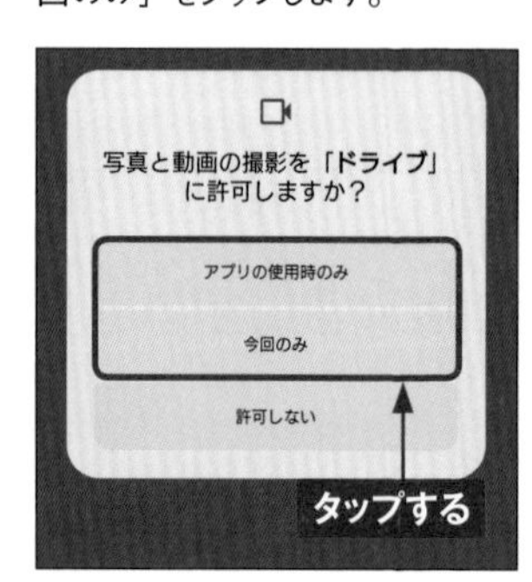

④ ［許可］をタップします。

5 カメラが表示されるので、スキャンしたい書類を映し、◯をタップして撮影します。

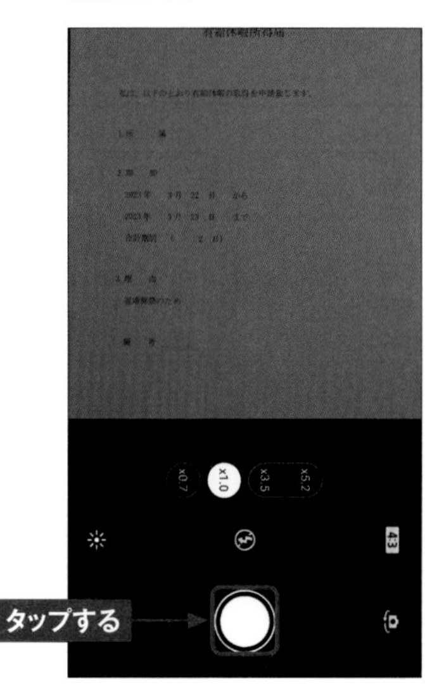

6 ［保存］をタップします。

7 ドキュメントのタイトルを入力し、［保存］をタップします。

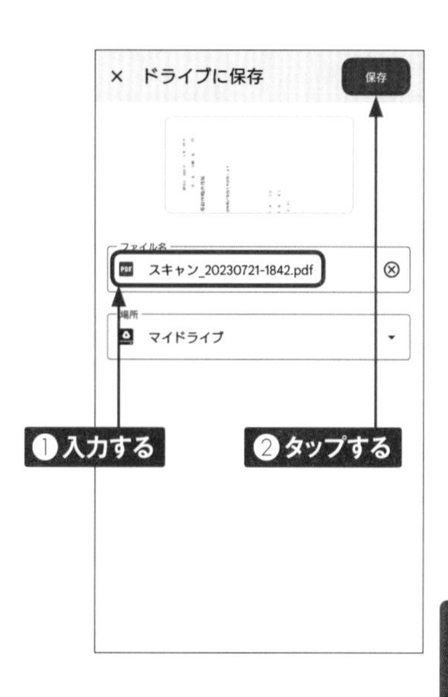

8 スキャンした書類がPDFファイルでアップロードされます。

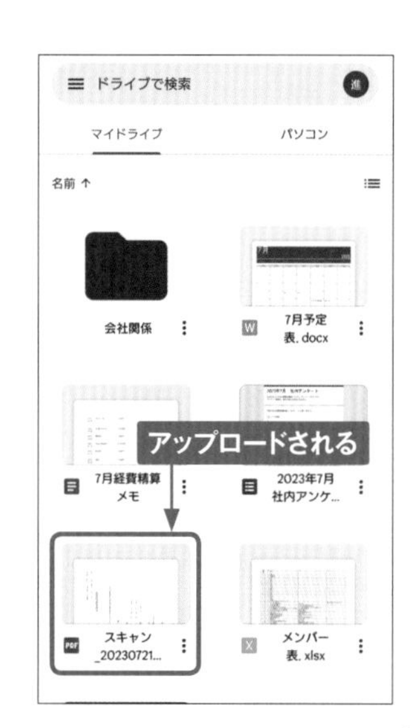

Microsoft Teamsと Googleドライブを連携する

Googleドライブでは、Microsoftが提供するコミュニケーションツール「Teams」と連携することができます。連携により、Teamsからファイルの閲覧や、コピー、ダウンロードなどができるようになります。

Microsoft TeamsとGoogleドライブを連携する

① Microsoft Teamsを開き、［ファイル］をクリックします。

② ［クラウドストレージを追加］をクリックします。

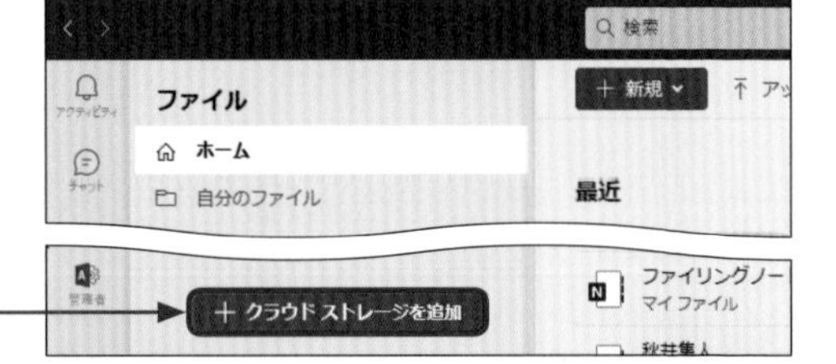

③ ［Google Drive］をクリックします。

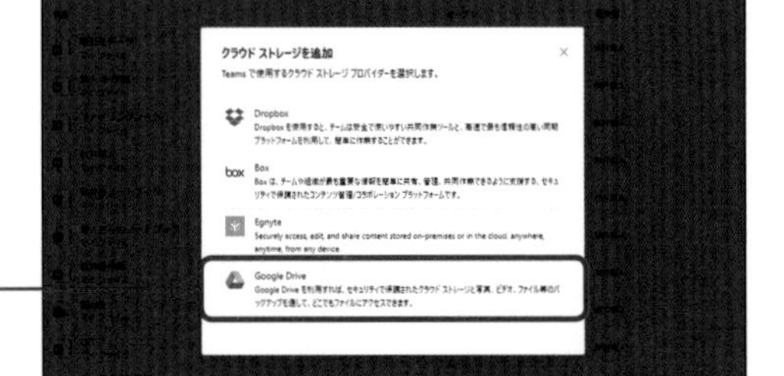

ファイル操作
共有
便利機能
設定とアカウント

4 「アカウントの選択」画面が表示されます。利用したいGoogleドライブのGoogleアカウントをクリックします。

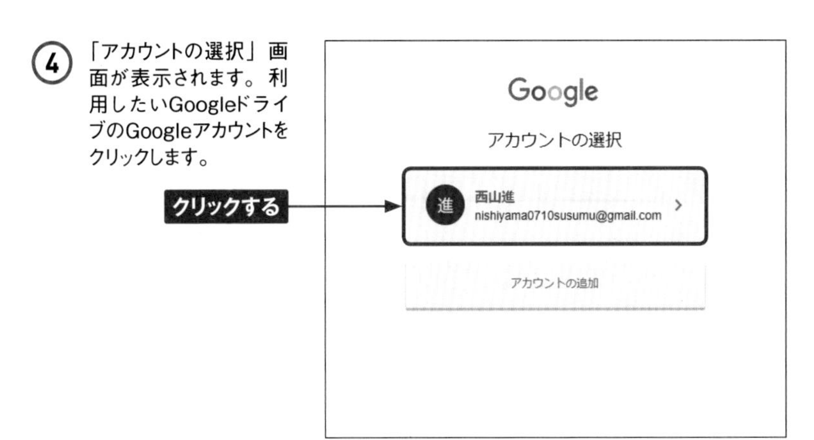

5 [許可]をクリックします。

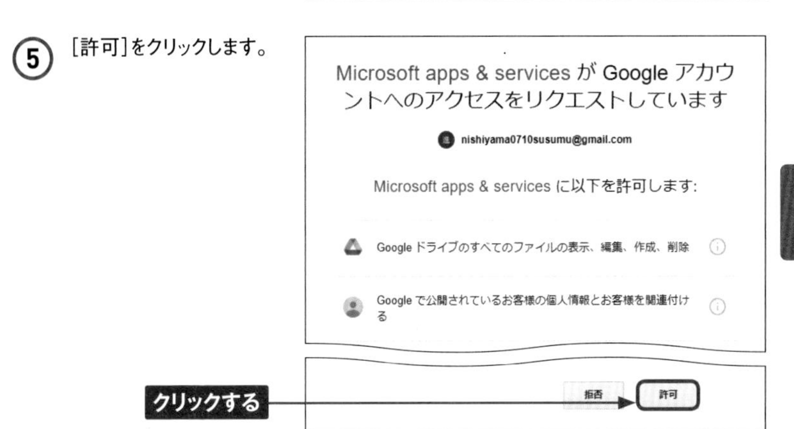

6 Googleドライブに保存されているファイルが表示され、連携は完了します。

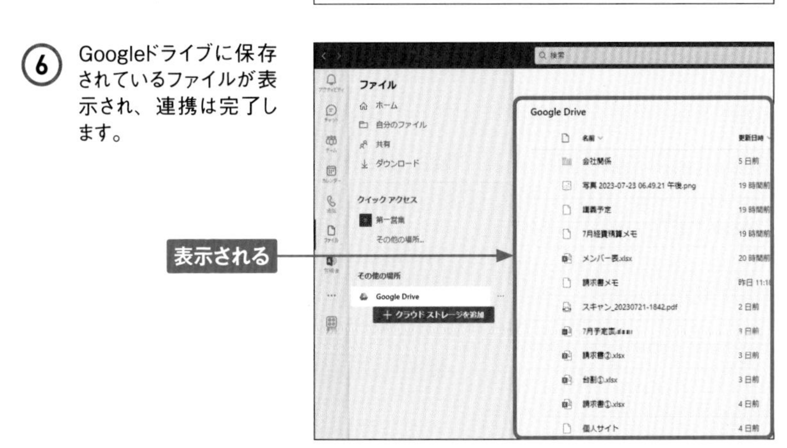

Section 54 ZoomでGoogleドライブの画面を共有する

Zoomのミーティング中にGoogleドライブのファイル画面を共有するには、共有ファイルを選ぶ画面で［ファイル］タブをクリックします。なお、初めてGoogleドライブ上のファイルを共有する際は接続を許可する必要があります。

ZoomでGoogleドライブの画面を共有する

① Zoomのミーティング画面で［画面共有］をクリックします。

② ［ファイル］タブをクリックして、［Google Drive］をクリックし、［共有］をクリックします。

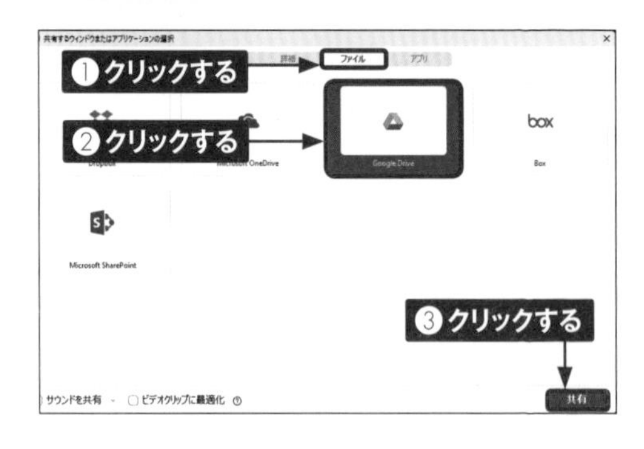

③ Zoomに登録しているメールアドレスとパスワードを入力し、［サインイン］をクリックします。

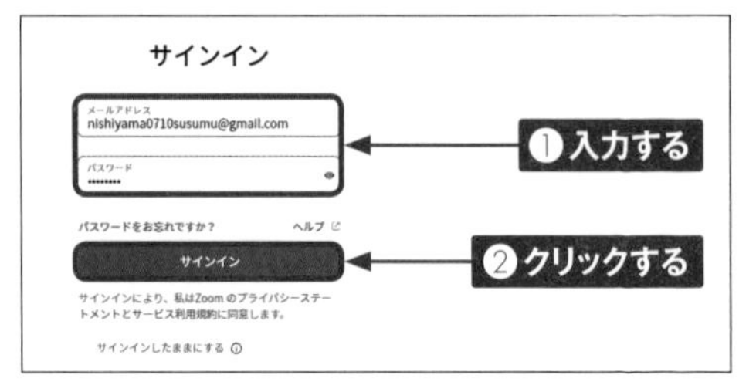

4 「アカウントの選択」画面が表示されます。利用したいGoogleドライブのGoogleアカウントをクリックします。

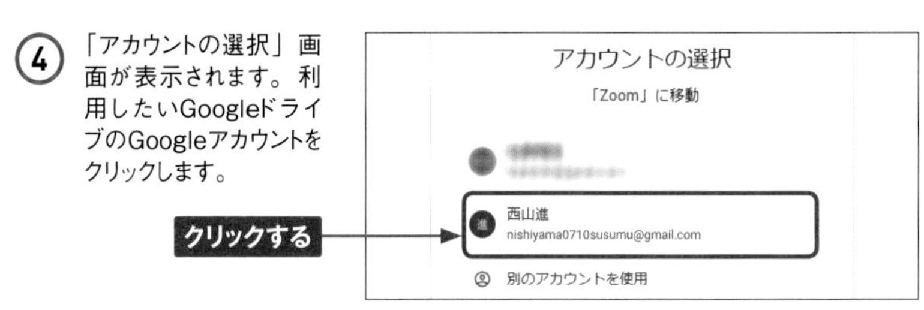

5 [続行]をクリックします。

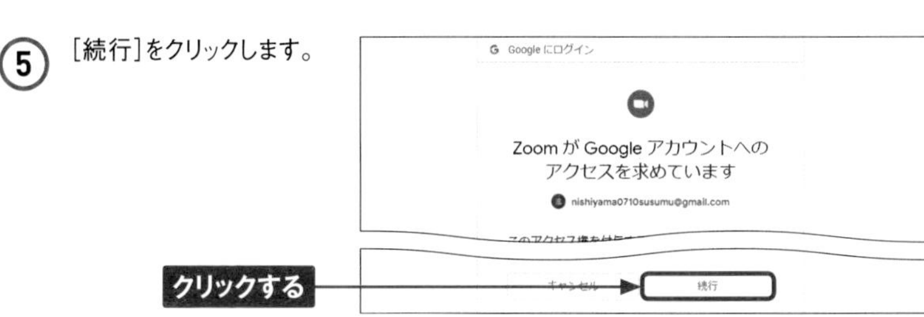

6 [Confirm] をクリックします。

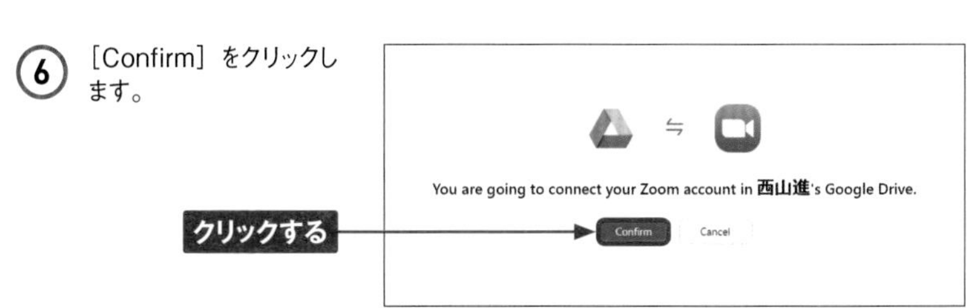

7 Googleドライブに保存されているファイルが表示され、連携は完了します。

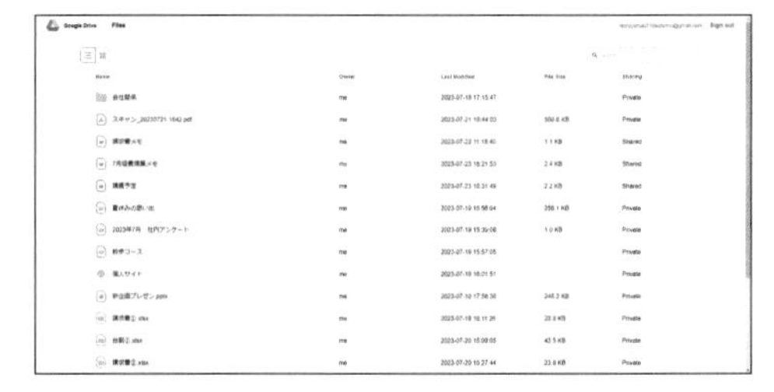

8 画面共有したいファイル→[Share screen]の順にクリックすると、Googleドライブの画面を共有できます。

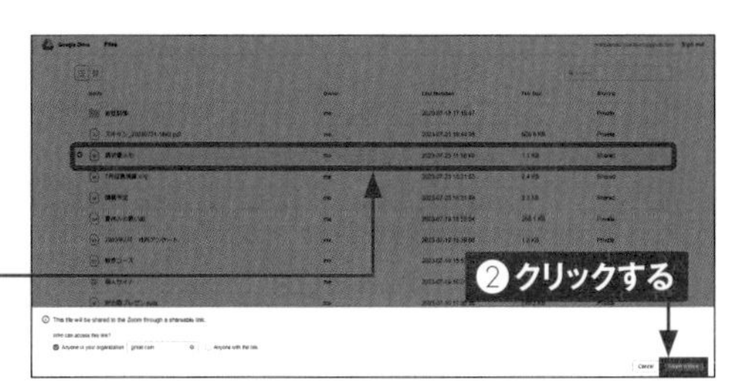

Section 55

OutlookとGoogleドライブを連携する

Microsoftが提供するメールおよび情報管理ソフト「Outlook」では、Googleドライブと連携することで、Googleドライブ内のファイルを直接メールに添付できるようになります。

OutlookとGoogleドライブを連携する

① Outlookを開き、[新規メール]をクリックします。

② [挿入] → [添付ファイル] → [OneDrive] の順にクリックします。

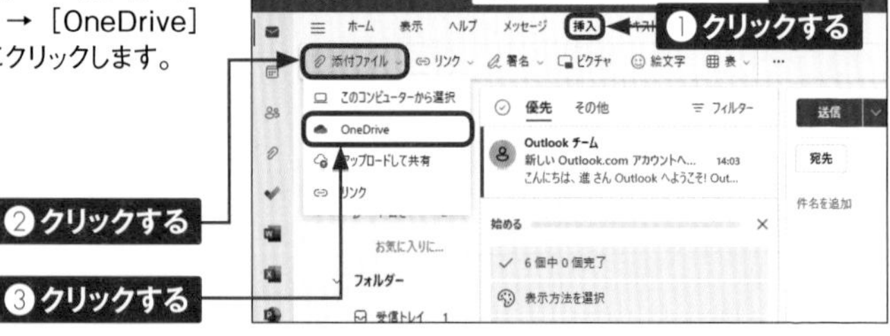

③ [アカウントを追加] をクリックします。

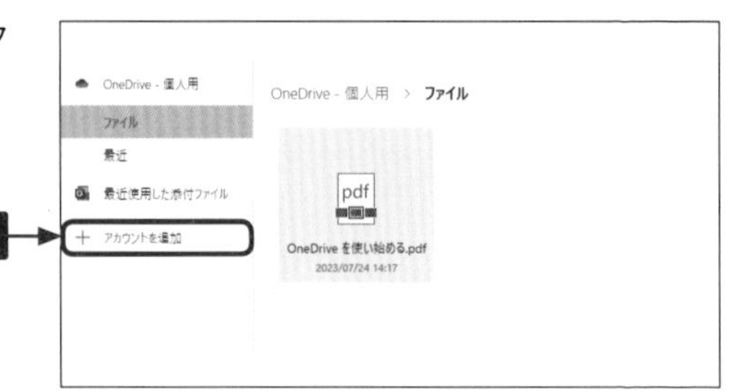

④ [Googleドライブ] をクリックします。

⑤ 「アカウントの選択」画面が表示されます。利用したいGoogleドライブのGoogleアカウントをクリックします。

⑥ [許可]をクリックします。

⑦ Googleドライブに保存されているファイルが表示され、連携は完了します。

Section 56

2段階認証でセキュリティを強化する

Googleアカウントにログインする際、パスワードだけでは不安という場合は、2段階認証の設定をしましょう。2段階認証の設定を行うことで、ログインする際に確認コードが必要になり、よりセキュリティを強化できます。

2段階認証を有効にする

① WebブラウザでGoogleアカウントのサイト（https://myaccount.google.com/）にアクセスし、［セキュリティ］をクリックします。

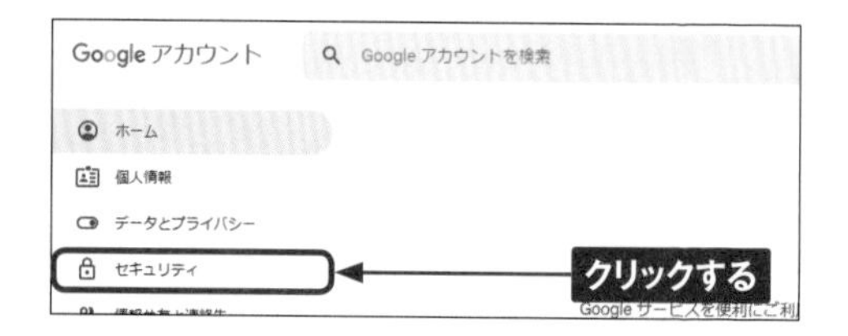

② 「Googleにログインする方法」の［2段階認証プロセス］をクリックします。

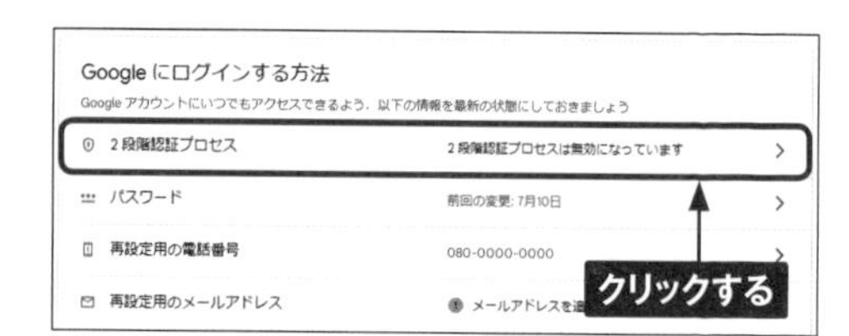

③ ［使ってみる］をクリックします。

④ Googleアカウントのパスワードを入力し、［次へ］をクリックします。

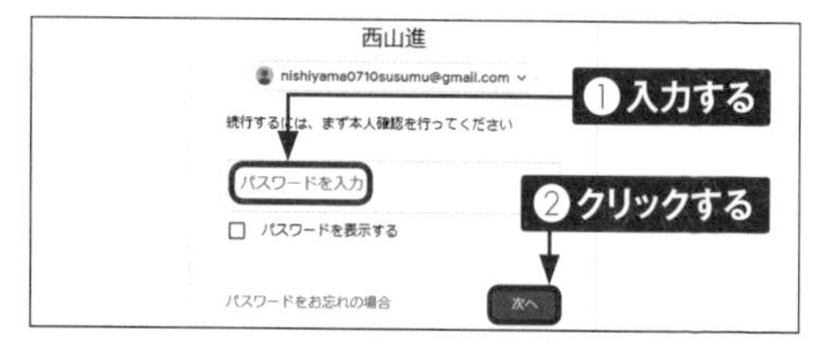

⑤ ［続行］をクリックします。

⑥ 電話番号を入力し、「テキストメッセージ」の○をクリックしてチェックを付け、［送信］をクリックします。

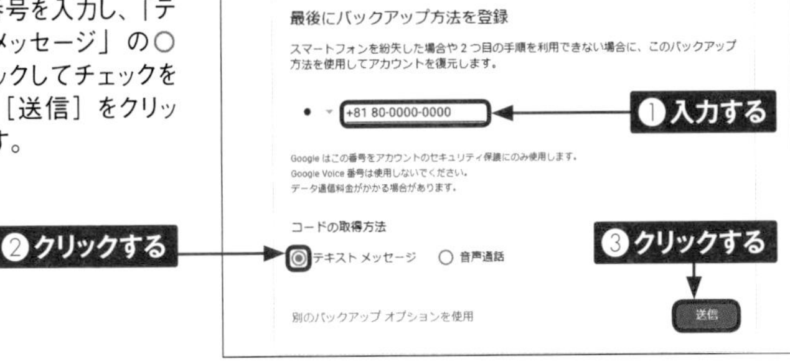

⑦ 受信したSMSに記載してある確認コードを入力し、［次へ］をクリックします。

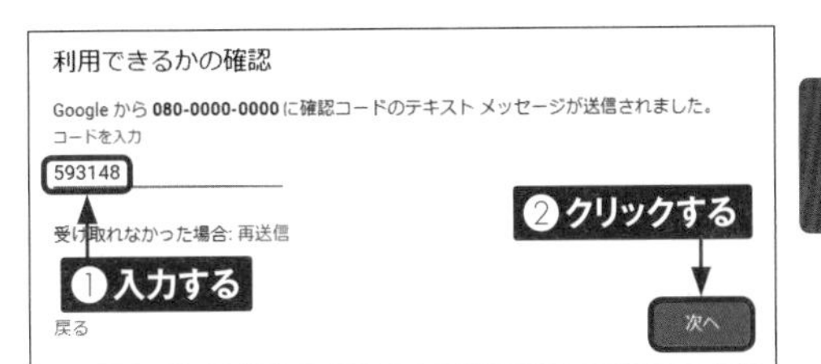

⑧ ［有効にする］をクリックします。

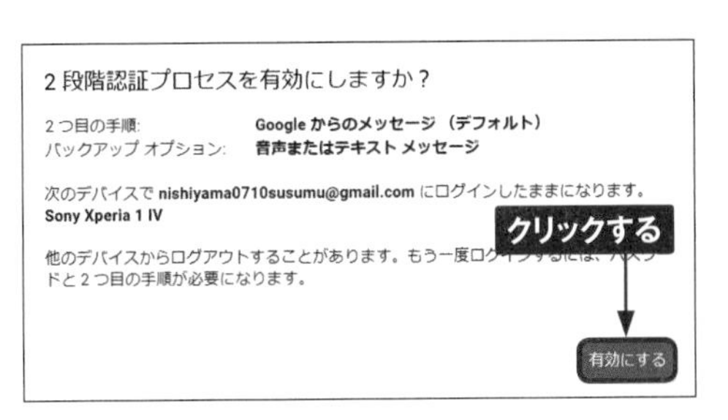

⑨ 2段階認証が有効になります。

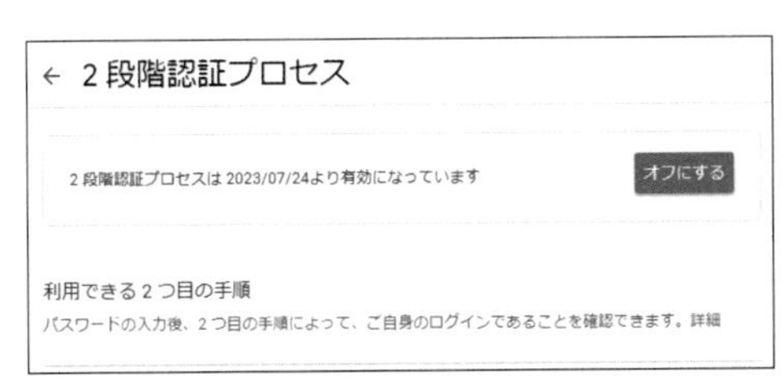

Section 57

パスワードを変更する

Googleアカウントは、GoogleドライブやGmailなど、さまざまなGoogleサービスで共通に使用します。アカウント作成時に設定したパスワードは、いつでも変更することが可能です。

パスワードを変更する

① WebブラウザでGoogleアカウントのサイト（https://myaccount.google.com/）にアクセスし、［セキュリティ］をクリックします。

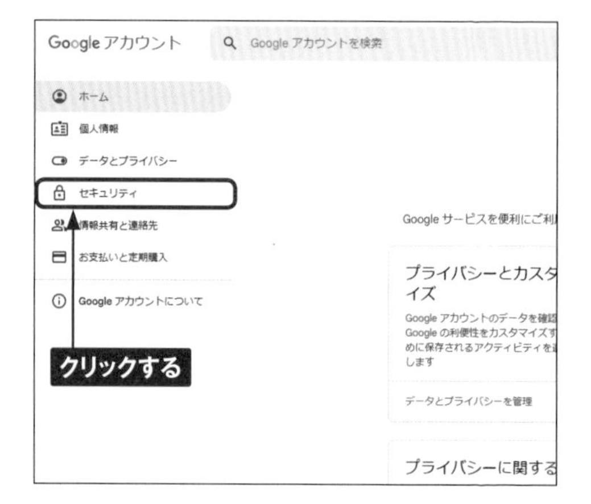

② 「Googleにログインする方法」の［パスワード］をクリックします。

③ 現在のアカウントのパスワードを入力し、[次へ]をクリックします。

④ 「新しいパスワード」と「新しいパスワードを確認」に新しいパスワードを入力し、[パスワードを変更]をクリックすると、パスワードを変更できます。

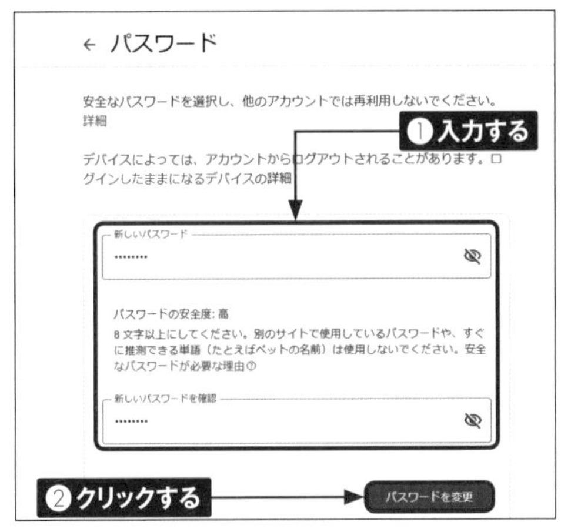

第3章 Googleドライブを活用する

Memo パスワードを忘れた場合

現在のアカウントのパスワードを忘れてしまった場合は、パスワードを再設定しましょう。手順③の画面で入力欄下部にある［パスワードをお忘れの場合］をクリックし、画面の指示に従ってパスワードの再設定を行います。再設定したパスワードは忘れないようメモなどに残しておくとよいでしょう。

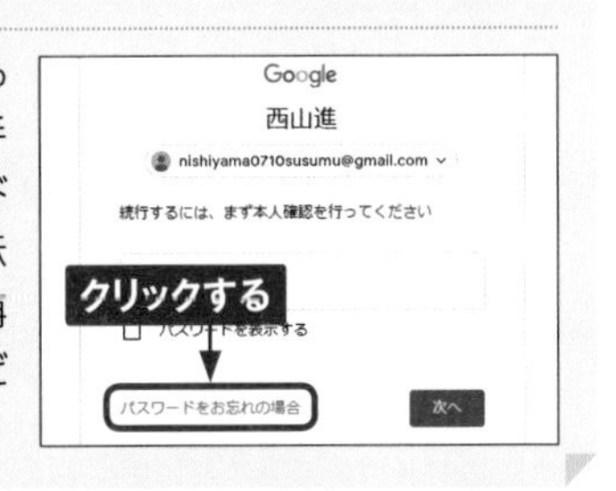

Section 58

Googleドライブの容量を増やす

Googleドライブの初期容量は15GBです。写真や動画を保存したり、大量のファイルのバックアップを行ったりすると、空き容量が足りなくなる場合があります。その際には、必要な容量を追加購入することができます。

容量を追加する

① Sec.11を参考にGoogleドライブを表示し、[保存容量を増やす] をクリックします。

② 任意の容量を選択し、[使ってみる] をクリックします。

③ 「Google One 利用規約」画面が表示されたら、[同意する] をクリックします。

④ 任意の支払い方法をクリックし、画面の指示に従って購入します。

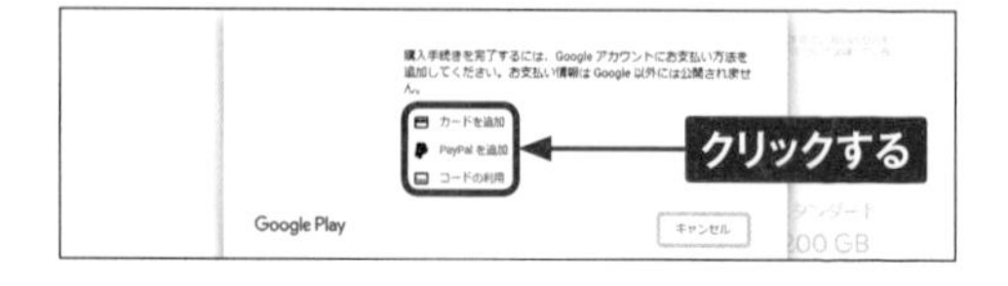

Memo プランの選択

ストレージの容量は、無料で提供される15GBのほかに、100GB、200GB、2TBが選択できます。また、Google Oneへの加入により、特別サポートなどのメンバー向け特典の利用が可能になります。

OneDriveの基本操作を理解する

Section 59 OneDriveとは?

OneDriveは、Microsoftが提供するクラウドストレージサービスです。複数のパソコン間でかんたんにファイルを共有することができます。また、WebブラウザでOfficeファイルの利用や作成、編集ができます。

OneDriveとは?

OneDriveは、テキストや写真、動画などさまざまなファイルを保存しておける、クラウドストレージサービスです。Microsoftアカウントがあれば、標準で5GBの容量を無料で利用できます。また、Windows 11 ／ 10には、標準でOneDriveアプリがプレインストールされているため、かんたんにファイルの作成、編集を行うことが可能です。

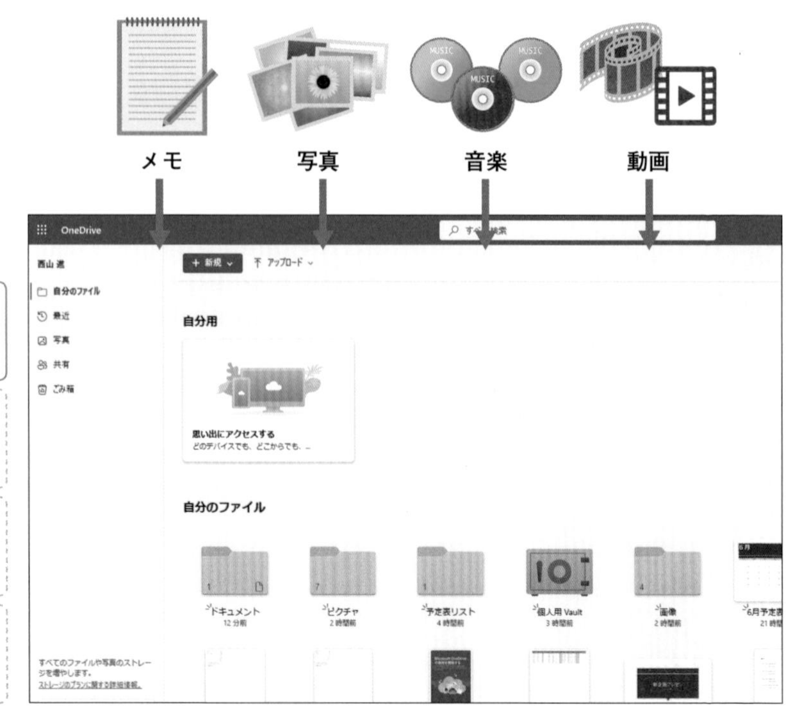

機能紹介
導入
基本操作
アプリの利用

OneDriveでできること

●パソコン、スマートフォン、タブレットと同期

OneDriveアプリをインストールしたWindowsやMacには「OneDrive」フォルダが作成されます。パソコンにMicrosoftアカウントでサインインすると、パソコンとOneDriveが同期され、フォルダ内にファイルを作成すると、自動的にOneDriveにもファイルが作成されます。OneDriveに作成されたファイルは、ほかのデバイスからでも利用、編集することができます。

●オンラインでファイルの編集や管理が可能

OneDrive上のファイルは共有設定を行うと、ほかのユーザーの閲覧、ダウンロード、編集が可能になります。また、Office製品がインストールされていないパソコンでも、Webブラウザから「Office on the web」を使用して、ファイルの利用、作成、編集ができます。「Office on the web」にはWord、Excel、PowerPointなどがあり、さまざまなデバイスからアクセスして作業できます。

●容量の追加が可能

OneDriveは、標準で5GBまでの容量を無料で利用できますが、1TBまでの容量を追加購入することもできます。よりたくさんのファイルを保存したい場合やビジネスで利用したいときなどは、容量を追加しておくのがおすすめです。

Section 60

OneDriveが利用できる環境

OneDriveは、インターネットに接続できる環境があれば、パソコンをはじめ、スマートフォンやタブレットなどあらゆるデバイスから、Webブラウザやアプリを使って自分のデータにアクセスできます。

OneDriveが利用できる環境

OneDriveは、インターネットに接続できる環境があれば、WindowsパソコンやMacをはじめ、AndroidスマートフォンやiPhone、タブレットなど、あらゆるデバイスから利用することができます。会社や自宅での利用はもちろん、移動中の電車内からでも、データにアクセス可能です。

●Windows ／ Mac

WindowsではエクスプローラーMacではFinderからOneDrive内のファイルを閲覧・編集できます。

●Webブラウザ版OneDrive

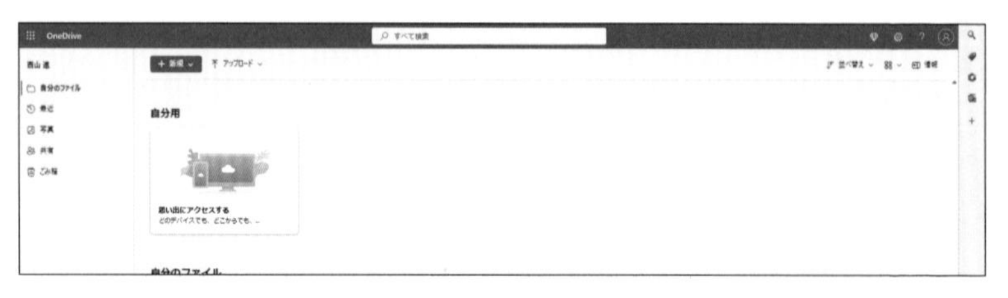

Webブラウザから利用するWebブラウザ版のOneDriveです。インターネット環境があれば、WebブラウザからOneDriveを利用できます。

Section 61

Microsoftアカウントを取得する

Microsoftアカウントは、Microsoftが提供する個人認証アカウントです。OneDriveのほか、さまざまなサービスやアプリで使用できるため、ぜひ取得しておきましょう。ここでは、新たにアカウントを取得する方法を解説します。

Microsoftアカウントを取得する

1 Webブラウザを起動し、アドレスバーに「https://www.microsoft.com/ja-jp/」と入力して、Enterキーを押し、Microsoftアカウントのサイトにアクセスします。

2 ［サインイン］をクリックします。

3 ［作成］をクリックします。

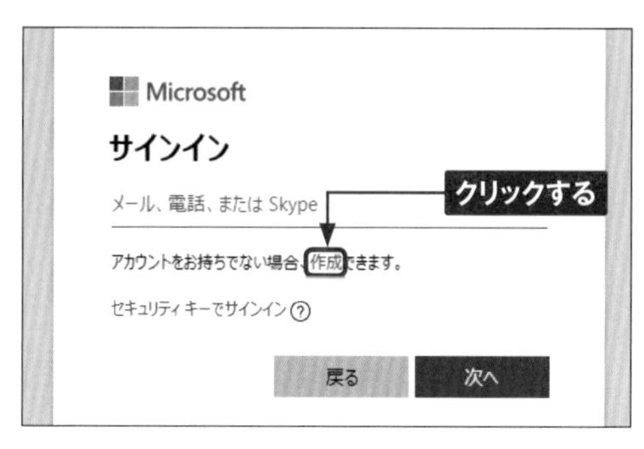

4 ［新しいメールアドレスを取得］をクリックします。

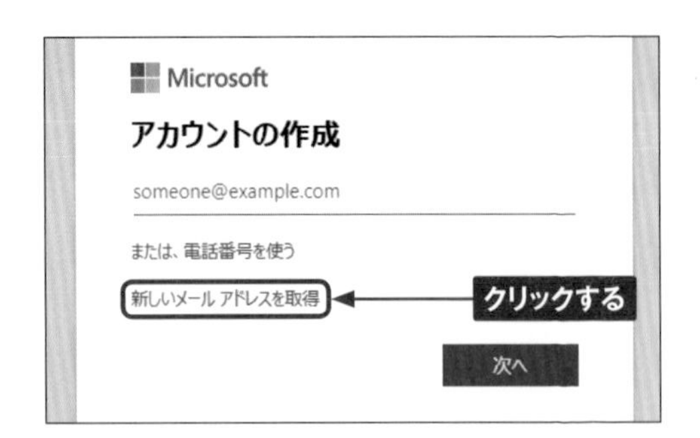

5 任意のメールアドレスを入力して、［次へ］をクリックします。

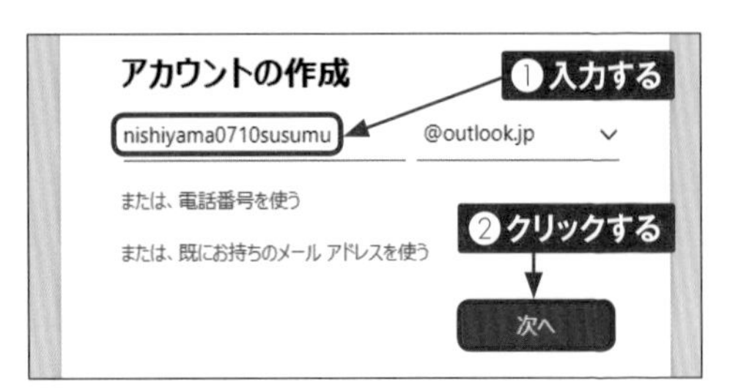

6 任意のパスワードを入力して、［次へ］をクリックします。

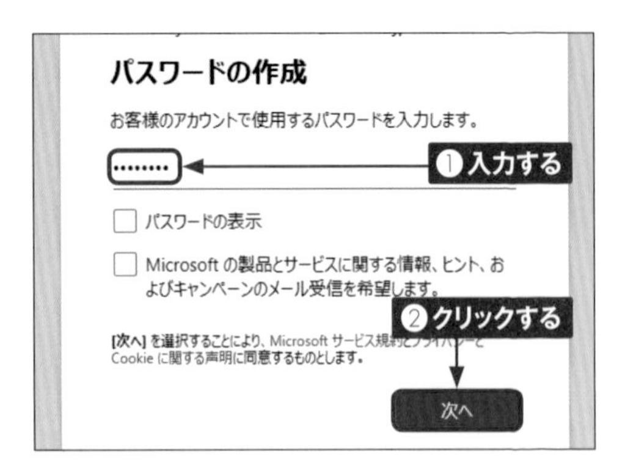

7 「姓」「名」を入力して、［次へ］をクリックします。

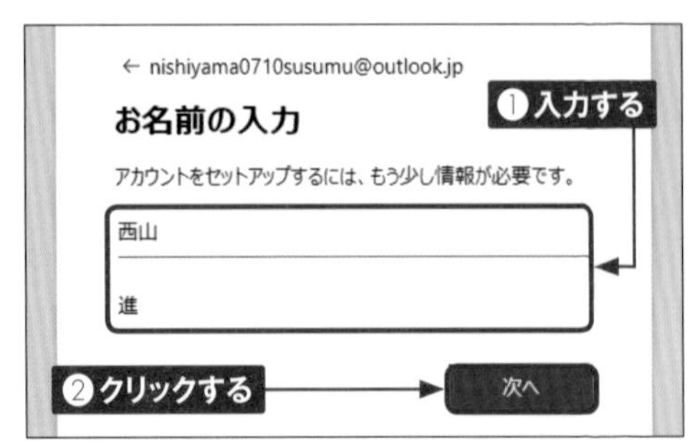

8 「国／地域」「生年月日」をそれぞれ設定して、［次へ］をクリックします。

9 ロボットでないことを証明するための画面が表示されるので、［次］をクリックしてクイズに回答します。

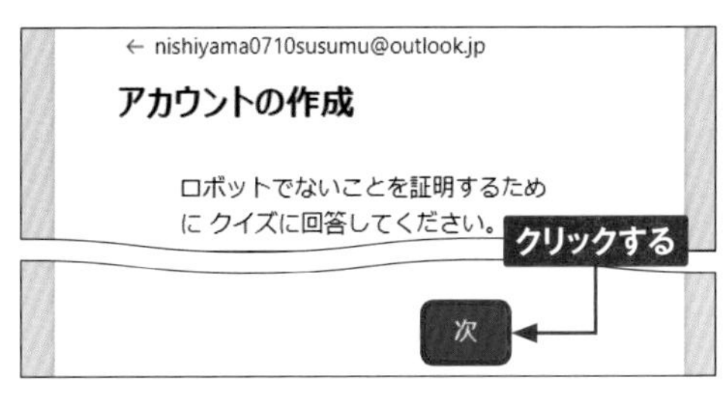

10 「サインインの状態を維持しますか?」画面が表示されるので、［はい］をクリックすると、アカウントにサインインした状態でP.115手順②の画面が表示されます。

Memo **Windows 11 ／ 10では作成済みのことがほとんど**

Windows 11 ／ 10の場合、Microsoftアカウントは、オンラインで利用する際のサインインに必要なため、初期設定時に取得していることがほとんどです。その場合は、新たに取得する必要はありません。なお、サインインに使用しているものと、別のMicrosoftアカウントを使用したい場合は、新しくアカウントを取得しましょう。

Section 62

ファイルをアップロードする

OneDriveは、WebブラウザかエクスプローラーやFinderで操作します。Webブラウザでマイクロソフトアカウントにサインインすれば、外出先でもかんたんにOneDriveを利用できます。

ファイルをアップロードする

1 WebブラウザでOneDriveのWebサイト（https://www.onedrive.com）にアクセスします。Webブラウザ版OneDriveが表示されるので、［アップロード］をクリックし、［ファイル］をクリックします。

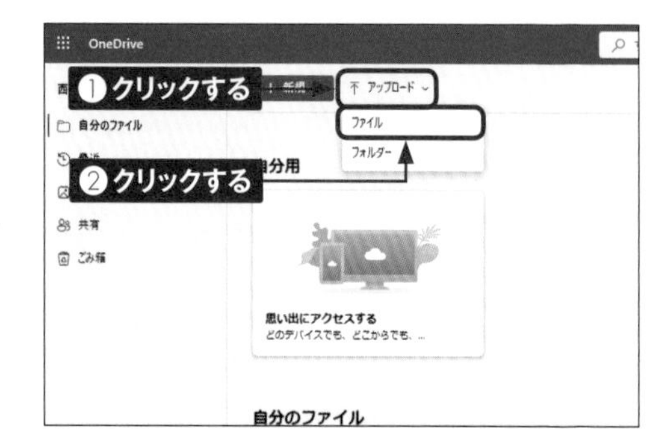

2 アップロードするファイルをクリックし、［開く］をクリックします。

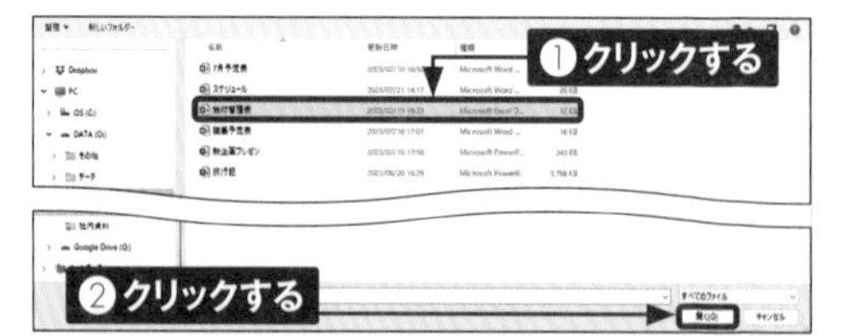

3 選択したファイルがアップロードされます。

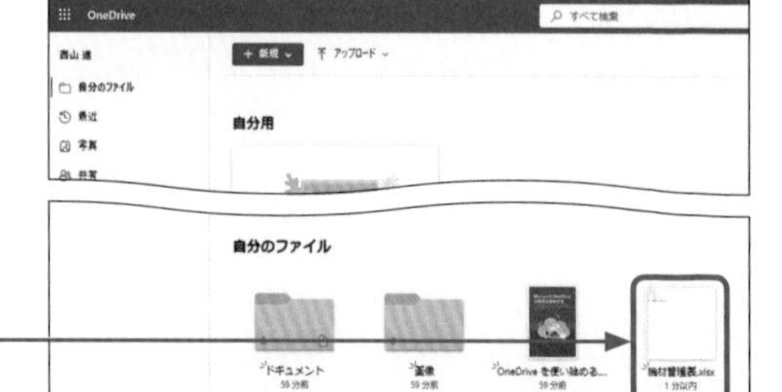

Section 63

ファイルをダウンロードする

Webブラウザ版OneDriveに保存されているファイルは、自分のパソコンにダウンロードすることができます。なお、Microsoft Edgeでは、ダウンロードしたファイルは、エクスプローラーの「ダウンロード」フォルダから確認することも可能です。

ファイルをダウンロードする

① P.118を参考にWebブラウザ版OneDriveを表示し、ダウンロードしたいファイルを右クリックして、[ダウンロード]をクリックします。

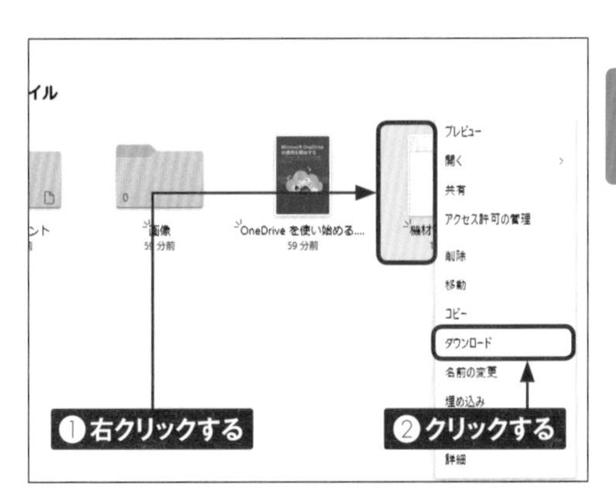

② ダウンロードが完了します。[ファイルを開く]をクリックすると、ダウンロードしたファイルが開き、確認できます。

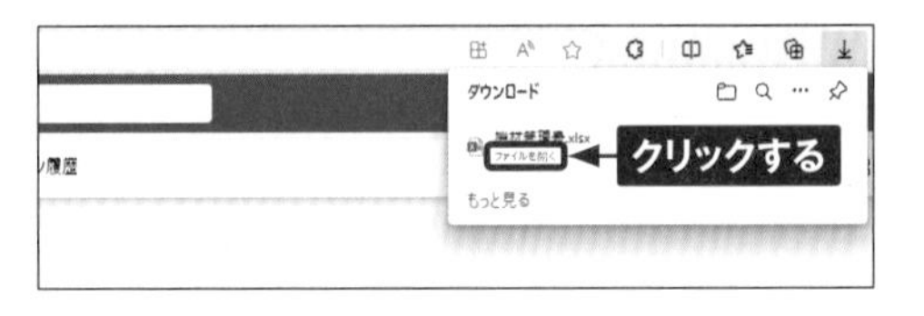

③ エクスプローラーの「ダウンロード」フォルダから確認することもできます。

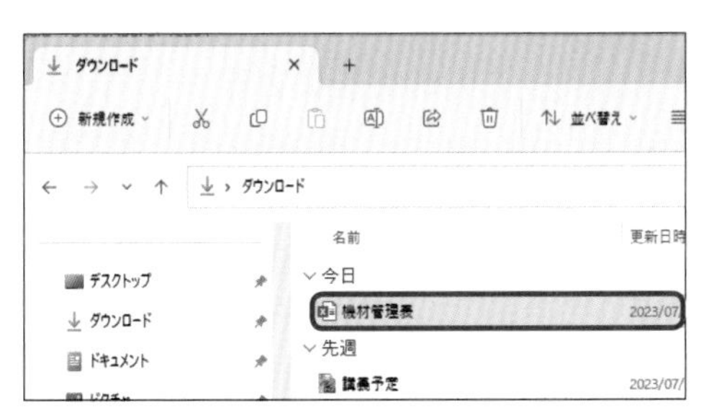

Section 64 ファイルを削除する

OneDriveに保存しているファイルは、削除可能です。削除されたファイルはOneDrive上の「ごみ箱」に移動します。「ごみ箱」内にあるファイルは、30日以内であれば復元することができます。

ファイルを削除する

① P.118を参考にWebブラウザ版OneDriveを表示し、削除したいファイルを右クリックして、[削除] → [削除する] の順にクリックします。

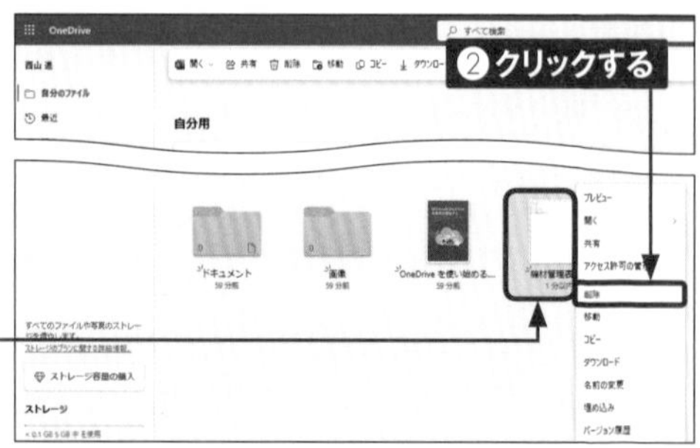

② ファイルが削除されます。

Memo ごみ箱を空にする

手順②の画面で、[ごみ箱] をクリックし、[ごみ箱を空にする] をクリックすると、ごみ箱内のファイルを完全に削除できます。ただし、ごみ箱から削除してしまうと復元できなくなってしまうので、気を付けましょう。

Section 65 ファイルの表示方法を変更する

Webブラウザ版OneDriveでは、ファイルの表示形式を変更できます。「縮小表示」ではファイルがタイルで表示され、縮小表示画像でファイルの中身が確認できます。「詳細表示」ではファイルがリストで表示され、ファイルの詳細を確認できます。

ファイルの表示方法を変更する

1 P.118を参考にWebブラウザ版OneDriveを表示し、𝟖𝟖 ⌄をクリックして、［リスト］をクリックします。

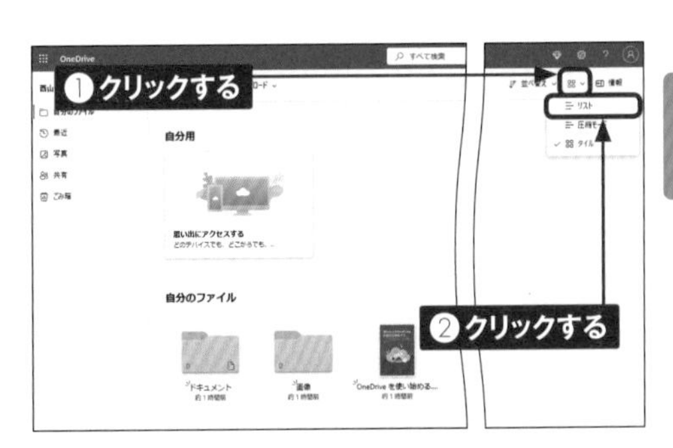

2 タイルビューからリストビューに切り替わります。なお、［並べ替え］をクリックすると任意のカテゴリから並び順を選択できます。

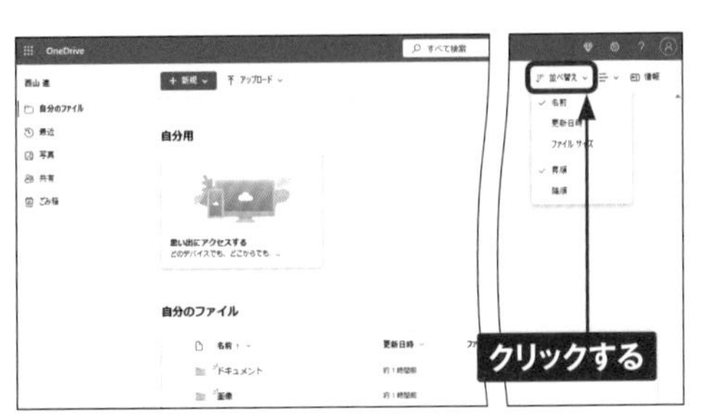

Memo 並べ替えのカテゴリ

並べ替えのカテゴリには「名前」、「更新日時」、「ファイルサイズ」があります。その場に応じた並べ替えのカテゴリを選択することで、ファイルが見つけやすくなります。また、それらの並べ替えの順序は「昇順」もしくは「降順」から選択できます。

Section 66 ファイルを検索する

OneDriveに保存されたファイルやフォルダは、キーワードを使って検索すると、すばやく見つけることができます。また、ファイル名だけではなく、ファイル内に含まれる文字で検索すると、関連したファイルやフォルダが検索結果として表示されます。

ファイルを検索する

① P.118を参考にWebブラウザ版OneDriveを表示し、[すべて検索]をクリックします。

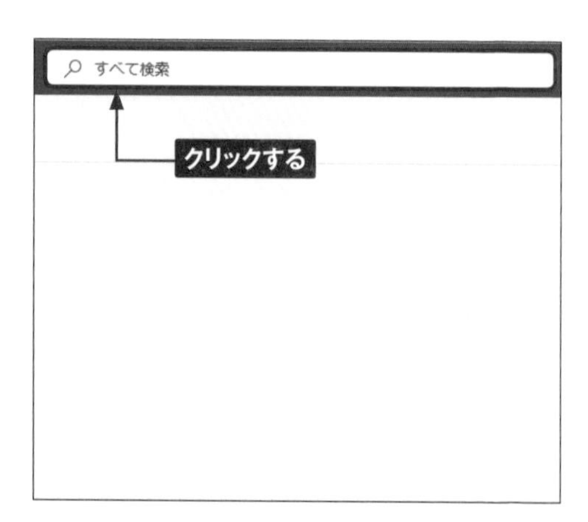

② 検索したいファイルやフォルダ名のキーワードを入力し、Enterキーを押します。

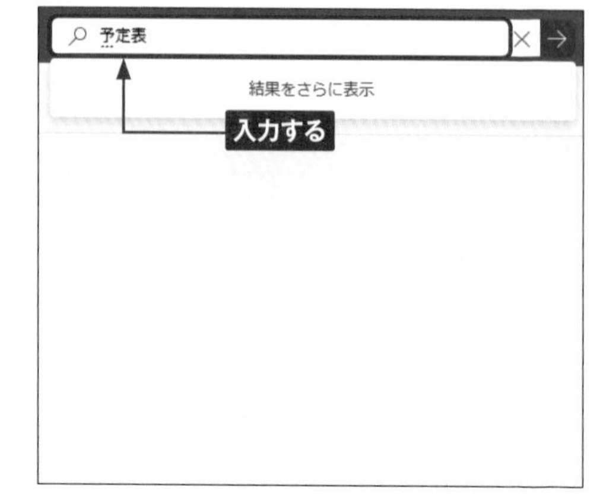

③ 入力したフォルダやファイル名のキーワード（ここでは「予定表」）に関連した検索結果が表示されます。

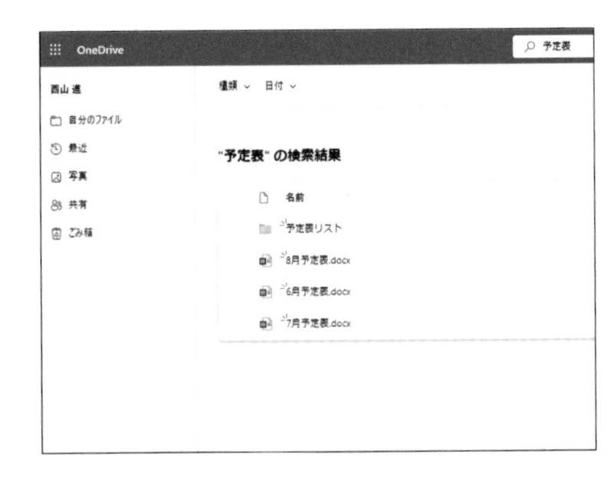

④ 次に、ファイル内に含まれる文字をキーワードとして入力し、Enter キー を押します。

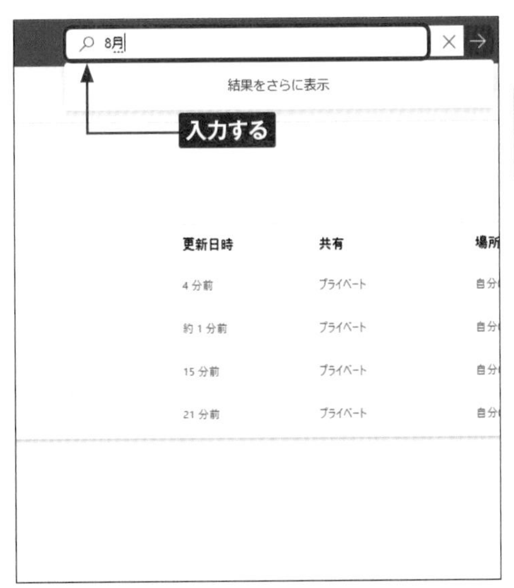

⑤ 入力したファイル内に含まれる文字のキーワード（ここでは「8月」）に関連した検索結果が表示されます。

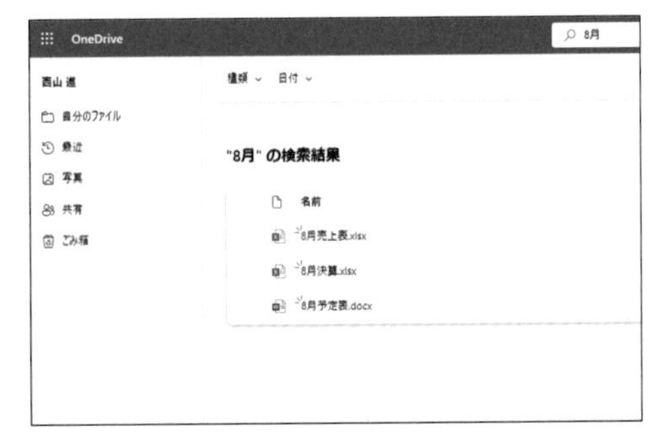

Section 67 フォルダを作成してファイルを整理する

OneDriveでは、任意の名前を設定したフォルダを作成し、ファイルなどを整理することができます。アップロードしたデータが増えた場合は、フォルダ別に分類することで管理しやすくなります。

フォルダを作成してファイルを整理する

① P.118を参考にWebブラウザ版OneDriveを表示し、[新規]をクリックします。

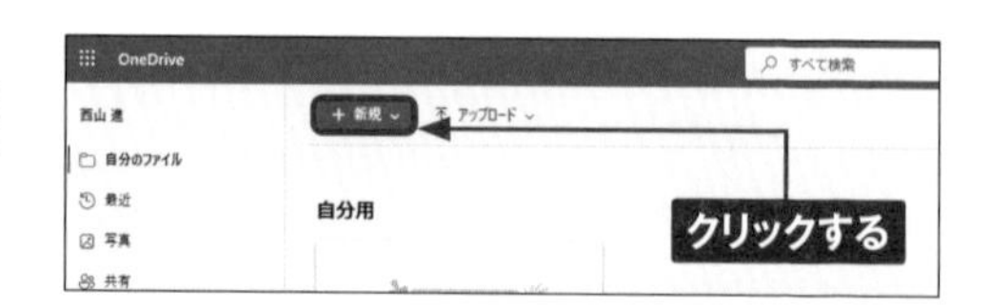

② [フォルダー]をクリックします。

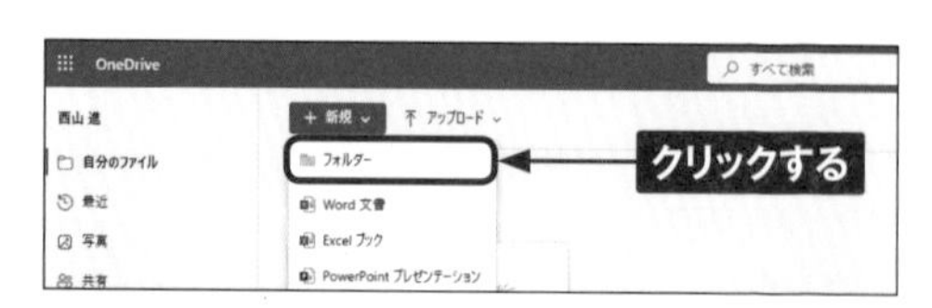

③ フォルダ名を入力し、[作成]をクリックします。

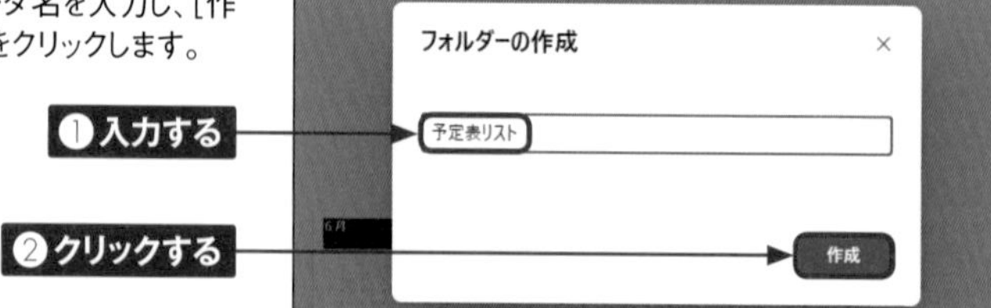

④ フォルダが作成されます。

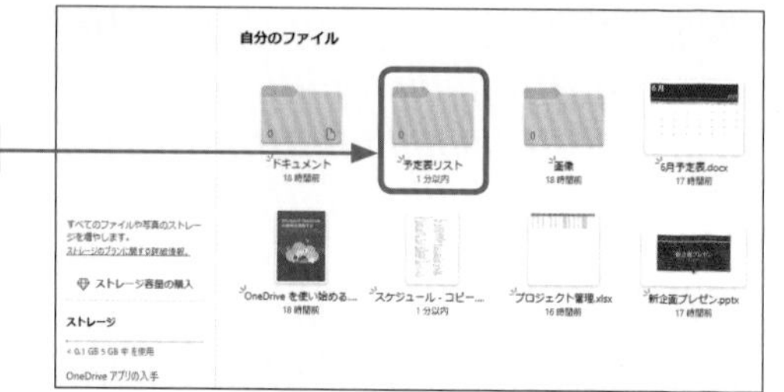

機能紹介
導入
基本操作
アプリの利用

5 フォルダに移動したいファイルを右クリックして[移動]をクリックします。

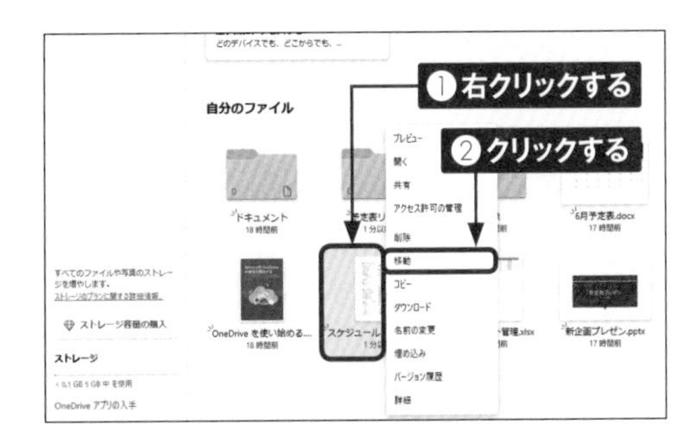

6 移動したいフォルダ名をクリックします。

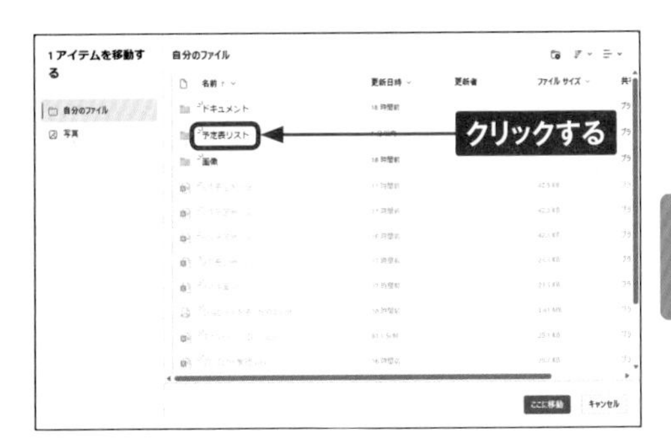

7 [ここに移動] をクリックします。

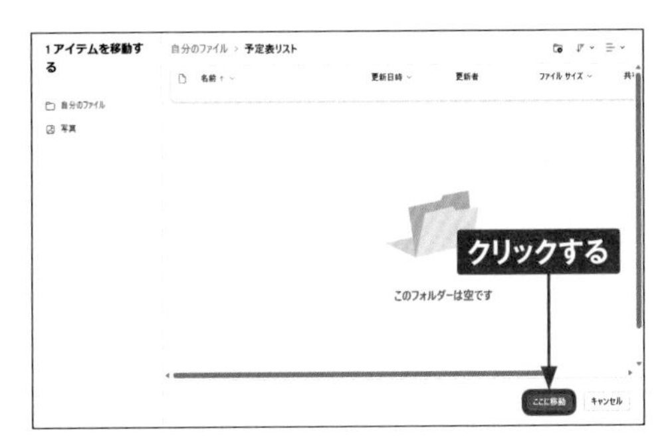

8 ファイルがフォルダに移動します。

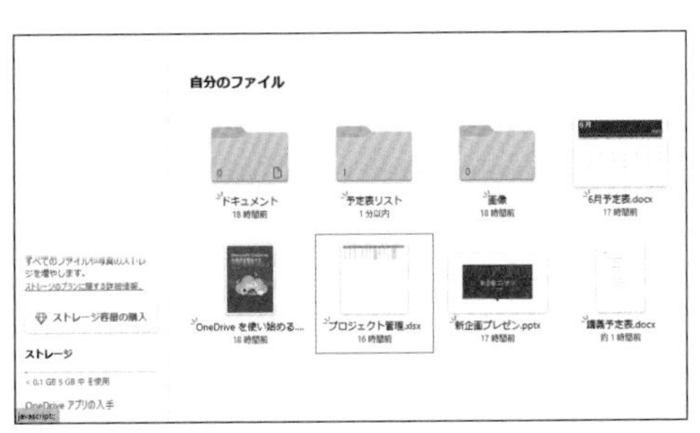

Section 68

Officeアプリの書類をOneDriveに保存する

Word、Excel、PowerPointといったOfficeアプリで作成・編集した書類を、OneDriveに保存できます。保存先をOneDriveに設定したファイルは、「自動保存」が有効になり、作業で行った変更などが自動的にOneDriveにも保存されます。

Officeアプリの書類をOneDriveに保存する

1. OneDriveにファイルを保存したいOfficeアプリ（ここではExcelファイル）を開き、[ファイル]をクリックします。

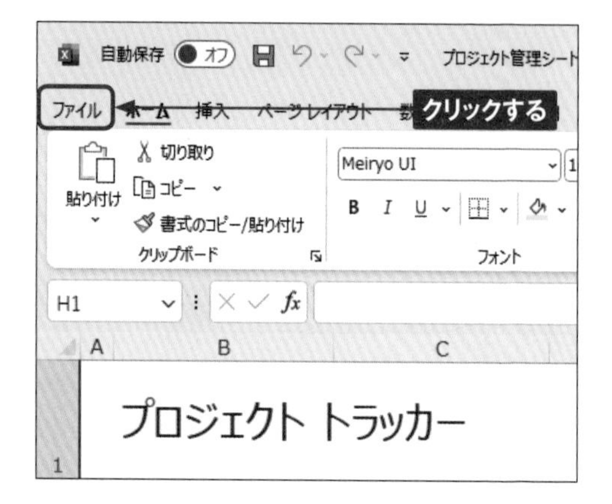

2. [名前を付けて保存]をクリックします。

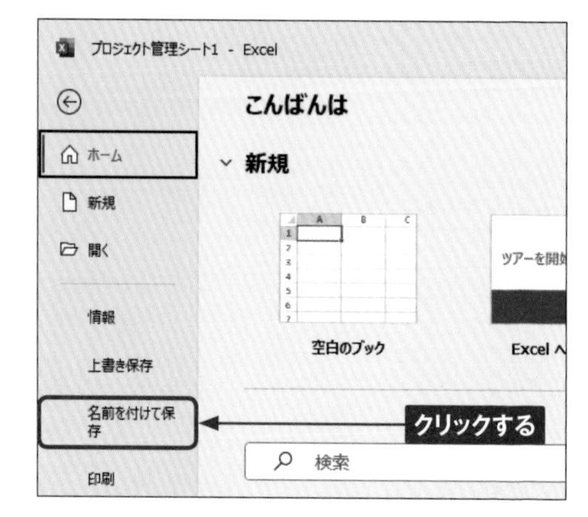

3 ［OneDrive－個人用］をクリックします。

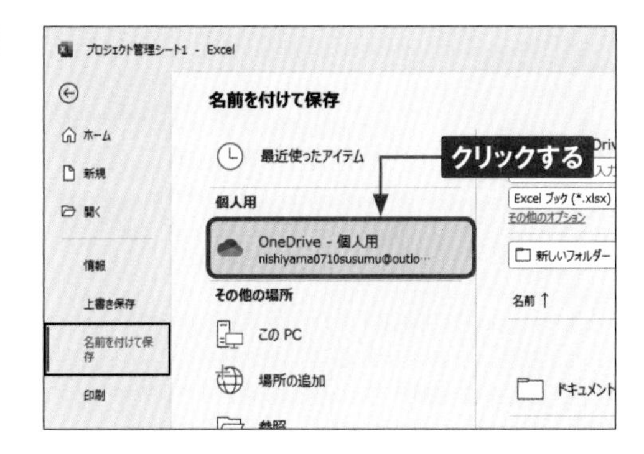

4 ファイル名やファイル形式などを設定して、［保存］をクリックします。

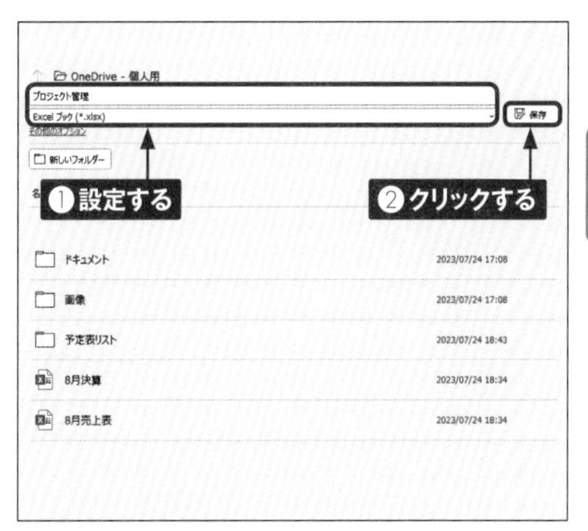

5 自動保存がオンになり、OneDrive上に保存されます。

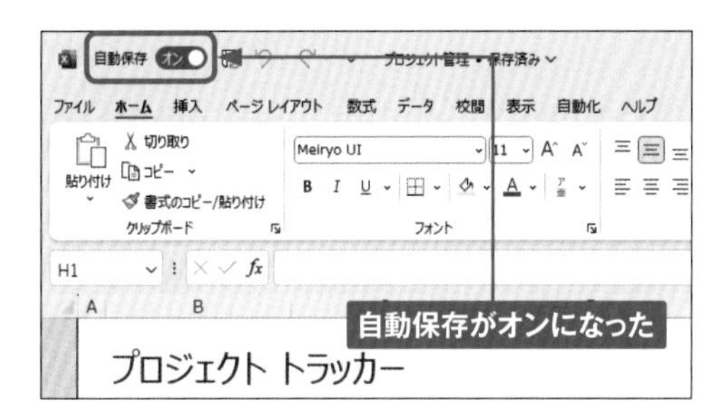

Memo **自動保存をオフにする**

手順⑤の画面で「自動保存」の［オン］をクリックすると、「オフ」に切り替わります。

Section 69

Webブラウザから Officeファイルを編集する

OneDrive内に保存されたテキストやファイルは、Webブラウザ上で編集することができます。なお、より高度な機能を利用して編集したい場合は、各Officeアプリから編集します（P.129Memo参照）。ここでは「Wordファイル」を例に解説します。

Wordファイルを編集する

1 P.118を参考にWebブラウザ版OneDriveを表示し、編集するWordファイルをクリックします。

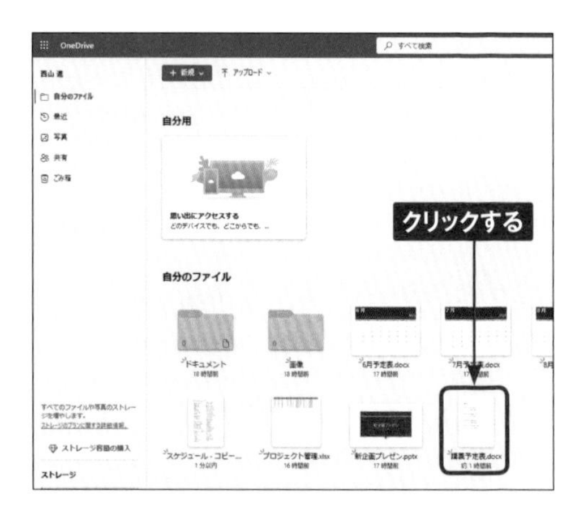

2 Word Onlineの編集画面が表示されます。

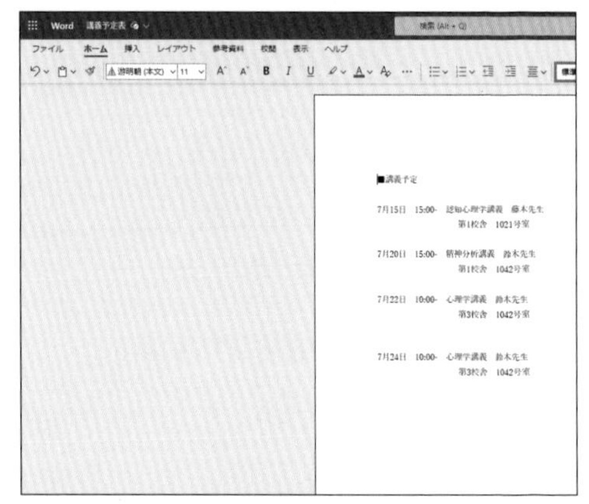

3 内容を編集したら、×をクリックします。

4 「1分以内」と表示され、編集したファイルが保存されます。

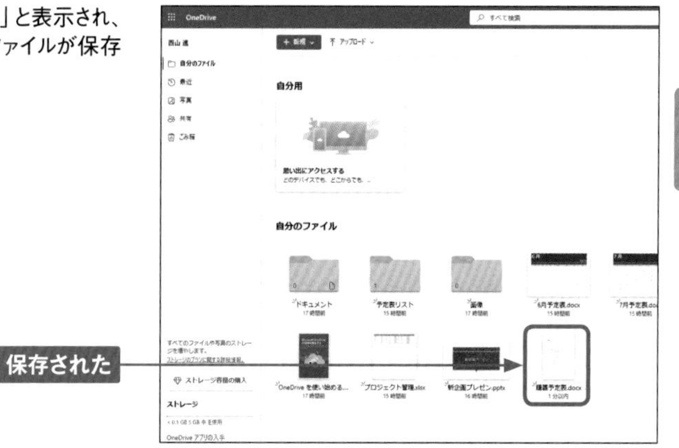

Memo 文書を「Word」アプリで編集する

OneDrive上に保存された文書は、Webブラウザの「Word Online」からかんたんな編集をすることができますが、マクロなどの高度な機能は利用できません。その場合は、デスクトップ版Officeの「Word」アプリから編集します（あらかじめ「Word」アプリのインストールが必要）。P.128手順①の画面で編集したいWordファイルを右クリックし、「開く」にマウスカーソルを合わせ、[アプリで開く] をクリックします。

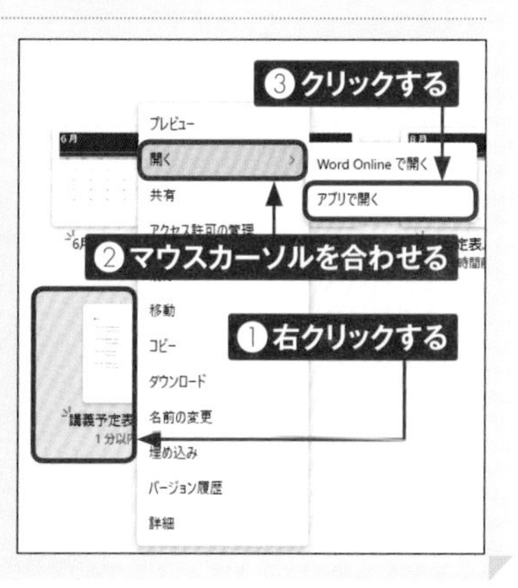

Windowsの デスクトップアプリを利用する

Windows 11 ／ 10のパソコンでは、OneDriveはプレインストールされています。何らかの理由でアンインストールしている場合は、OneDriveのダウンロードサイトから再インストールします。

Windowsのデスクトップアプリをダウンロードする

① WebブラウザでWindows用OneDriveのダウンロードサイト(https://www.microsoft.com/ja-jp/microsoft-365/onedrive/download)にアクセスします。［ダウンロード］をクリックします。

② 画面右上に表示されるメニューから［ファイルを開く］をクリックすると、ダウンロードが開始されます。

Windowsのデスクトップアプリをインストールする

1 ダウンロードが完了すると、セットアップが開始されます。

2 インストールが完了すると、エクスプローラーに「OneDrive」フォルダが表示されます。

Memo エクスプローラーに表示される「OneDrive」フォルダ

OneDriveがインストールされていると、エクスプローラーに「OneDrive」フォルダが表示され、エクスプローラーから操作できるようになります。なお、本書ではWebブラウザ版OneDriveの操作のみ解説します。

Macのデスクトップアプリを利用する

MacからOneDriveにアクセスするためのMacアプリが用意されています。ここでは、Macアプリのインストールとセットアップの方法を解説します。事前に、サインイン用のMicrosoftアカウントを用意しておきましょう（Sec.61参照）。

Macのデスクトップアプリをインストールする

1 デスクトップ画面から「App Store」を開き、検索欄に「OneDrive」と入力し、Enterキーを押します。

OneDrive
onedrive
microsoft onedrive
入力する
さらに使いこなそう
あなたの帝国を
繁栄に導こう

2 ［OneDrive］→［入手］→［インストール］の順にクリックします。サインインを求められたら任意の「Apple ID」と「パスワード」を入力し［入手］をクリックします。

3 インストールが終了したら、「OneDriveの設定」画面が表示されるので、Microsoftアカウントのメールアドレスを入力して、［サインイン］をクリックします。

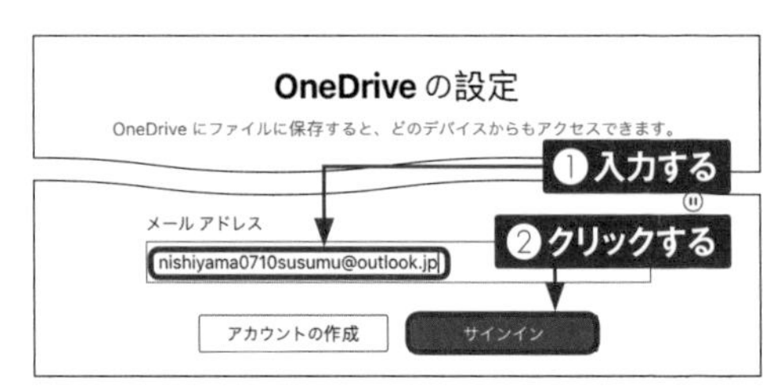

4 Microsoftアカウントのパスワードを入力し、［サインイン］をクリックします。

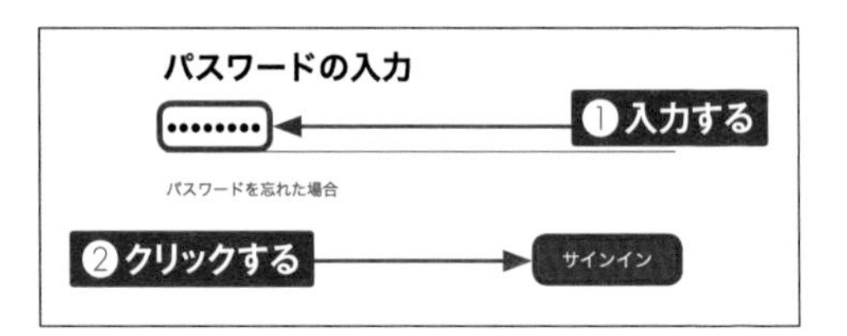

5 「ご本人確認のお願い」画面が表示されたら、画面の指示に従って確認を済ませ［次へ］をクリックします。

6 オプションのデータをMicrosoftに送信する、または送信しないを選択し、［承諾］をクリックします。

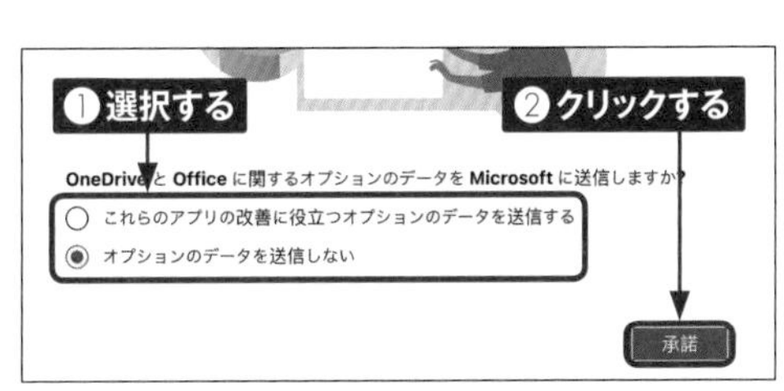

7 ［OneDriveフォルダーの場所を選択］をクリックします。

8 Finderが表示されるので、任意のフォルダ場所をクリックして選択し、［この場所を選択］をクリックしたら、［次へ］→［次へ］→［OK］の順にクリックし、［次へ］を3回クリックします。

9 ［スキップ］→［OneDriveフォルダーを開く］の順にクリックすると、Mac版OnedDriveが表示されます。メニューバーにアイコンが表示され、FinderからOneDriveが利用できるようになります。

第4章 OneDriveの基本操作を理解する

Section 72

スマートフォンにアプリをインストールする

スマートフォンに「OneDrive」アプリをインストールすると、外出先からでもOneDriveのさまざまな機能を利用できます。ここでは、スマートフォンにOneDriveをインストールする手順を解説します。

Android版OneDriveをインストールする

① Androidのホーム画面から、[Play ストア] をタップします。

② 画面上部の検索欄をタップします。

③ 「OneDrive」と入力し、🔍をタップします。

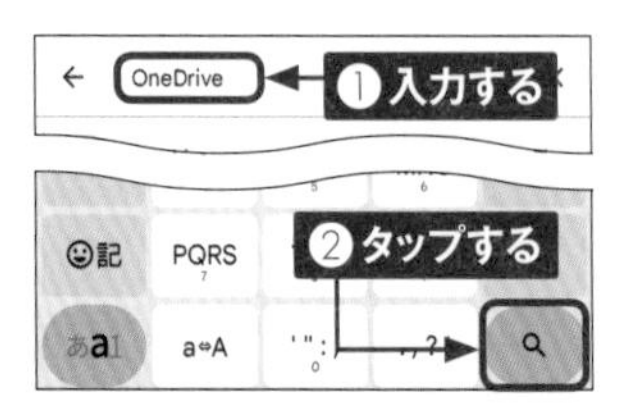

④ [Microsoft OneDrive] をタップします。

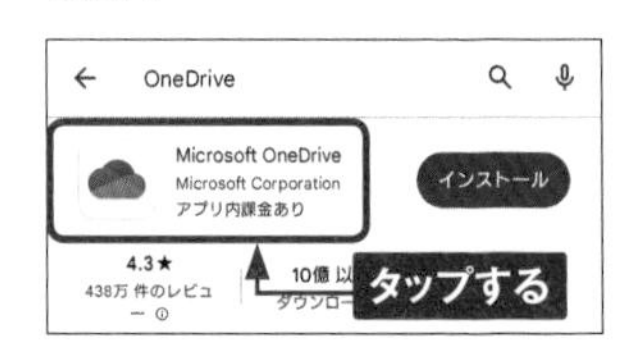

⑤ [インストール] をタップします。

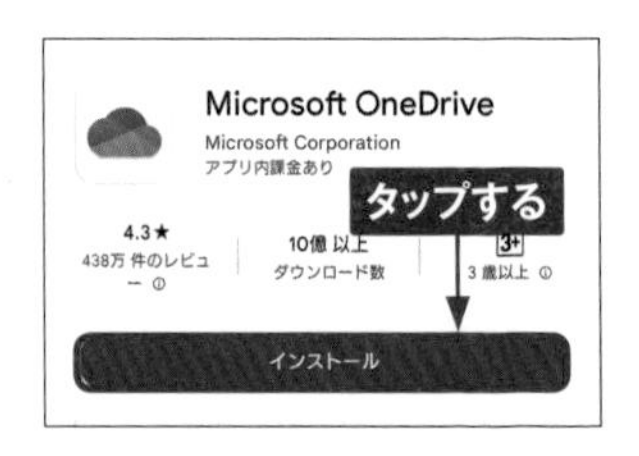

⑥ インストールが始まります。

iPhone版OneDriveをインストールする

1 iPhoneのホーム画面で［App Store］をタップし、画面下部のメニューから［検索］をタップします。

2 検索欄に「OneDrive」と入力し、［検索］（または［Search］）をタップします。

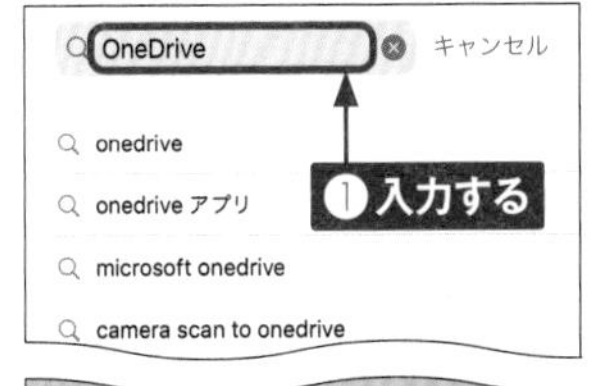

3 検索結果が表示されます。「Microsoft OneDrive」の［入手］をタップします。

4 ［インストール］をタップします。

5 Apple IDのパスワードを入力し、［サインイン］をタップすると、インストールが始まります。

iPhoneでOfficeファイルを利用する場合

iPhoneでOfficeファイルを利用・編集する場合は、それぞれのファイルに対応したスマートフォン用のMicrosoft 365のアプリをインストールする必要があります。

Section 73

スマートフォンからサインインする

スマートフォン用「OneDrive」アプリを使うと、外出先からでもOneDriveに保存しているデータにアクセスできます。ここでは、Androidスマートフォンで「OneDrive」アプリにサインインする方法を解説します。

スマートフォン版OneDriveを設定する

1 Sec.72を参考に「OneDrive」アプリをインストールしたら、[開く]をタップするか、ホーム画面に追加されたアイコンをタップします。

2 [許可]→[許可]→[サインイン]の順にタップします。

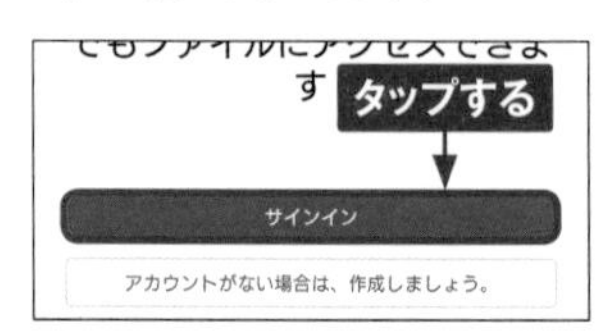

3 Microsoftアカウントのメールアドレスを入力し、→をタップします。

4 パスワードを入力し、[サインイン]をタップします。

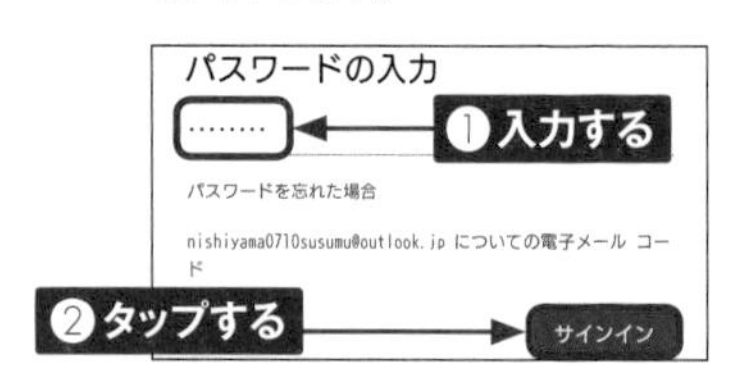

5 「バリュープラン」画面が表示された場合は、←→[キャンセル]の順にタップします。

6 「思い出を保存する」画面が表示されるので、[後で]をタップします。

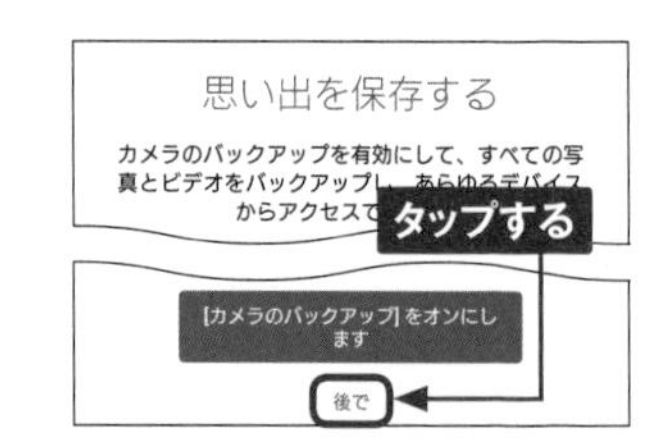

Section 74 スマートフォンでOfficeファイルを開く／編集する

あらかじめAndroidスマートフォン用のMicrosoft 365のアプリをインストールしておくと、スマートフォンからでもアプリを使用して、Officeファイルを開いたり、編集したりすることができます（P.138Memo参照）。

Officeファイルを開く

1 P.136手順①を参考に OneDriveを起動すると、「ホーム」画面が表示されます。［ファイル］をタップします。

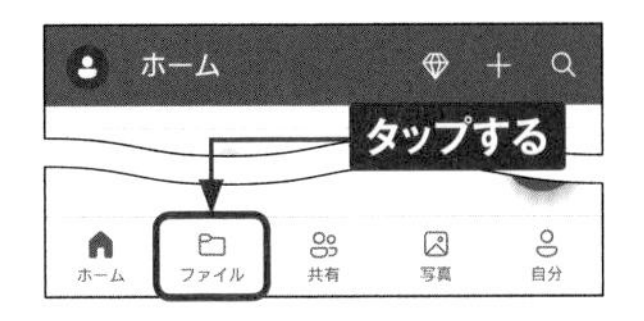

2 編集したいファイルが保存されているフォルダをタップします。

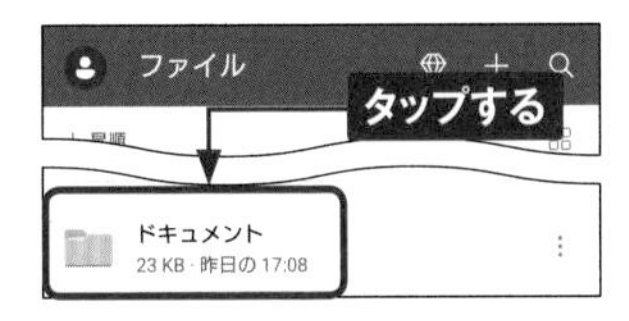

3 編集したいファイル（ここではExcelファイル）をタップします。

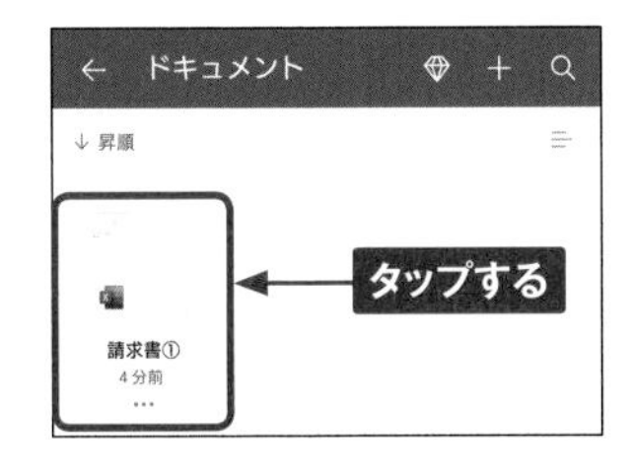

4 ［開く］をタップします。

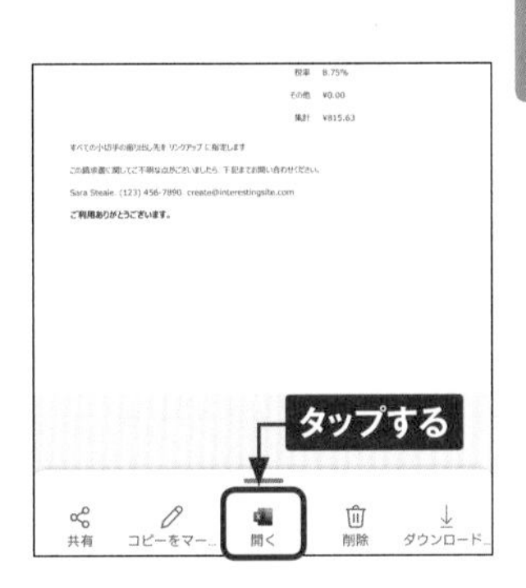

5 ファイルが表示され、編集することができます。

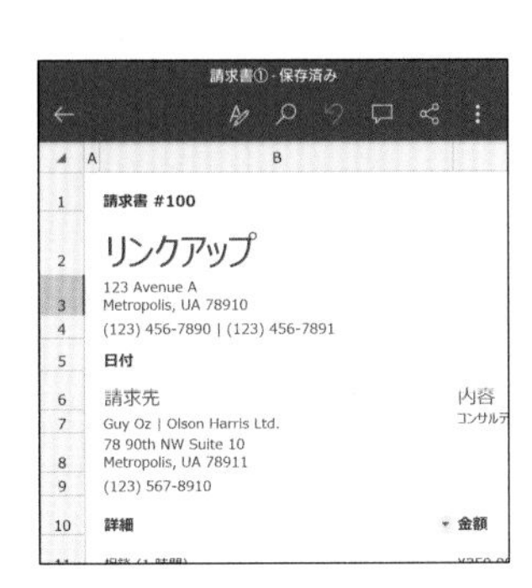

Officeファイルを編集する

① P.137を参考に編集したいファイル（ここではExcelファイル）を開き、ファイルを編集します。ファイルの編集が完了したら、⋮をタップします。

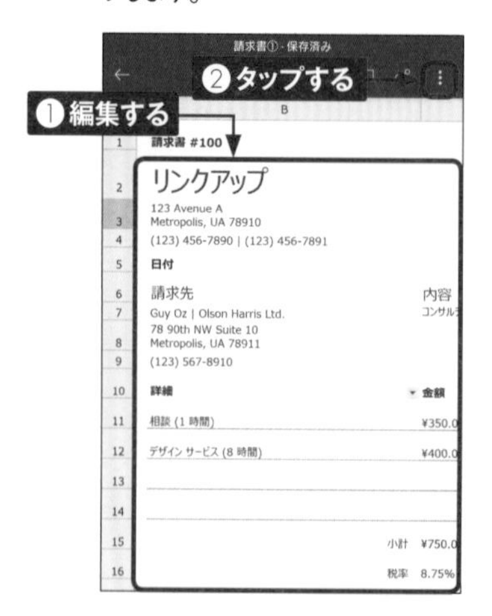

② 変更内容は自動的に保存されます。[上書き保存]をタップします。

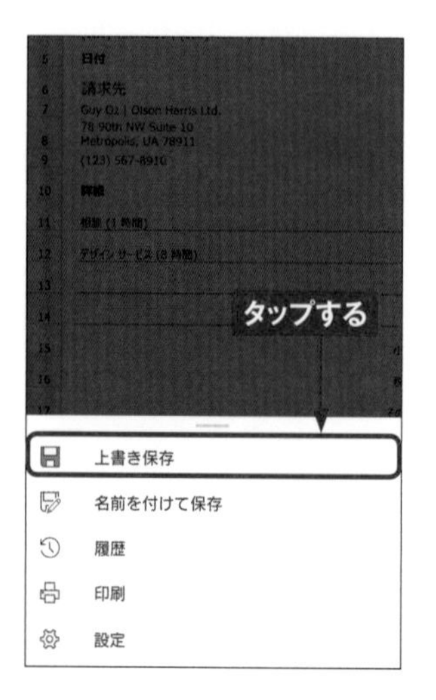

③ 「自動保存」の ▬ をタップすると、自動保存が無効になります。

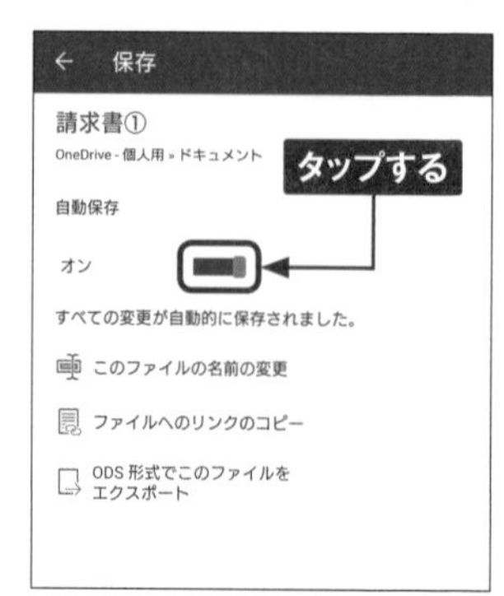

Memo スマートフォン用のMicrosoft 365アプリ

OneDrive上に保存したOfficeファイルを編集するためには、あらかじめスマートフォン用のMicrosoft 365アプリをPlayストアからインストールする必要があります。それぞれのファイルに対応した、スマートフォン用のMicrosoft 365アプリをSec.72を参考に個別に検索してインストールしましょう。

機能紹介
導入
基本操作
アプリの利用

OneDriveを活用する

Section 75

ファイルの履歴を管理する

OneDriveでは、ファイルの履歴を管理できます。ファイルに加えられた変更が時系列順に表示され、クリックすると変更前のファイルの内容が表示されます。また、ファイルを変更前の状態に戻すことも可能です。

ファイルの履歴を管理する

① P.118を参考にWebブラウザ版OneDriveを表示し、履歴を確認したいファイルを右クリックして、［バージョン履歴］をクリックします。

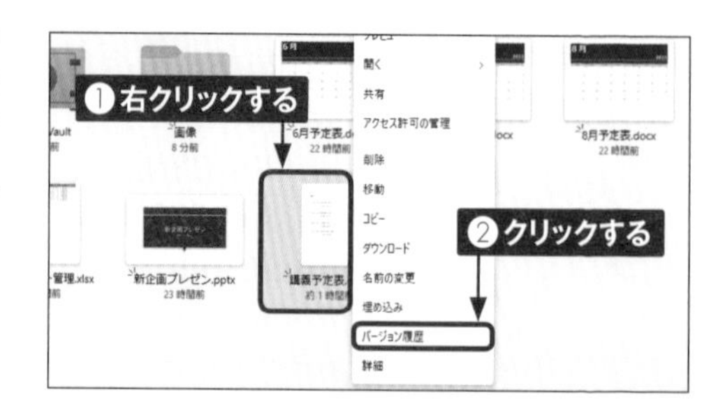

② Officeファイルでは、ブラウザの新しいタブが開き、画面左にバージョン履歴が表示されます。「以前のバージョン」の任意の更新日時をクリックします。

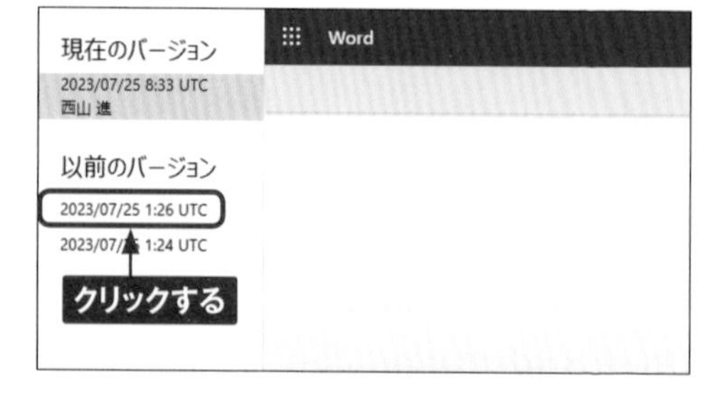

③ 変更前のファイルが表示されます。ファイルを変更前の状態に戻したい場合は、［復元］をクリックします。

Section 76

ファイルを印刷する

OneDrive上に保存されたOfficeファイルは、「Microsoft Office Online」で表示し、印刷することができます。必要に応じて「送信先」、「部数」、「レイアウト」、「ページ」、「カラー」などの設定を変更しましょう。

ファイルを印刷する

① P.118を参考にWebブラウザ版OneDriveを表示し、印刷したいファイルをクリックして表示したら、[ファイル]をクリックします。

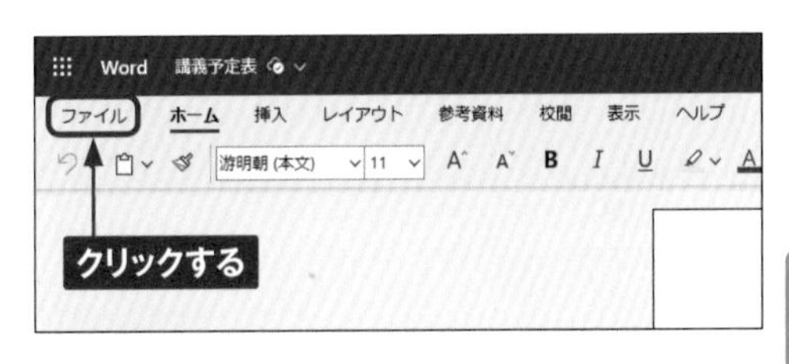

② [印刷]→[印刷]→[PDFを開く]の順にクリックします。

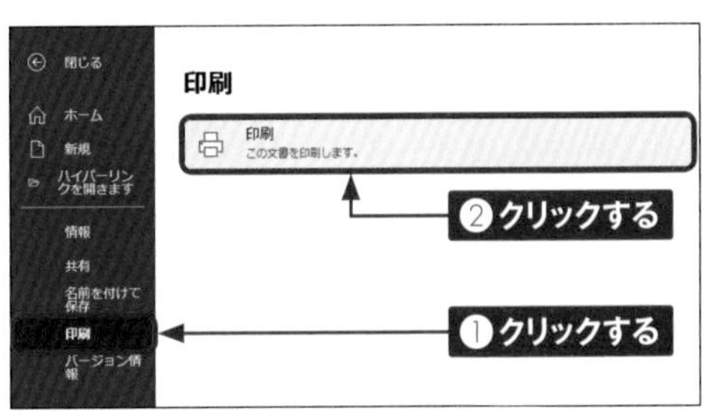

③ 「送信先」(プリンター)、「部数」、「レイアウト」、「ページ」、「カラー」などを設定し、[印刷]をクリックして印刷します。

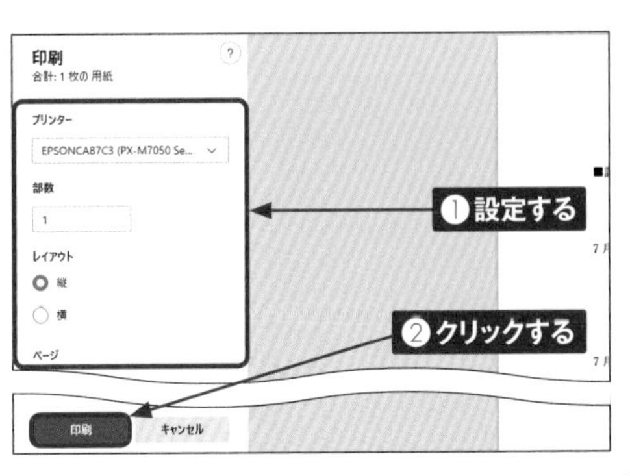

Section 77

削除したファイルをもとに戻す

OneDrive上のファイルは、削除するとOneDrive上の「ごみ箱」に移動します。「ごみ箱」内にあるファイルは、30日以内であれば復元することが可能です。誤ってファイルを削除してしまった場合は、「ごみ箱」から復元しましょう。

削除したファイルをもとに戻す

1 P.118を参考にWebブラウザ版OneDriveを表示し、削除したいファイルを右クリックして、［削除］→［削除する］の順にクリックします。

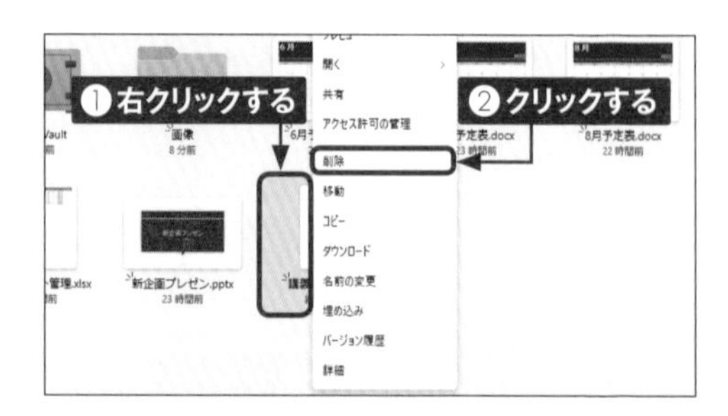

2 ［ごみ箱］をクリックします。もとに戻したいファイルにマウスカーソルを合わせ、○をクリックしてチェックを付けたら、［復元］をクリックします。

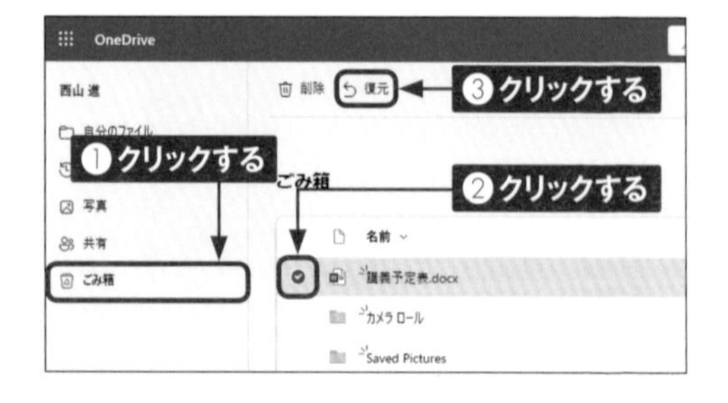

3 削除したファイルが保存されていたフォルダに復元されます。

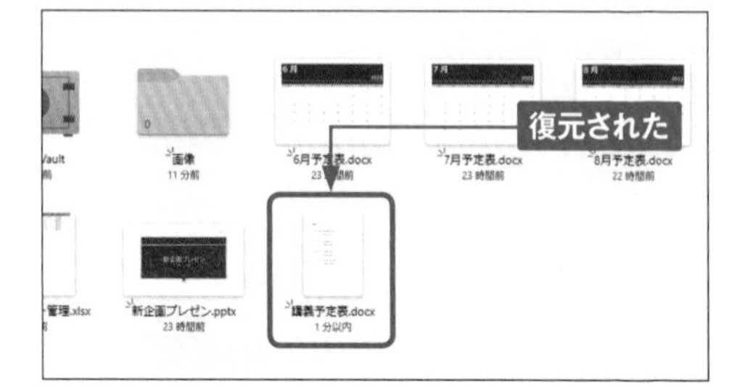

ファイル操作
共有
便利機能
設定とアカウント

Section 78 ファイルやフォルダをほかの人と一緒に利用する

OneDriveで作成またはアップデートされたファイルは、ほかのユーザーと共有できます。共有されたユーザーにファイルの編集を許可することで、共同作業が可能になります（Sec.80参照）。

ファイルやフォルダをほかの人と一緒に利用する

① P.118を参考にWebブラウザ版 OneDriveを表示し、共有するファイルを右クリックして［共有］をクリックします。

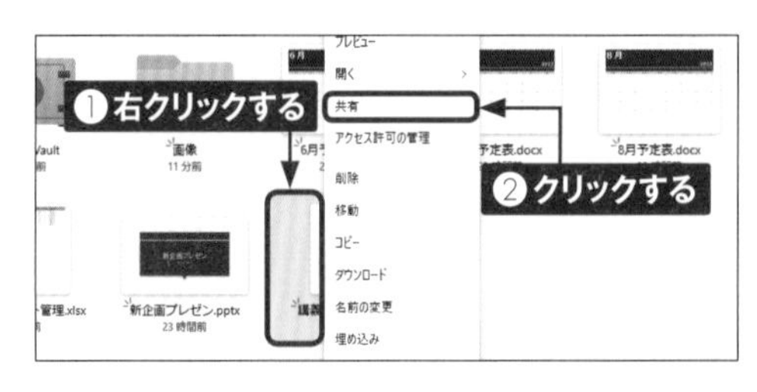

② 共有したいユーザーのメールアドレスとメッセージを入力します。

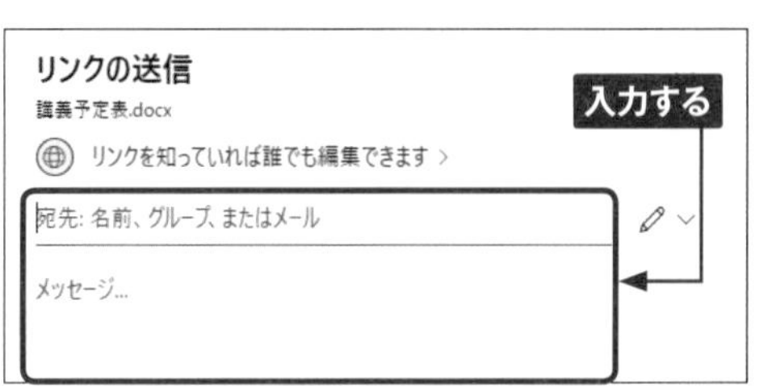

③ ［送信］をクリックします。

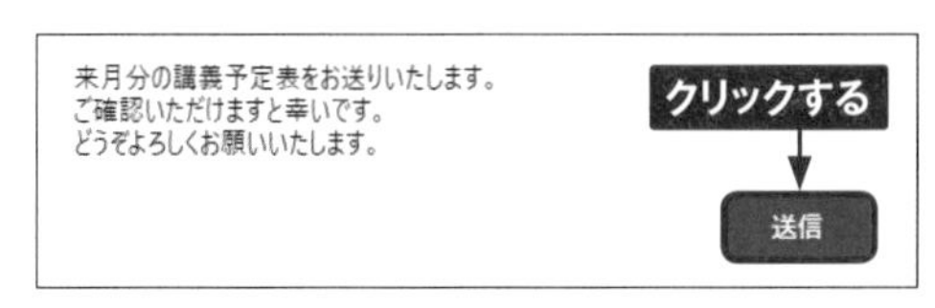

④ 共有したファイルを確認したい場合は、左側にあるメニューの［共有］をクリックし、［あなたが共有］をクリックします。

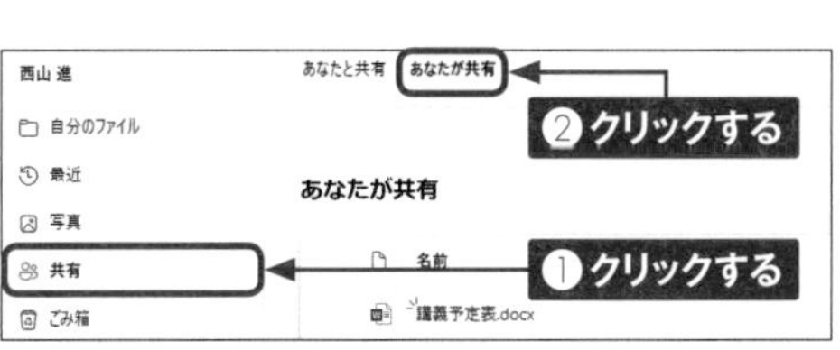

Section 79
共同作業するユーザーを追加する／削除する

OneDrive上のファイルを共有するユーザーは変更することが可能です。追加する場合は、Sec.78と同様の操作で共有できます。共有の必要がなくなったユーザーは削除するようにしましょう。

共同作業するユーザーを追加する

1. P.118を参考にWebブラウザ版 OneDriveを表示し、共有するファイルを右クリックして［共有］をクリックします。

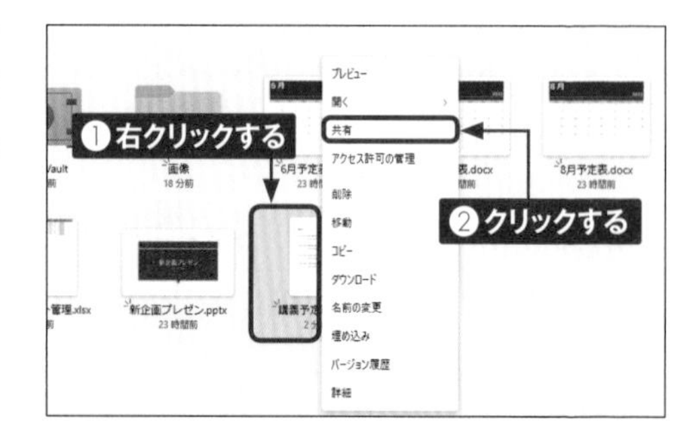

2. 共有したいユーザーのメールアドレスとメッセージを入力します。

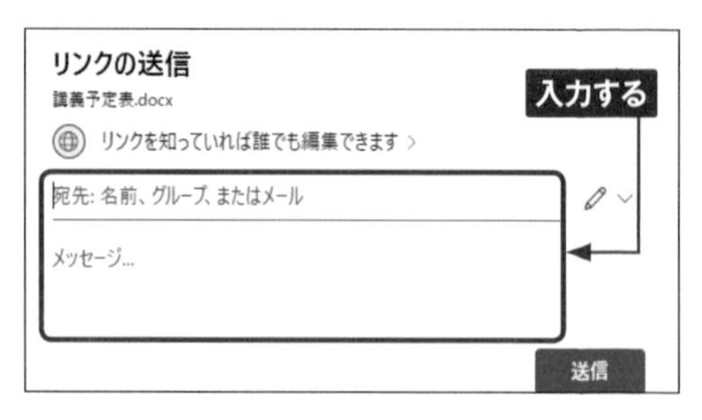

3. ［送信］をクリックします。

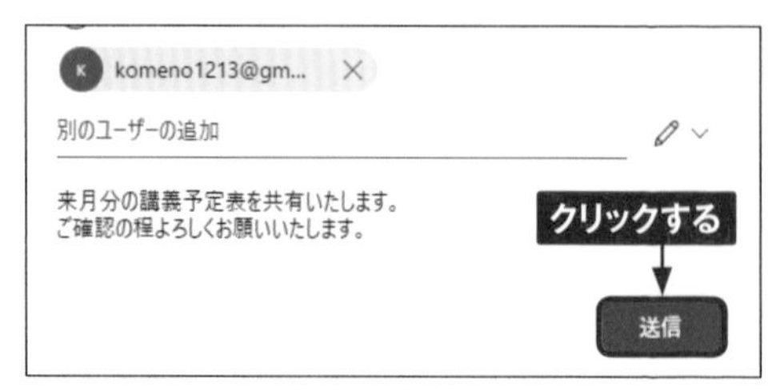

共同作業するユーザーを削除する

① 共有するユーザーを削除したいファイルを右クリックし、［アクセス許可の管理］をクリックします。

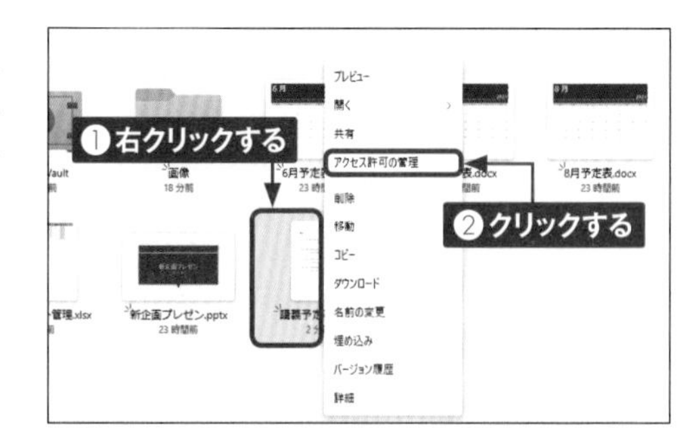

② 共有を削除したいユーザーをクリックします。

クリックする

③「直接アクセス権」の ∨ をクリックし、「編集可能」の ∨ をクリックして［直接アクセスを削除する］→［削除］の順にクリックします。

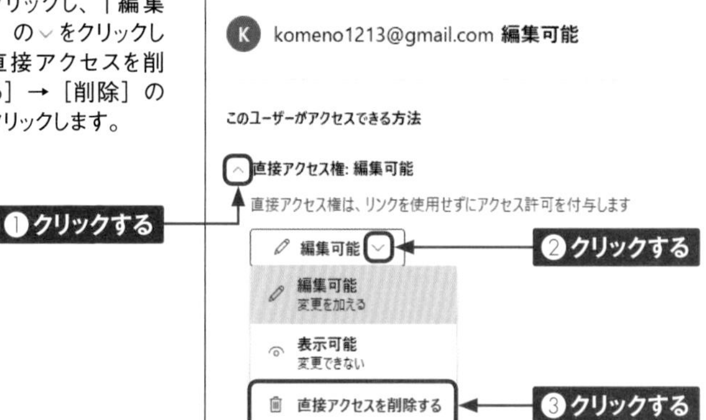

④ 選択したユーザーが削除されます。

Section 80 共有している相手の権限を確認する

OneDrive上のファイルを共有すると、左側にあるメニューの「共有」から確認することができます。また、ファイルごとに共有した相手の権限（閲覧、編集）を設定したり、変更したりすることが可能です。

共有している相手の権限を確認する

① P.118を参考にWebブラウザ版OneDriveを表示し、権限を確認したい共有ファイルを右クリックして[詳細]をクリックします。

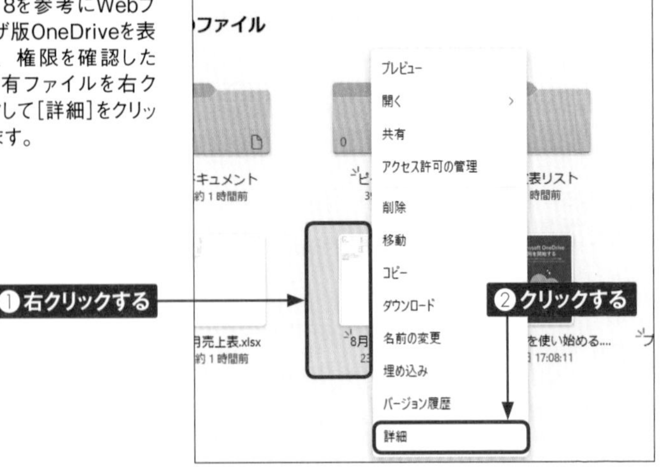

② 右側に表示されるメニューから［アクセス許可の管理］をクリックします。

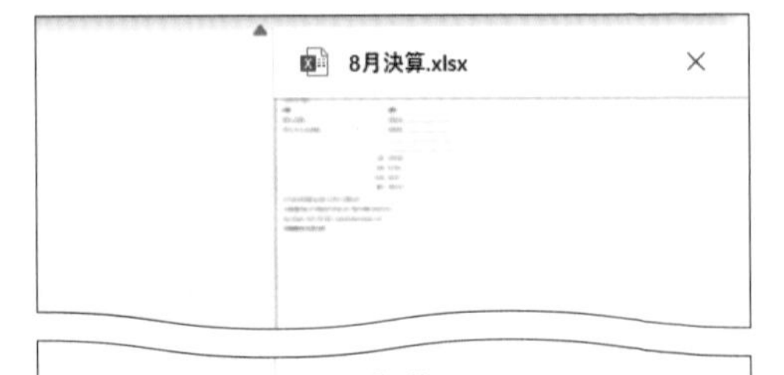

③ 共有している相手の権限が表示されます。

Memo 共有リンクの設定をする

ほかのユーザーに共有リンクを送信するときに、共有設定をすることも可能です。P.144手順②の画面で［リンクを知っていれば誰でも編集できます］をクリックします。「共有の設定」画面が表示されるので、「リンクを共有する」と「その他の設定」でそれぞれ任意の設定を行い、［適用］をクリックします。なお、有料版（Sec.93参照）を利用すれば、有効期限の日付やパスワードを設定したり、ダウンロード禁止（Sec.84参照）にしたりすることもできます。

第5章 OneDriveを活用する

Section 81

Office文書を同時に編集しているユーザーを確認する

OneDriveでは、ほかのユーザーと共有したファイルは、共有したユーザーのそれぞれのパソコンで共同編集できます。なお、共同編集するには、あらかじめ共有するユーザーを招待する必要があります（Sec.78 ～ 79参照）。

Office文書を同時に編集しているユーザーを確認する

① P.118を参考にWebブラウザ版OneDriveを表示し、[共有] →ここでは [あなたが共有] の順にクリックして編集するファイルをクリックします。

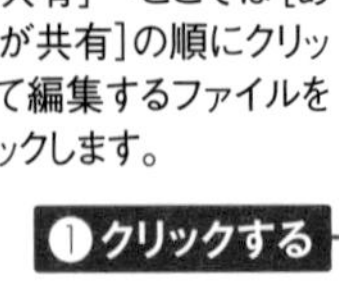

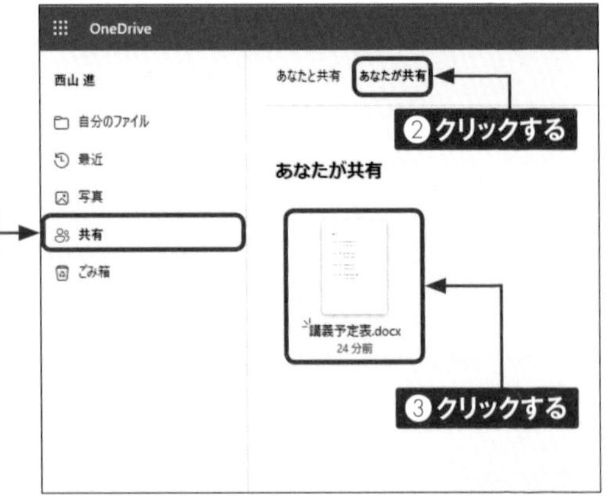

② 今現在同じファイルを編集しているユーザーが、画面右上に表示されます。◎にマウスカーソルを合わせます。

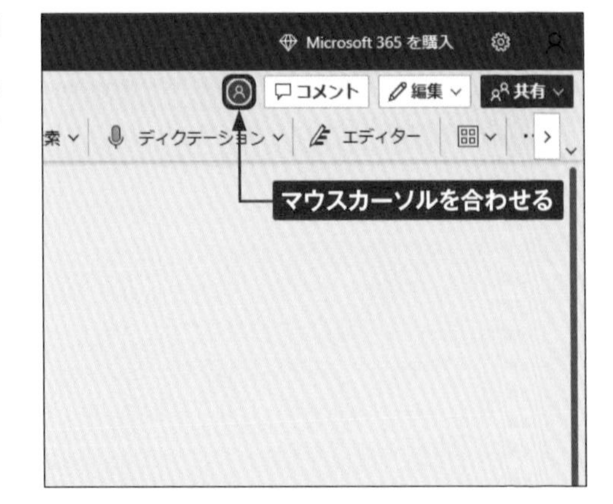

3 今現在同じファイルで作業している共有ユーザーが一覧表示されます。

4 共有しているユーザーがファイルを編集すると、変更が反映されます。

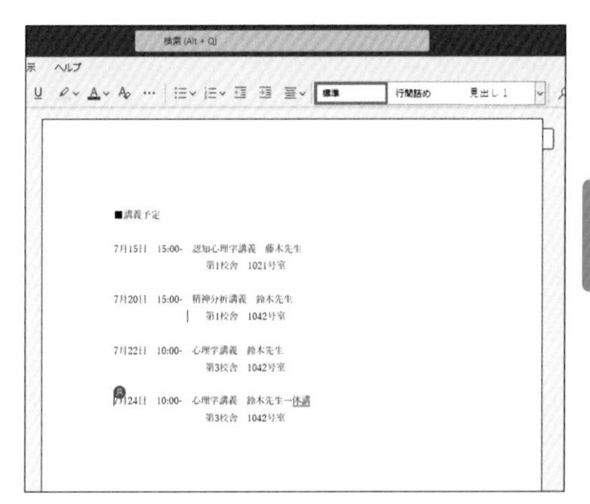

5 共有しているユーザーがファイルを閉じると、共有ユーザーの表示が消えます。

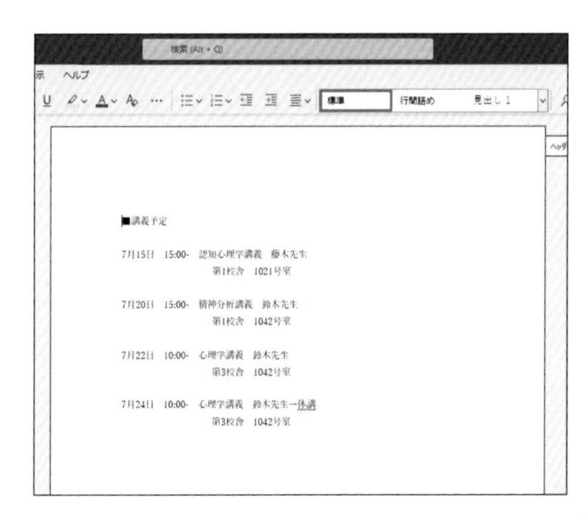

Section 82 共有ファイルの権限を変更する

OneDrive上のファイルを共有したあとに、権限を変更したいときは、共有ファイルの「アクセス許可の管理」から行います。ここでは、ファイルの閲覧のみに権限を変更する方法を解説します。

共有ファイルの権限を変更する

① P.118を参考にWebブラウザ版OneDriveを表示し、権限を確認したい共有ファイルを右クリックして［アクセス許可の管理］をクリックします。

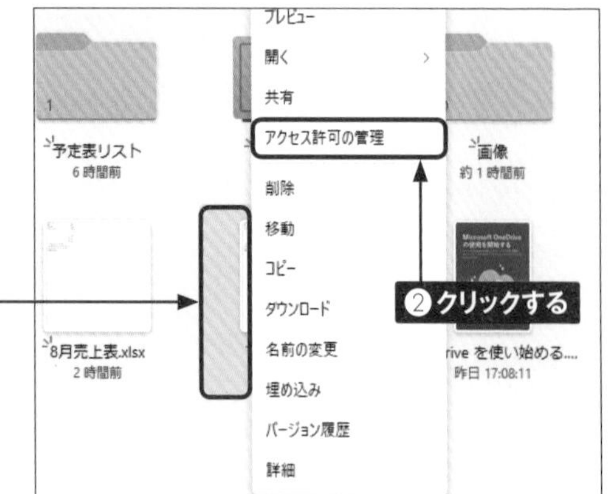

② 権限を変更したいユーザーをクリックします。

3 「直接アクセス権」の ⌵ をクリックし、「編集可能」の ⌵ をクリックして［表示可能］をクリックします。

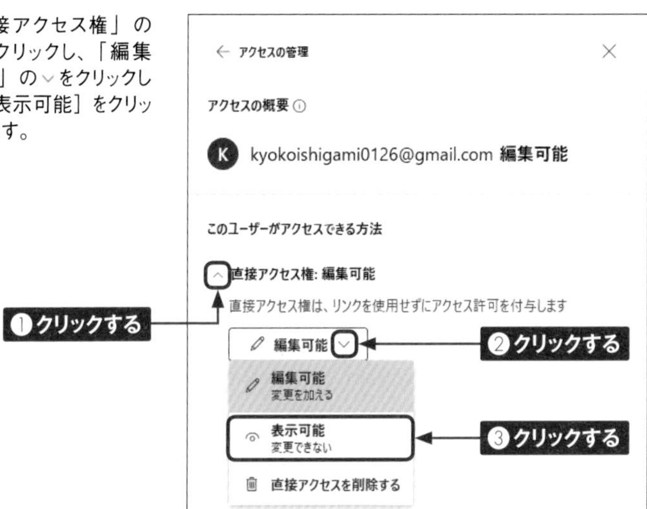

4 ［適用］をクリックします。

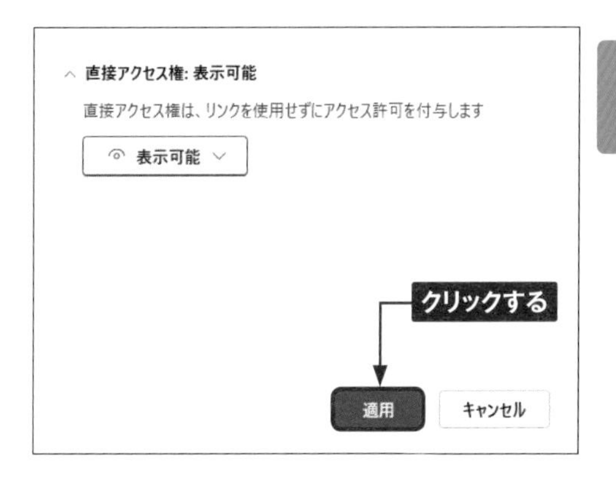

5 権限を変更されたユーザーはファイルを編集できません。

第5章 OneDriveを活用する

Section 83

グループ共有機能を利用する

OneDriveでは、Outlookで作成したグループで共有することもできます。ここでは、事前にOutlookでグループを作成し、そのグループにファイルを共有する手順を紹介します。

グループ共有機能を利用する

① Outlookを開き、左側にあるメニューから［新しいグループ］をクリックします。

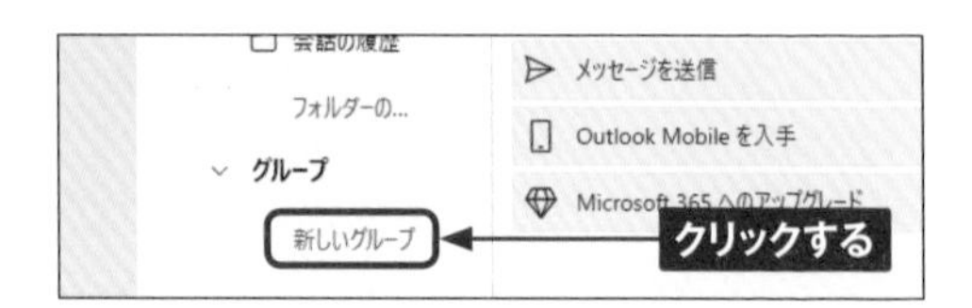

② 「グループ名」「説明」を入力して、［作成］をクリックします。

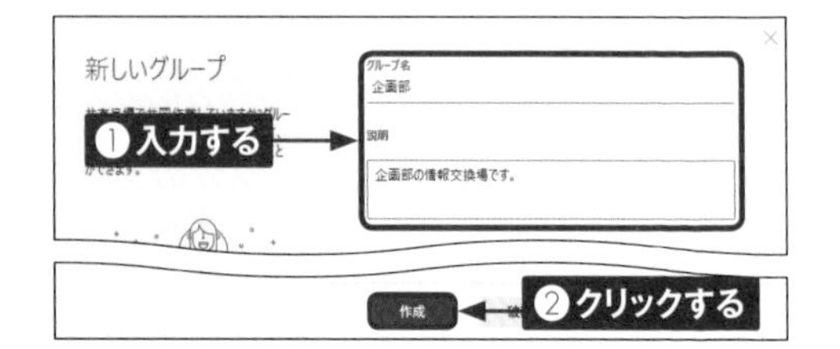

③ グループに追加したいメンバーのメールアドレスを入力して、Enterキーを押します。

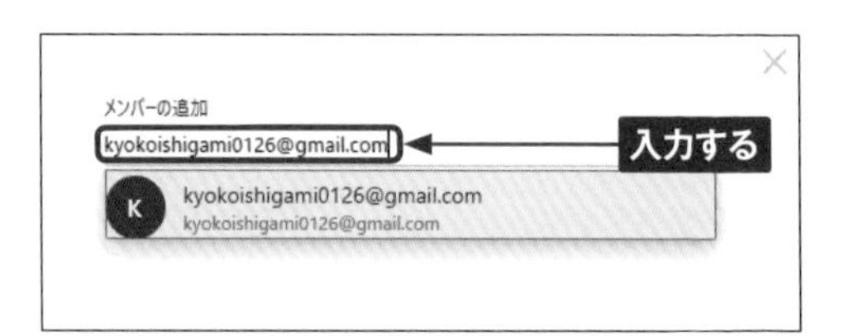

④ 必要に応じて手順③をくり返し、［追加］をクリックすると、グループが作成されます。

5 P.118を参考にWebブラウザ版OneDriveを表示し、共有したいファイルを右クリックして［共有］をクリックします。

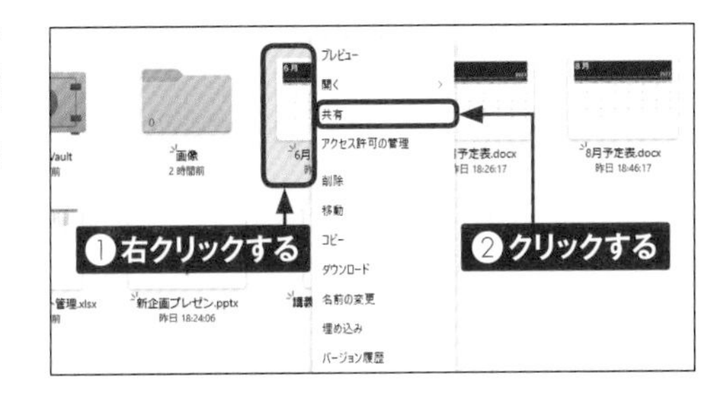

6 手順②で設定したグループ名とメッセージを入力します。

7 ［送信］をクリックすると、グループの全員に共有リンクがメールで送信されます。

Section 84

共有ファイルにダウンロード禁止を設定する

データによっては、ファイル内容は共有したいけれど、ファイルをダウンロードしてほしくない場合もあります。有料版のOneDrive for BusinessやMicrosoft 365では、ファイルを共有するときに、ダウンロード禁止を設定することができます。

共有ファイルにダウンロード禁止を設定する

① P.118を参考にWebブラウザ版OneDriveを表示し、共有したいファイルを右クリックして［共有］をクリックします。

② ⚙をクリックします。

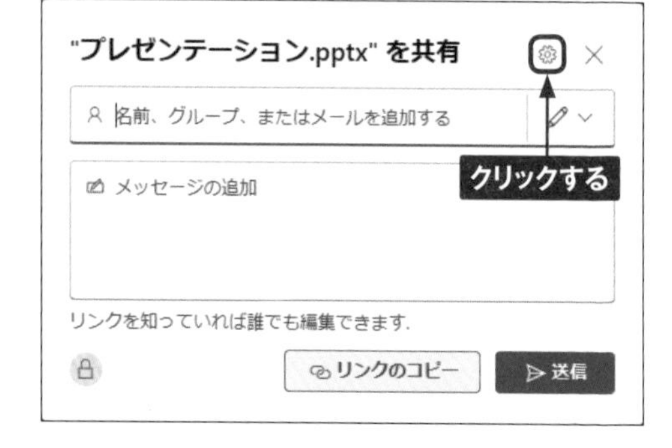

ファイル操作
共有
便利機能
設定とアカウント

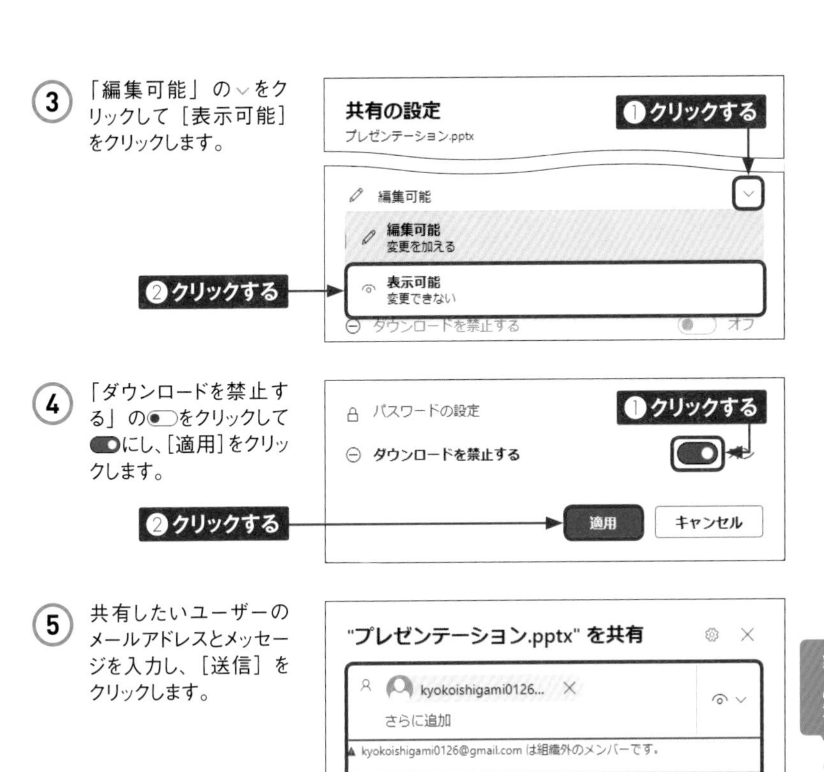

3 「編集可能」の∨をクリックして［表示可能］をクリックします。

4 「ダウンロードを禁止する」のをクリックしてにし、［適用］をクリックします。

5 共有したいユーザーのメールアドレスとメッセージを入力し、［送信］をクリックします。

6 共有された側がファイルを開くと、「このファイルをダウンロードまたは印刷する権限がありません。」と表示されます。

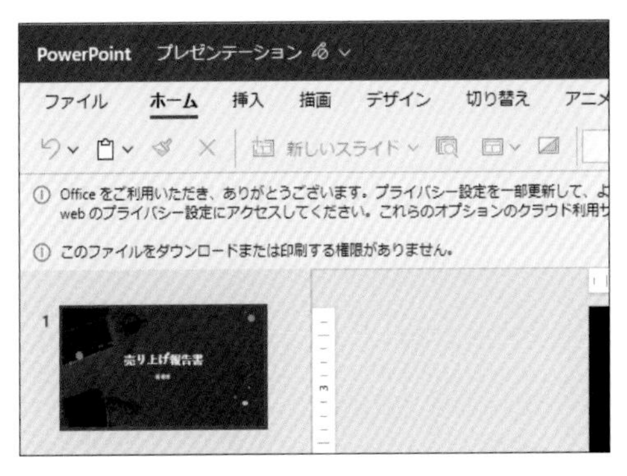

Section 85

不適切な共有ファイルを処理する

ほかのユーザーから共有されたファイルが不快感を与えるコンテンツだった場合は、Microsoftに問題を報告したりファイルを削除したりして対処することができます。共有ファイルは、把握しているユーザーのみとやり取りをして管理しましょう。

懸念事項を報告する

① P.118を参考にWebブラウザ版OneDriveを表示し、[共有]をクリックして、[あなたと共有]をクリックします。

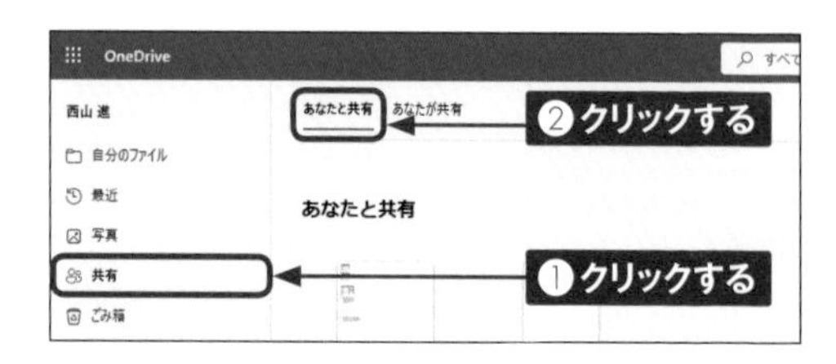

② ユーザーから共有されたファイルが一覧表示されるので、懸念事項を報告したいファイルを右クリックし、[懸念事項を報告する]をクリックします。

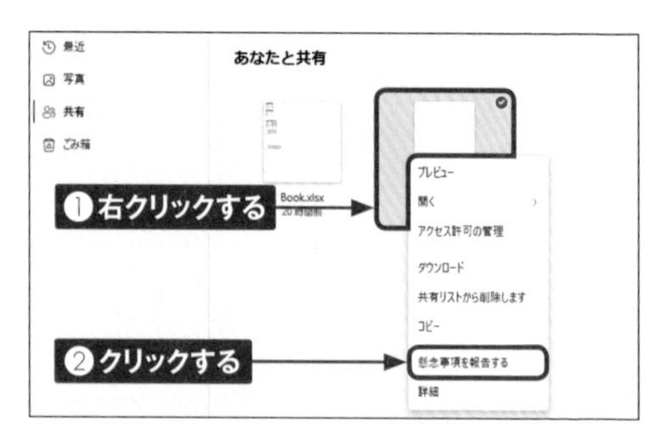

③ 報告したい内容をクリックして選択し、任意で詳細を記載します。[報告]→[完了]の順にクリックすると、Microsoft社にレポートが送信されます。Microsoftは要求を評価し、違反していると判断された場合は、ファイルが削除されます。

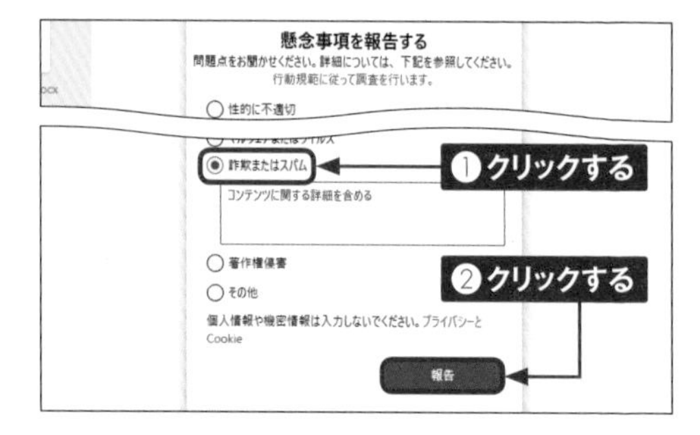

ファイルを共有リストから削除する

1. P.156手順②の画面で［共有リストから削除します］をクリックします。

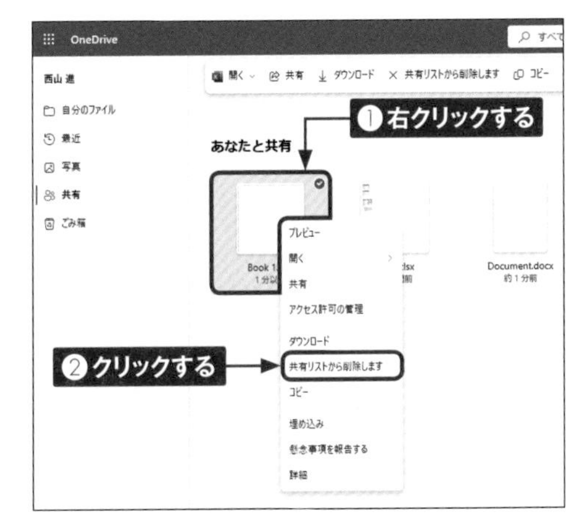

2. ［削除］をクリックすると、ファイルが削除されます。「このファイルを迷惑メールとして報告する」の□をクリックしてチェックを付けると、スパムとして報告されます。

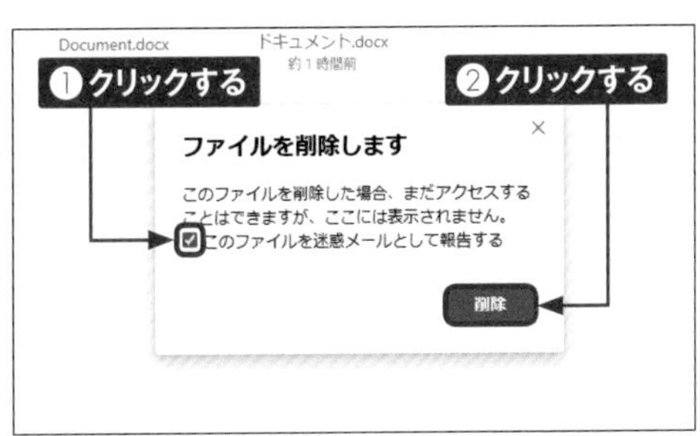

3. ファイルが削除されます。

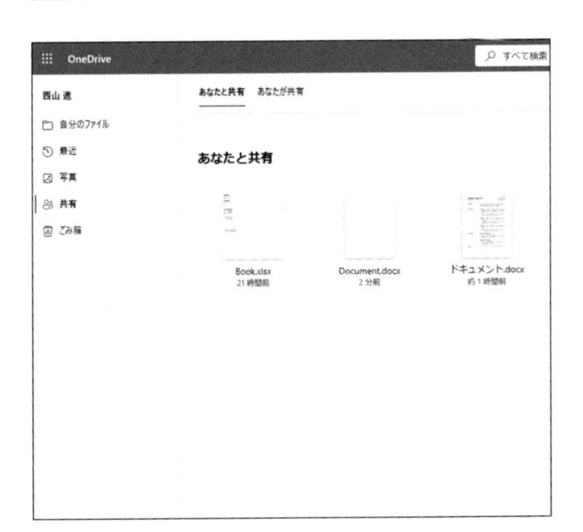

第5章 OneDriveを活用する

Section 86 ファイルをOneDriveにバックアップする

Windows 11 ／ 10では、「デスクトップ」、「ドキュメント」、「ピクチャ」 フォルダにファイルを保存する場合、 OneDriveにバックアップを作成するよう設定することができます。 文書や画像などがOneDriveに自動でアップロードされ、 保存されます。

ファイルをOneDriveだけに保存する

① デスクトップ画面右下にある☁をクリックします。

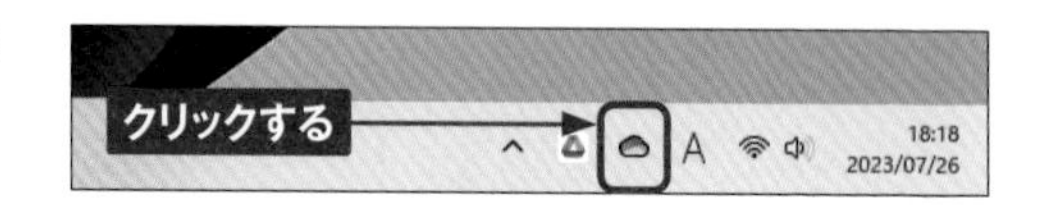

② ⚙をクリックし、［設定］をクリックします。

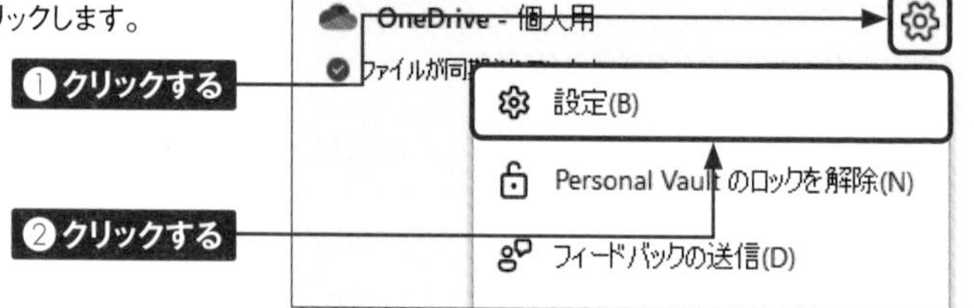

Memo ファイルオンデマンドを有効にする

OneDriveのファイルオンデマンドを有効にしておくと、インターネット環境があれば、OneDrive上のファイルがパソコンに保存されていなくても、開くことができます。パソコンのストレージ容量を節約することができ、便利です。ファイルオンデマンドを有効にするには、P.159手順③の画面で［詳細設定］をクリックします。「ファイルオンデマンド」の［ディスク領域の解放］または［すべてのファイルをダウンロードする］をクリックし、画面の指示に従って有効にします。

3 ［同期とバックアップ］をクリックし、［バックアップを管理］をクリックします。

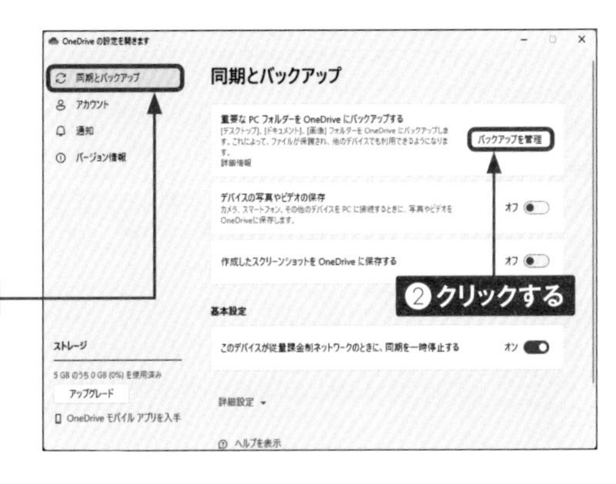

4 バックアップをOneDriveに保存したいフォルダの◯をクリックして●にし、［変更の保存］をクリックします。「OneDrive ◯◯フォルダーをこのPCで使用可能にしますか?」画面が表示されたら、［使用可能にする］をクリックします。

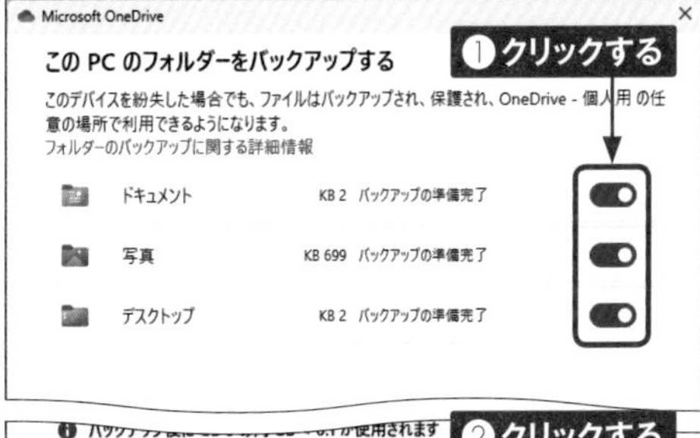

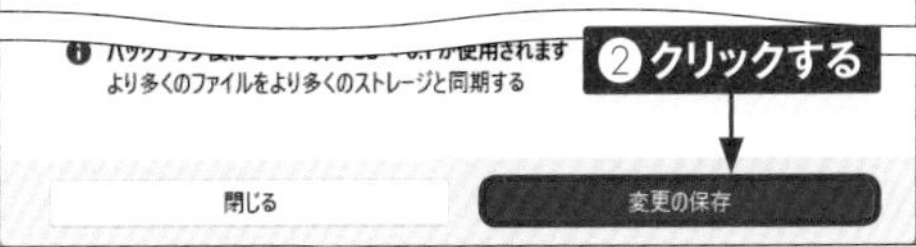

5 手順④で選択したフォルダの同期が始まります。×をクリックして閉じます。

Memo スクリーンショットをOneDriveに保存する

手順③の画面で、「同期とバックアップ」の「作成したスクリーンショットをOneDriveに保存する」の◯をクリックしてオンにすると、スクリーンショットがOneDriveに保存されるようになります。

Section 87

スマートフォンで写真を自動でバックアップする

スマートフォンに「OneDrive」アプリをダウンロードしておくと、スマートフォン内の写真を自動的にOneDrive上にバックアップすることができます。ここでは、Androidスマートフォンと iPhoneの手順を解説します。

写真を自動でバックアップする（Android）

① P.136手順①を参考にOneDriveを起動して、［自分］をタップします。

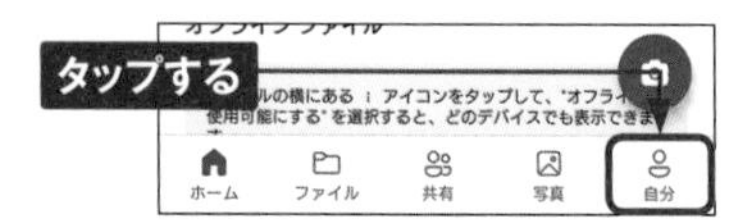

② ［設定］をタップします。

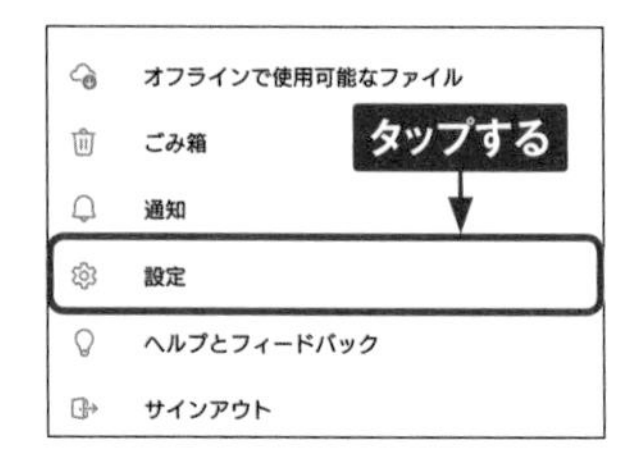

③ ［カメラのバックアップ］をタップします。

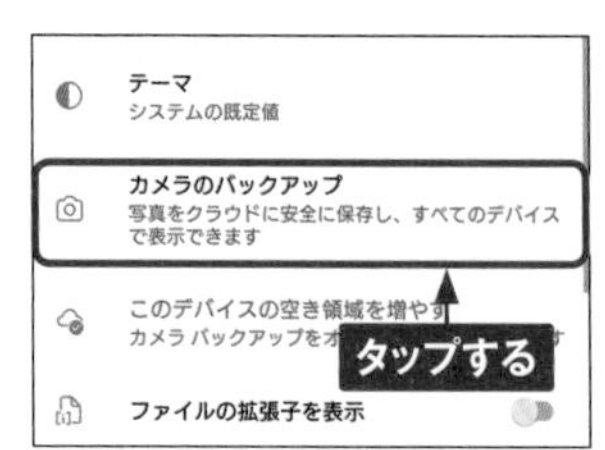

④ 「カメラバックアップのアカウント」画面で［確認］をタップします。

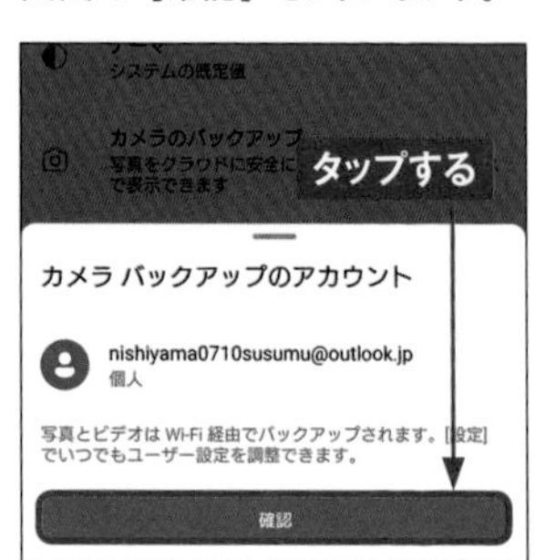

⑤ 「カメラアップロード」が有効になり、OneDriveへ写真のアップロードが始まります。カメラのバックアップが有効になります。［バックアップを無効にする］→［試してみる］の順にタップすると、バックアップが無効になります。

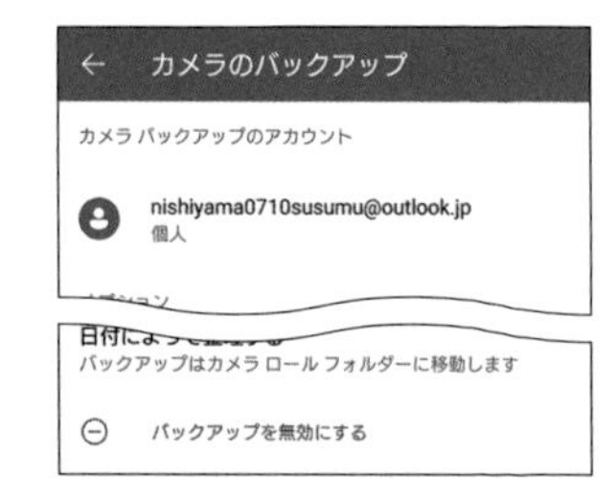

写真を自動でバックアップする（iPhone）

① P.136手順①を参考にOneDriveを起動して、自分のアカウントアイコンをタップします。

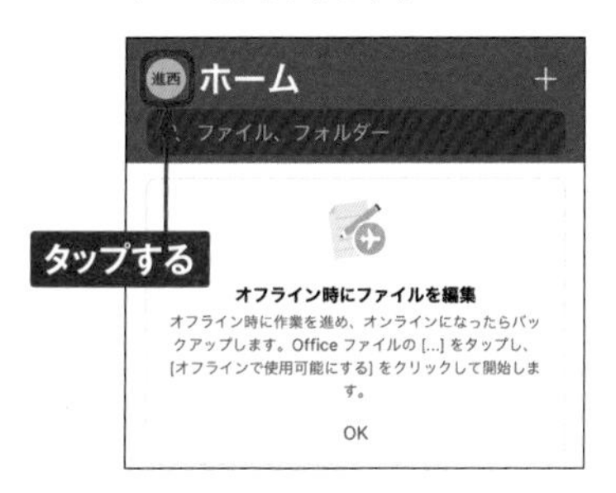

② ［設定］をタップします。

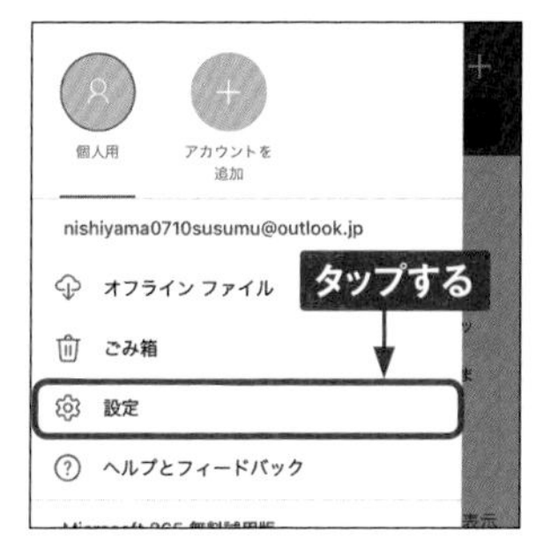

③ ［カメラのアップロード］をタップします。

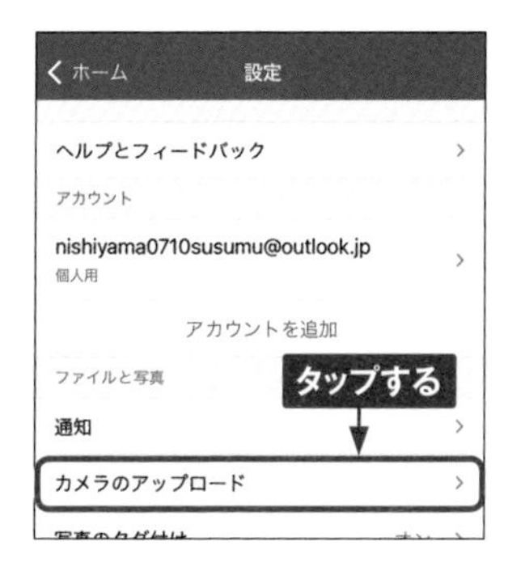

④ ◯をタップします。

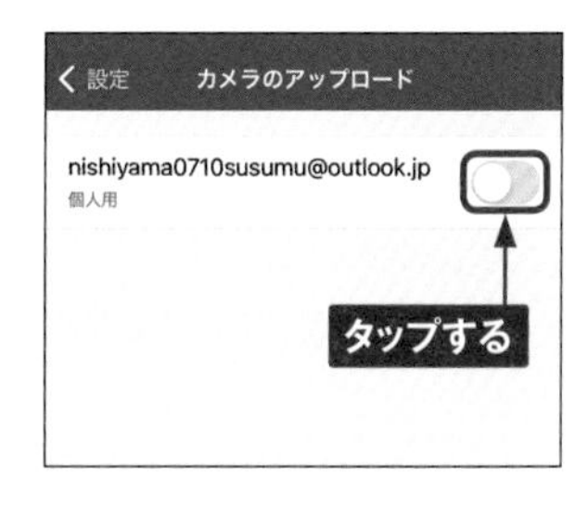

⑤ ［［設定］アプリを開く］をタップし、画面の指示に従って「設定」アプリから写真へのアクセス権を許可します。

⑥ カメラのアップロードが有効になります。◯タップすると、バックアップが無効になります。

Section 88

OneDriveとSlackを連携する

SlackでOneDriveアプリをインストールすることで、両者を連携することが可能です。連携すると、Slack上でファイルの作成、共有、表示などが直接行えるようになります。なお、Slackとの連携にはMicrosoftアカウントが必要です（Sec.61参照）。

OneDriveとSlackを連携する

① Slackを開き、左のサイドバー上部の［Slackをブラウズする］→［App］の順にクリックします。

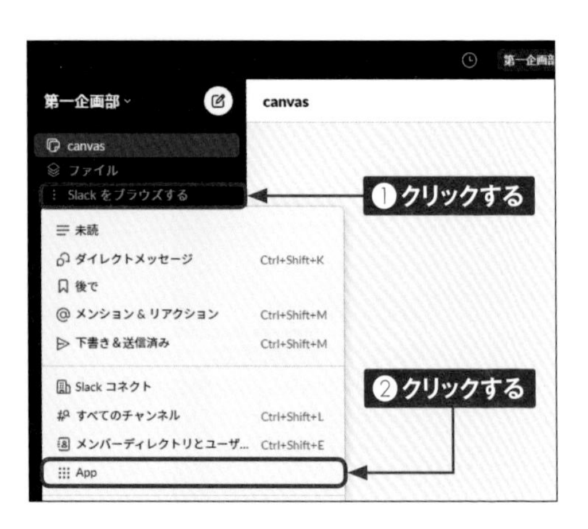

② 検索欄に「OneDrive」と入力して Enter キーを押します。検索結果に「OneDrive and Share Point」が表示されたら、［追加］をクリックします。

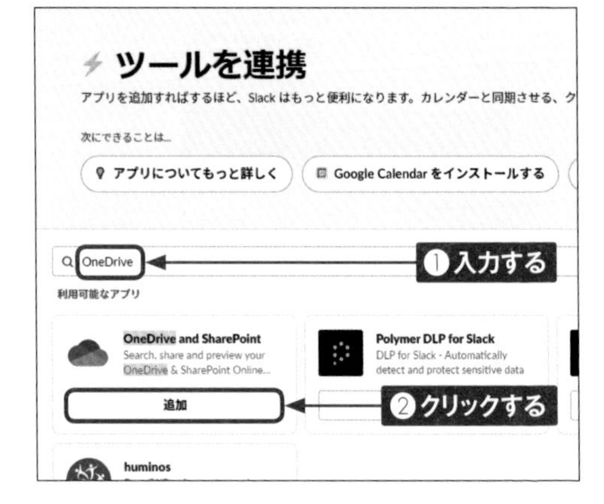

3 [Slackに追加] をクリックします。

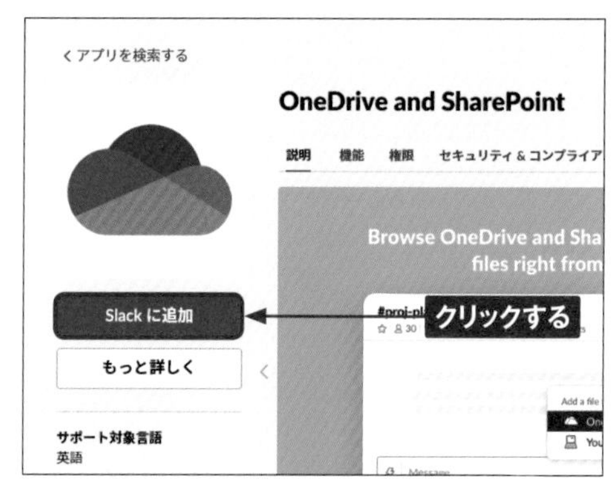

4 [許可する] をクリックします。

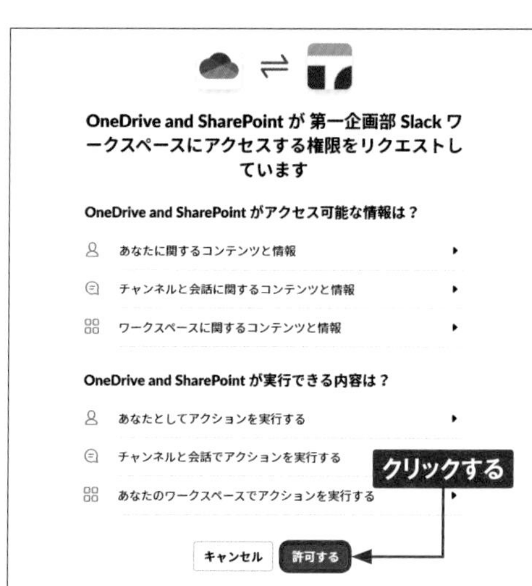

5 Microsoftアカウントのメールアドレスを入力して、[次へ] をクリックします。

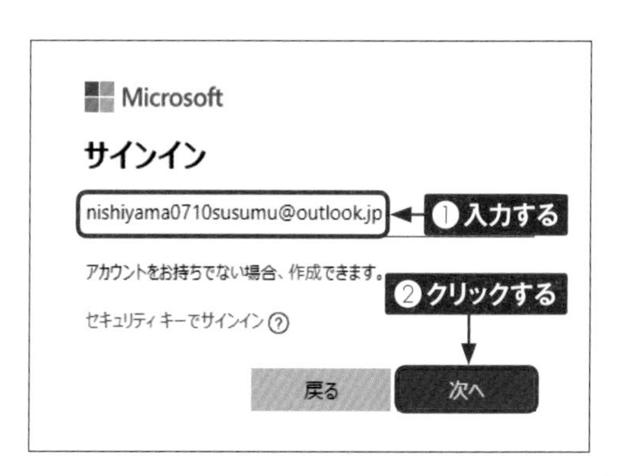

第5章 OneDriveを活用する

6 パスワードを入力して、[サインイン] をクリックします。「サインインの状態を維持しますか?」画面が表示されたら、[いいえ] または [はい] をクリックします。

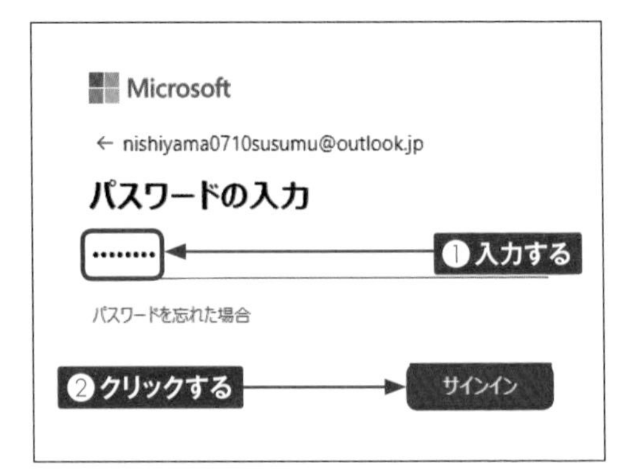

7 アクセス許可の確認画面が表示されるので、[同意]をクリックします。

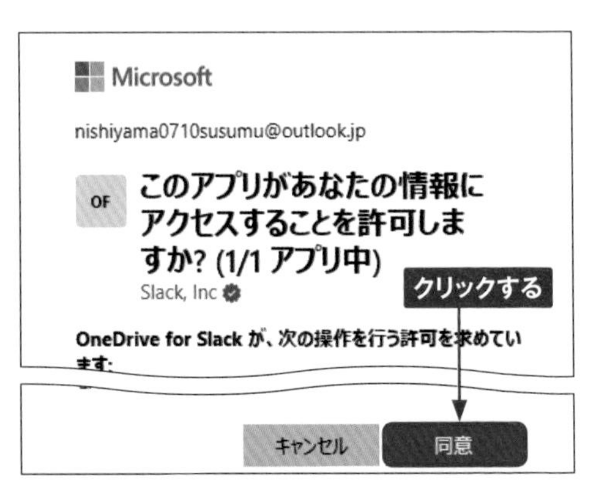

8 SlackとOneDriveが連携されます。

ファイル操作

共有

便利機能

設定とアカウント

Section 89

ZoomでOneDriveの画面を共有する

Zoomのミーティング中にOneDriveのファイル画面を共有するには、共有ファイルを選ぶ画面で［ファイル］タブをクリックします。なお、初めてOneDrive上のファイルを共有する際は、ZoomとOneDriveの接続を認証する必要があります。

ZoomでOneDriveの画面を共有する

1 Zoomのミーティング画面で[画面共有]をクリックします。

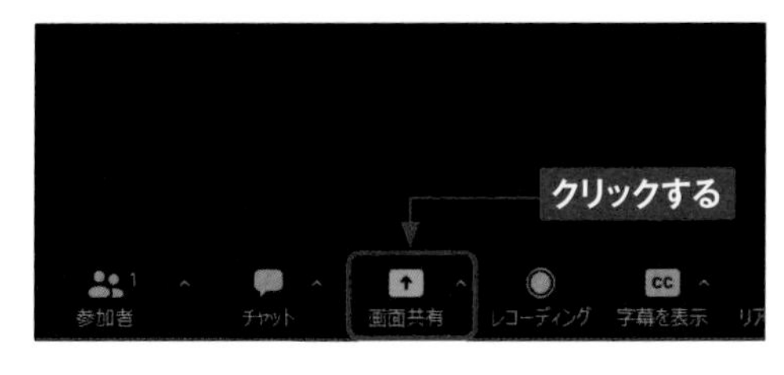

2 ［ファイル］タブをクリックして、[Microsoft One Drive］をクリックし、[共有］をクリックします。

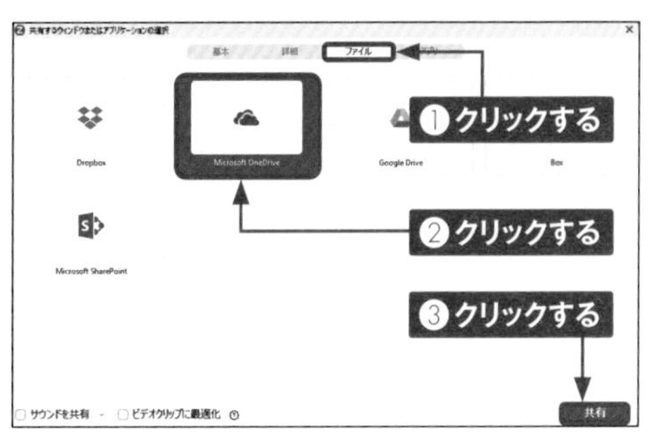

3 Zoomに登録しているメールアドレスとパスワードを入力し、[サインイン]をクリックします。

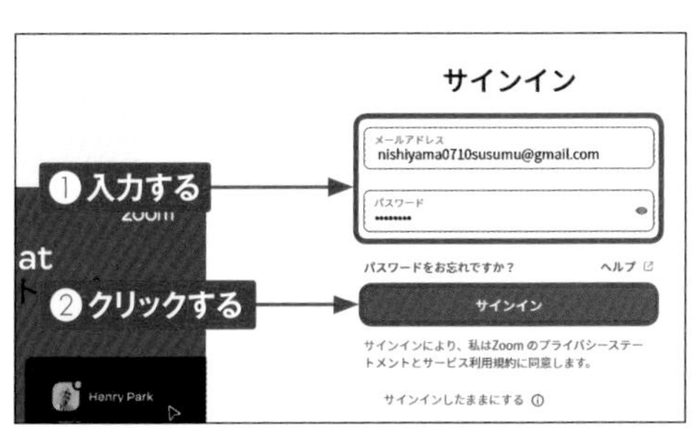

4 Microsoftアカウントのメールアドレスを入力し、[次へ] をクリックして画面の指示に従ってサインインします。

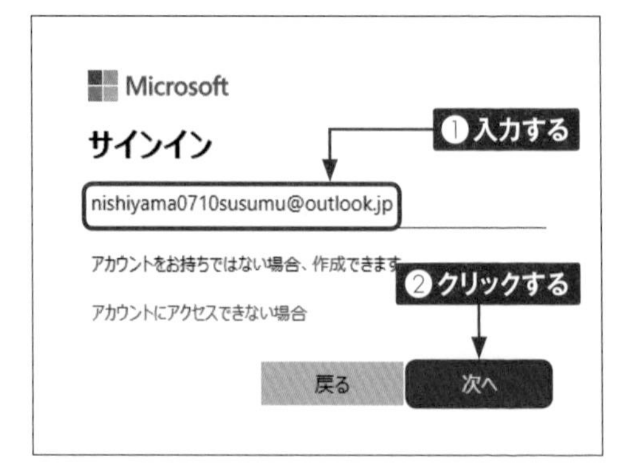

5 アクセス許可の確認画面が表示されるので、[同意]をクリックします。

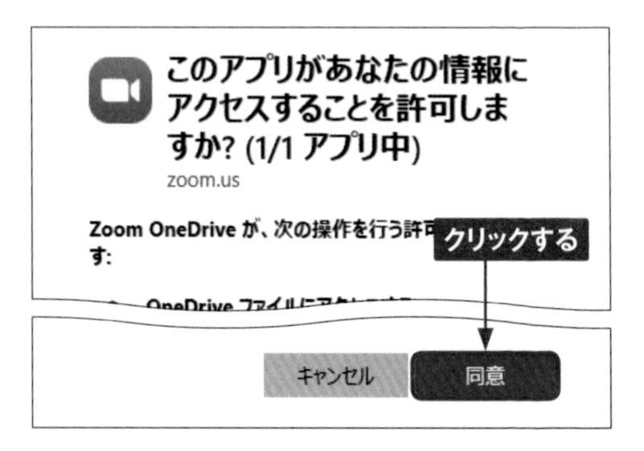

6 [Confirm] をクリックします。

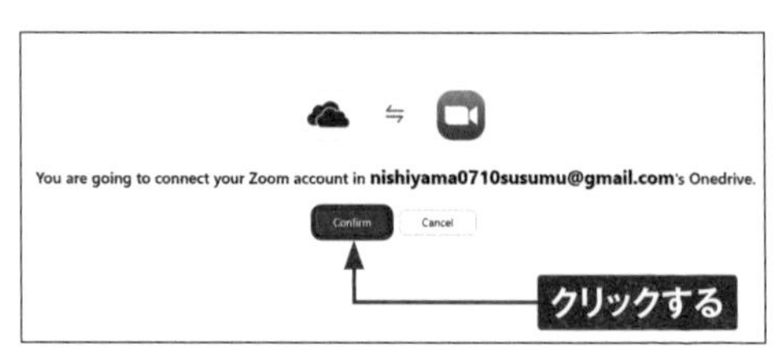

7 OneDrive上のファイルが表示されます。共有したいファイルをクリックします。

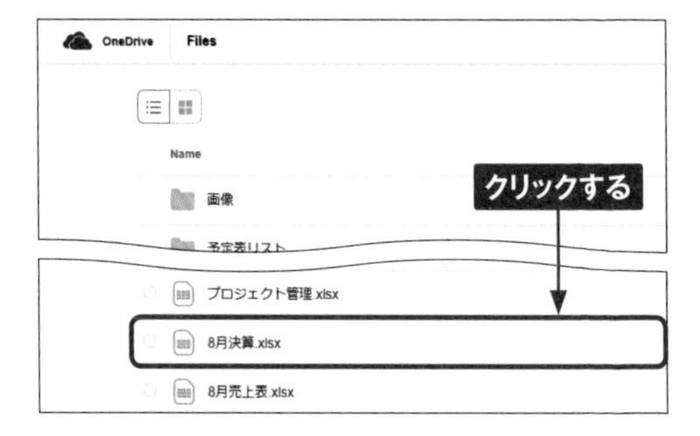

8 共有するファイルのリンクの権限（ここでは［Anyone with the link］）をクリックして選択し、［Share screen］をクリックします。

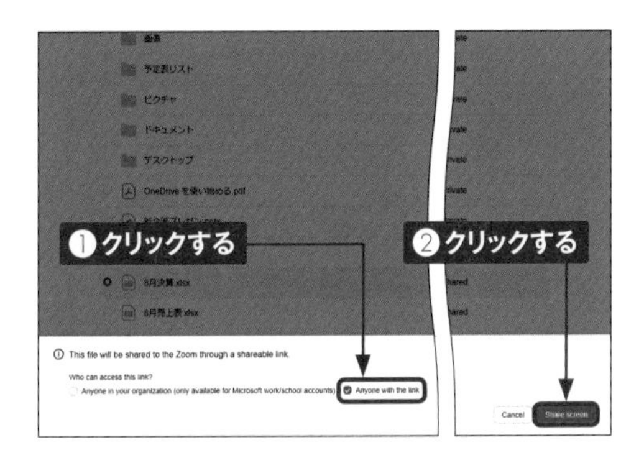

9 ファイルが開くので、P.165手順②の「共有するウィンドウまたはアプリケーションの選択」画面に戻り、［基本］タブをクリックします。共有したいファイルをクリックして、［共有］をクリックします。

10 OneDriveの画面の共有が開始されます。共有を停止するときは、［共有の停止］をクリックします。

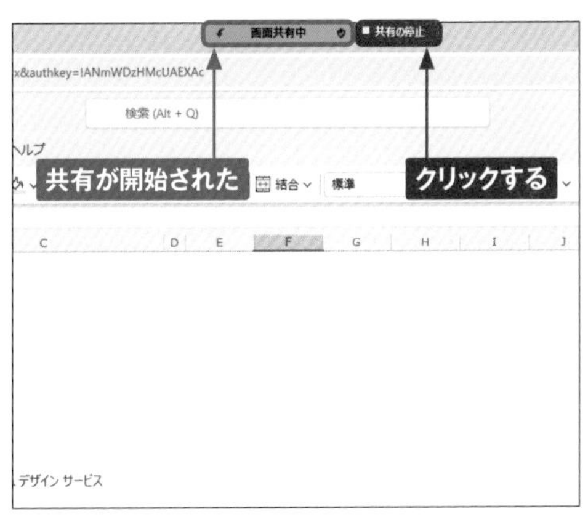

Section 90

OutlookのデータをOneDriveに保存する

Outlookで受信したメールにファイルが添付されていた場合、添付ファイルをOneDriveに直接保存することもかんたんにできます。OneDriveに保存された添付ファイルは「Attachments」というフォルダに一時的に振り分けられます。

OutlookのデータをOneDriveに保存する

① Outlookを開き、ファイルが添付されているメールをクリックして表示します。

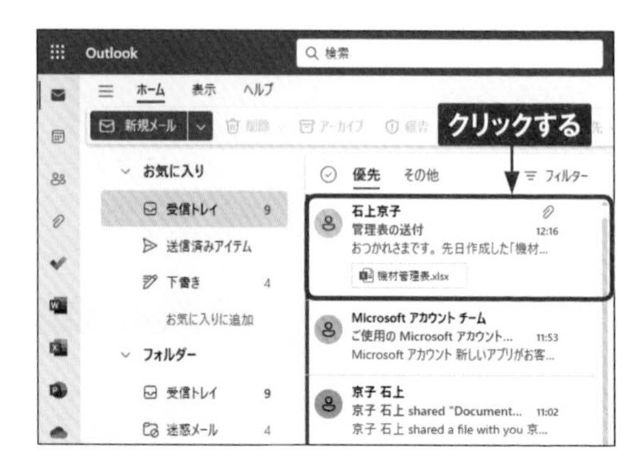

② 保存したい添付ファイル横の⌄をクリックします。

3 ［OneDriveに保存］をクリックします。

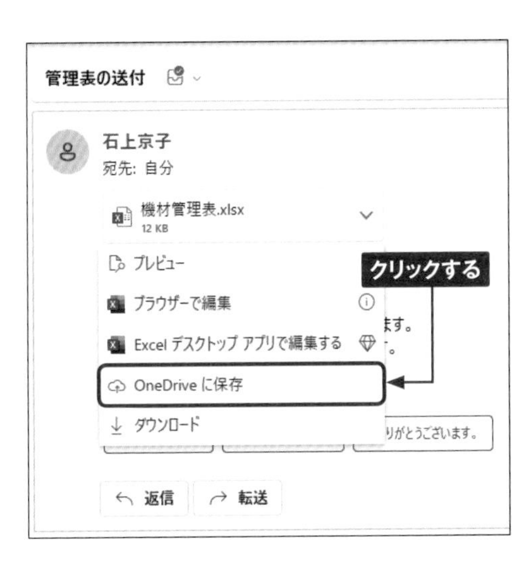

4 P.118を参考にWebブラウザ版OneDriveを表示し、［Attachments］をクリックします。

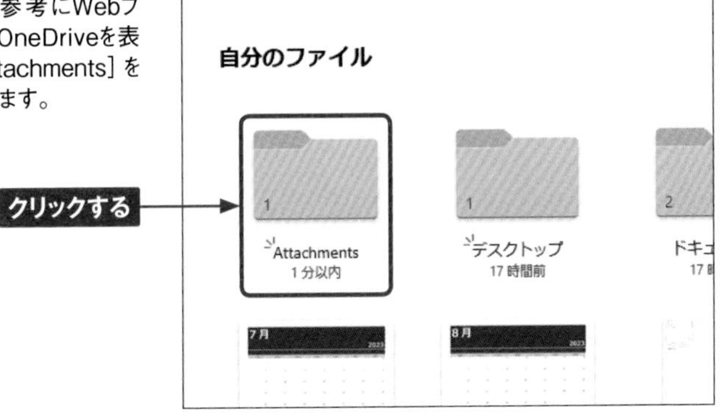

5 添付ファイルが保存されています。

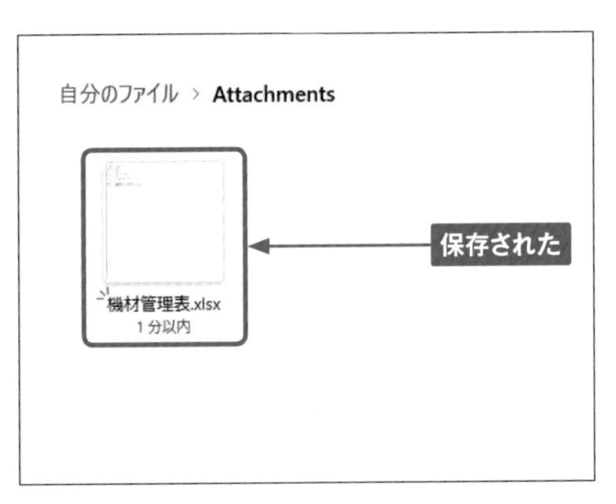

第5章 OneDriveを活用する

Section 91

Microsoftアカウントの2段階認証を設定する

2段階認証を設定すると、パスワードと任意の連絡方法（アプリ、メールアドレス、電話番号）の3種類の認証方法が使用され、セキュリティを強化することができます。

2段階認証を有効にする

1 Webブラウザでセキュリティの基本のページ（https://account.microsoft.com/security）にアクセスし、Microsoftアカウントのメールアドレスを入力し、［次へ］をクリックします。

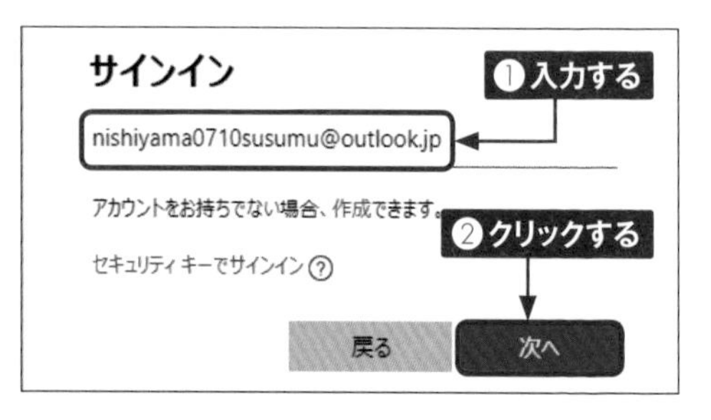

2 パスワードを入力して、［サインイン］をクリックします。

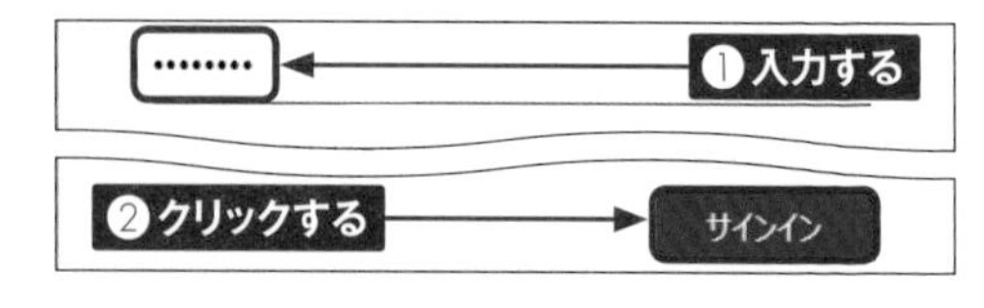

3 Microsoftアカウントの「セキュリティ」画面が表示されるので、［2段階認証 有効にする］をクリックします。

4 アカウント保護がまだの場合は、画面の指示に従って設定します。「ご本人確認のお願い」画面が表示されるので、ここでは［○○にSMSを送信］をクリックします。

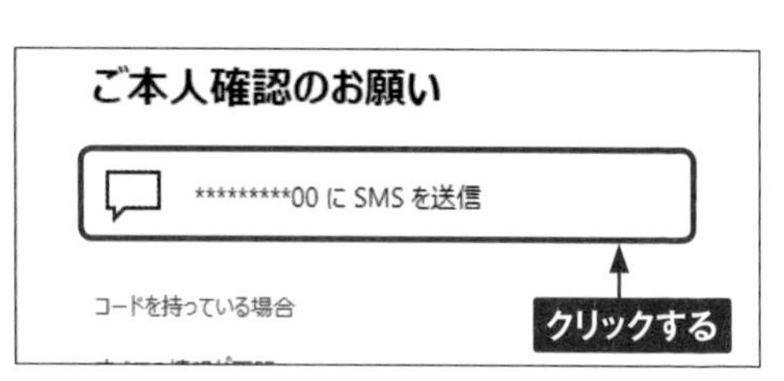

5 手順④で表示されている電話番号の下4桁を入力して、[コードの送信] をクリックします。

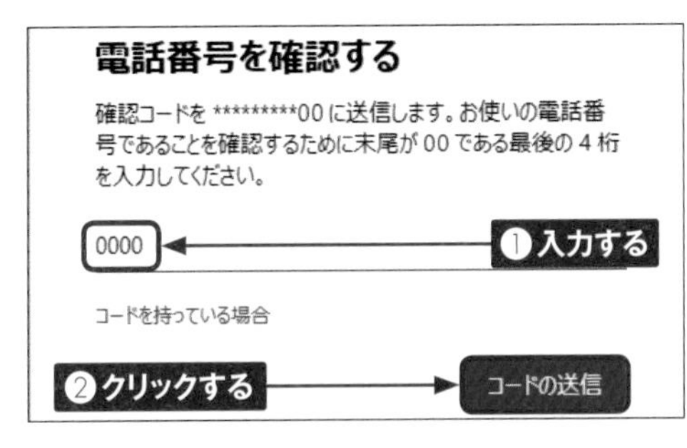

6 手順⑤で入力した電話番号宛に7桁のコードが届くので、入力して、[確認] をクリックします。

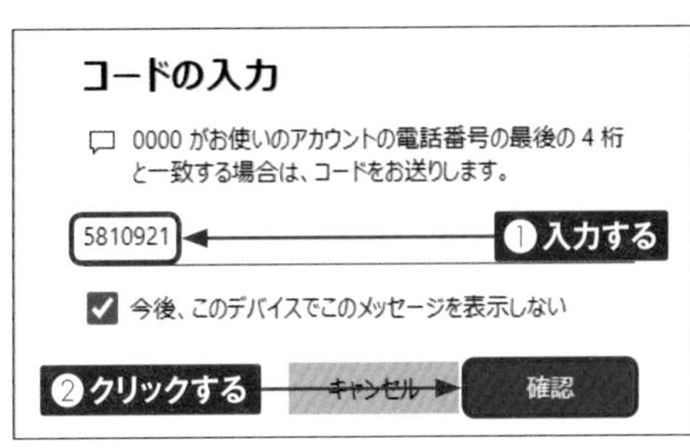

7 「追加のセキュリティ」にある「2段階認証」の [有効にする] をクリックします。

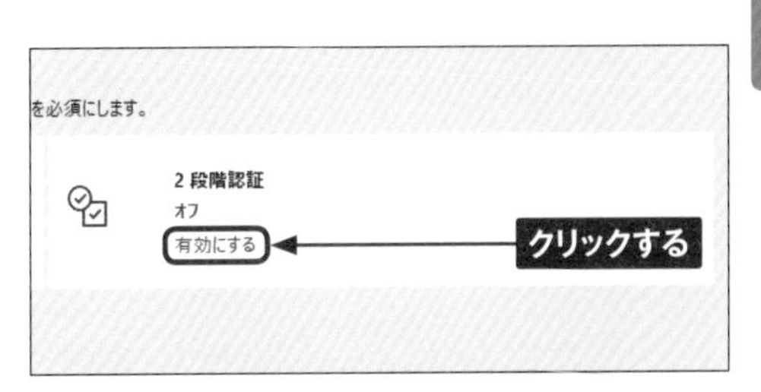

8 「パスワードから自由になる」画面が表示されたら[キャンセル]をクリックし、「2段階認証のセットアップ」画面が表示されたら [次へ] をクリックします。

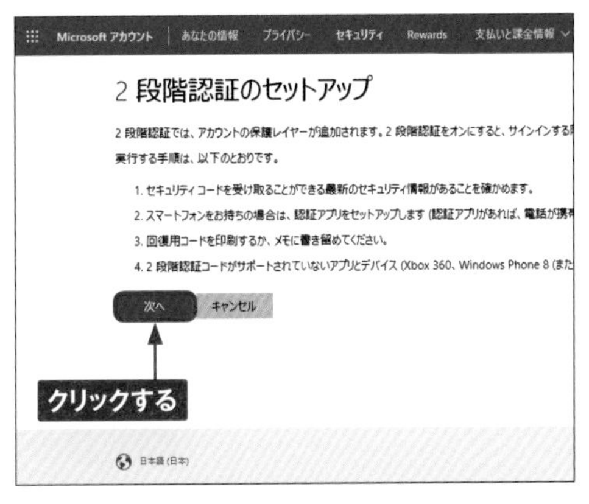

⑨ 「追加の認証手段」画面が表示されたら、「認証の手段」のプルダウンメニューから任意の手段を選択します。ここでは［連絡用メールアドレス］をクリックして選択し、メールアドレスを入力して、［次へ］をクリックします。

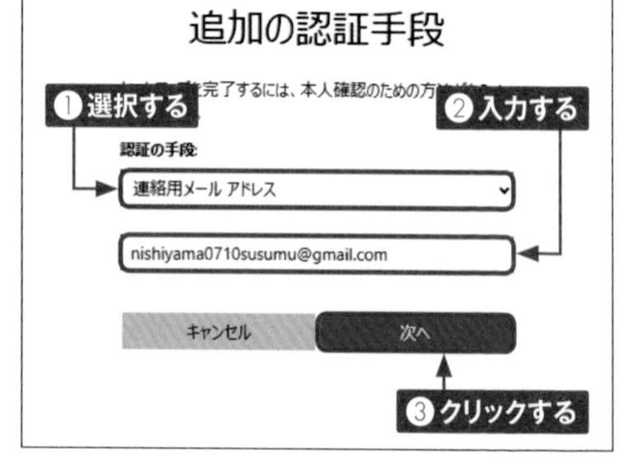

⑩ 手順⑨で入力した電話番号に6桁のコードが届くので、入力して、［次へ］をクリックします。

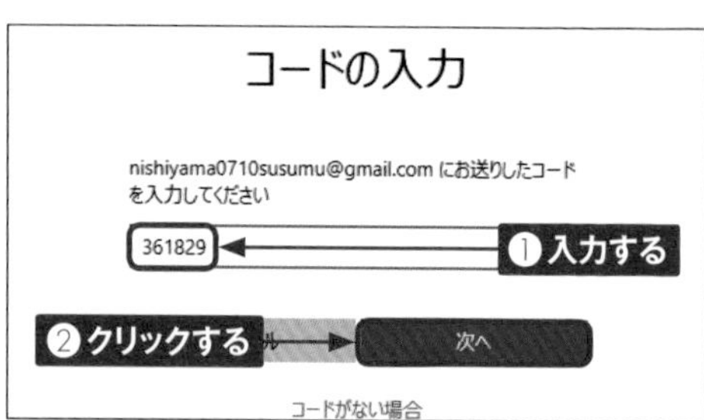

⑪ 2段階認証がオンになります。なお、アカウントへのアクセスを回復する必要がある際に「新しいコード」を使うので、必ず控えておきましょう。［次へ］を2回クリックします。

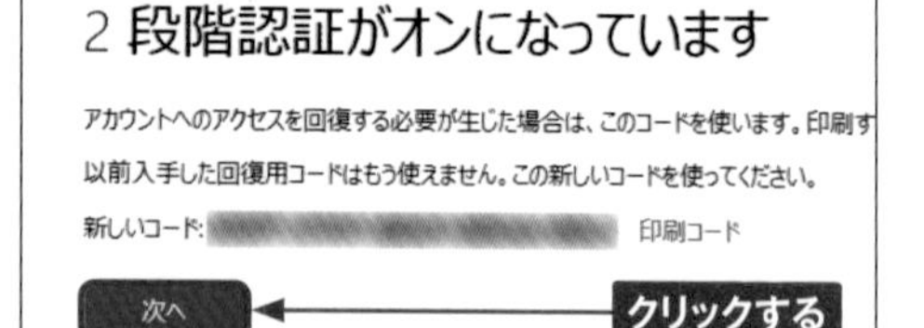

⑫ ［完了］をクリックすると、2段階認証の設定が完了します。

アプリ パスワードが必要なアプリとデバ

次のいずれかをお使いの場合は、設定方法をご確認ください:

Xbox 360
PC または Mac 用 Outlook デスクトップ アプリ
Office 2010、Office for Mac 2011、またはそれ以前
Windows Essentials (フォト ギャラリー、ムービー メーカー、メール、Writer)
Zune デスクトップ アプリ

アプリ パスワードを使ったアプリとデバイスの設定は後で行うこともできますが、設定を行
ドを入手できます。

Section 92 パスワードを変更する

Microsoftアカウントのパスワードは、いつでも変更することができます。「パスワードを72日おきに変更する」のオプションを設定すると、72日間隔で強制的にパスワードの変更画面が表示されるようになります。

パスワードを変更する

① P.118を参考にWebブラウザ版OneDriveを表示し、をクリックします。

② ［Microsoftアカウント］をクリックします。

③ ［パスワードを変更するセキュリティ］をクリックします。

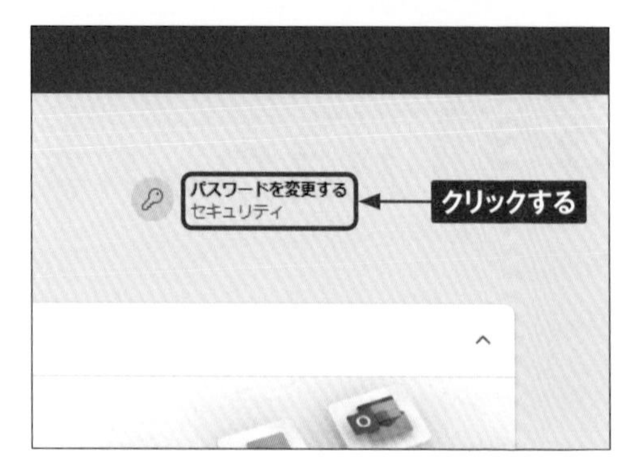

④ パスワードを入力し、［サインイン］をクリックします。

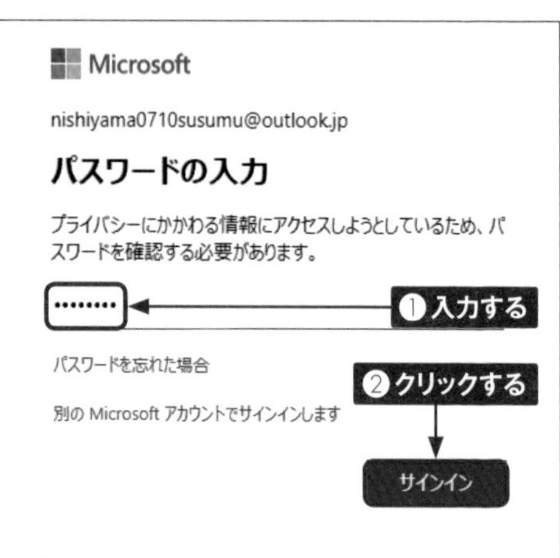

⑤ 現在のパスワードを入力し、新しいパスワードを2回入力したら、［保存］をクリックします。

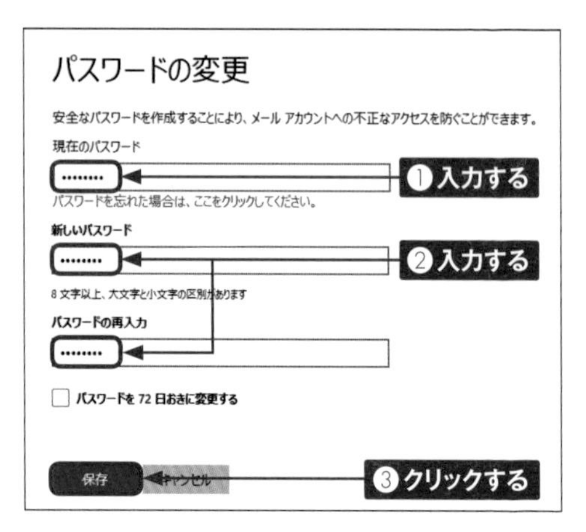

Section 93

OneDriveの容量を増やす

OneDriveにユーザーを招待すると無料で最大10GBの容量を増やすことができます。また、月額課金制のプランに変更すれば、より多くの容量を利用することや、オフライン時でもファイルにアクセスできるように設定することができます。

無料で容量を増やす

1 P.118を参考にWebブラウザ版OneDriveを表示し、画面左下にある［〇〇（使用している容量）5GB中を使用］をクリックします。

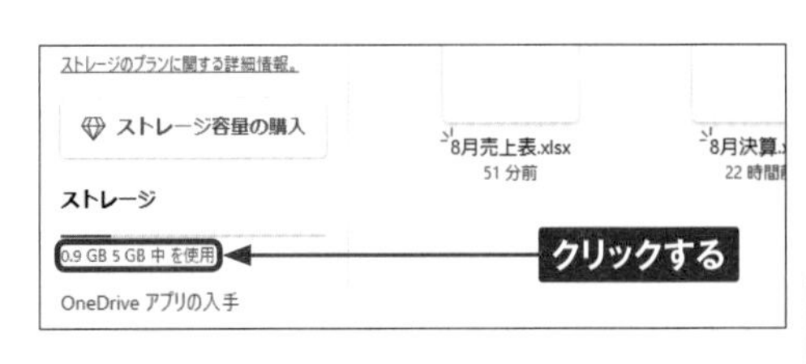

2 「追加のストレージ」の［増量］をクリックします。

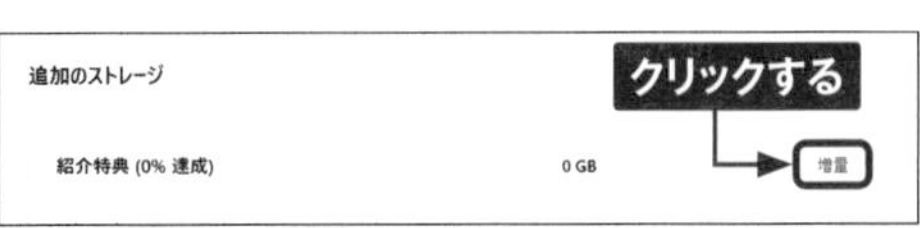

3 任意の方法を選択し、OneDriveを使用していないユーザーを招待します。

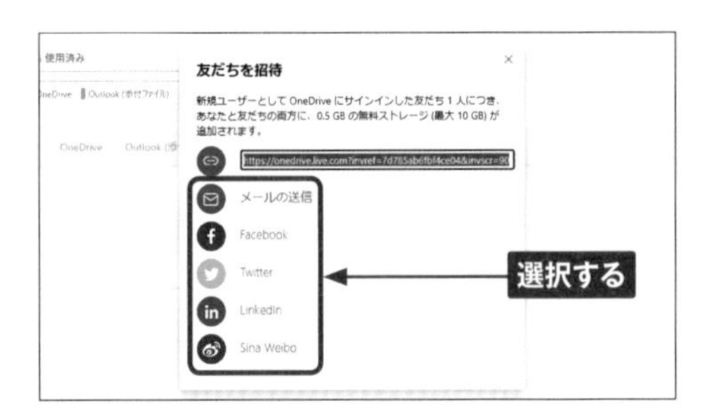

Memo 無料で容量を追加する

ユーザーをOneDriveに招待すると、招待したユーザー、招待されたユーザーにそれぞれ、0.5GBの容量が追加されます。「紹介特典」の使用は10名まで可能です。

有料で容量を増やす

1. P.118を参考にWebブラウザ版OneDriveを表示し、画面左下にある［○○（使用している容量）5GB中を使用］をクリックします。

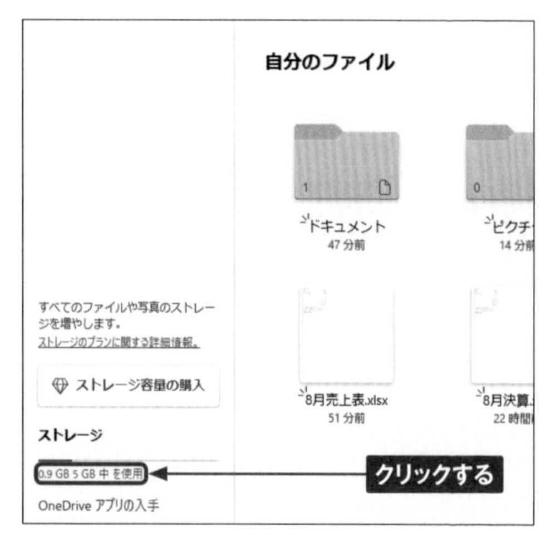

2. ［プランとアップグレード］をクリックします。購入したいプランの［プランを購入する］をクリックし、Microsoft アカウントにサインインして、購入の手続きを行います。

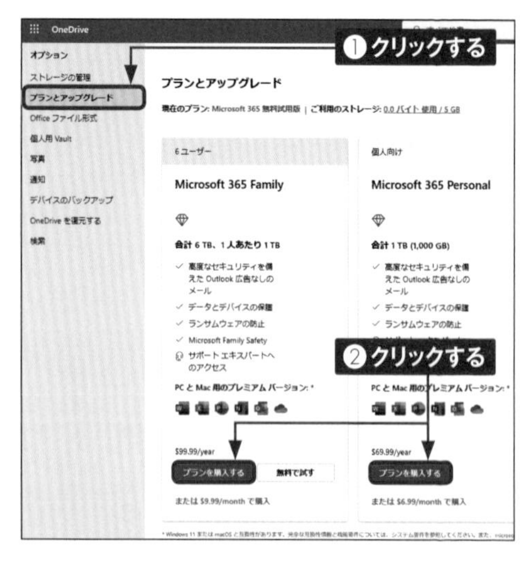

Memo Microsoft 365を利用して容量を増やす

月額課金制の「Microsoft 365 Personal」など、Microsoft 365サービスを利用すれば、OneDriveで1TB（1,000GB）の容量を利用することができます。

Dropboxの基本操作を理解する

Dropboxとは?

Dropboxは、文書や画像、動画、音楽など、さまざまなファイルをインターネット上に保存できるサービスです。保存したファイルは、いつでもパソコンやスマートフォンで利用することができます。

Dropboxとは?

Dropboxは、インターネット上のディスクスペースであるクラウドストレージに、文書や画像、動画、音楽などのファイルを保存しておくことができるサービスです。保存したファイルは、3台までのデバイスであれば同期することができるため、会社や自宅、外出先など、あらゆる場所からファイルにアクセスすることができます。なお、有料プランのPlusやProfessionalを利用しているユーザーの場合、同期できるデバイス数は無制限となります。

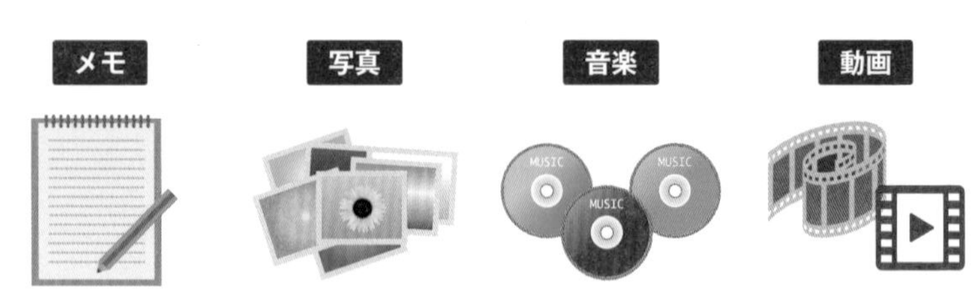

さまざまな形式のファイルを保存し、フォルダごとに分けて管理することができます。

Dropboxでできること

●ファイルの保存・同期

Dropboxは、無料で2GBの容量を利用できます（友だち招待や機能紹介ビデオ閲覧により、16GBまで増量可能）。あらゆるファイルを保存できるほか、パソコンに作成した専用のフォルダと同期することもできます（Sec.110参照）。

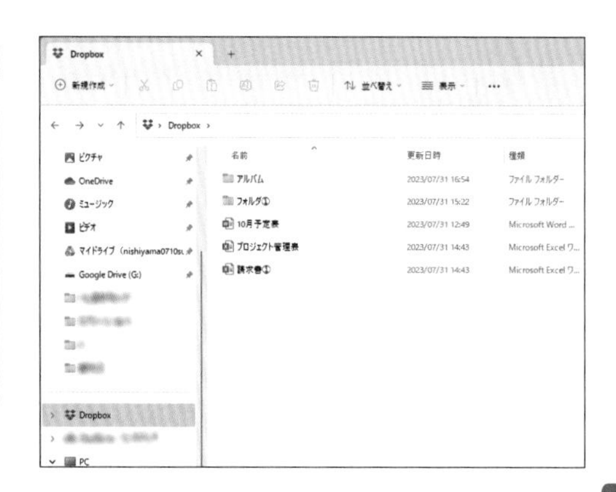

●大容量ファイルの送信

Dropboxを利用すると、メールでは送れないような大容量のファイルを送信することができます。無料プランでは100MBまでのファイルが送れます（Sec.120参照）。

●ファイルの共有

職場の同僚や友人どうしなど、複数のメンバーで同じファイルを共有することができます。ファイルを共有すると、あとから編集したファイルも同期されるので、メンバー全員が常に最新の状態で利用することができます（Sec.127参照）。

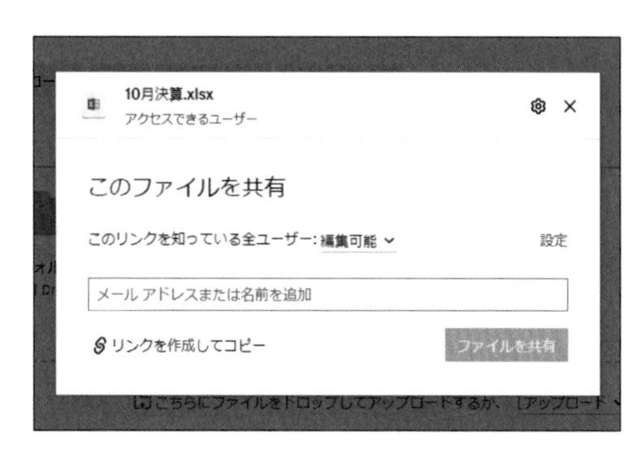

Section 95

Dropboxが利用できる環境

Dropboxは、インターネットに接続できる環境があれば、パソコン、Androidスマートフォンや iPhoneなどの端末といったあらゆるデバイスから、Webブラウザやアプリを使って、クラウド（インターネット）上のファイルを利用できます。

Dropboxが利用できる環境

Dropboxには、Webブラウザ版、デスクトップアプリ版、スマートフォン版（Androidスマートフォン／ iPhone ／ iPad）の3種類あります。インターネット環境があれば、いつでもどこからでもファイルを操作することができます。本書では、Webブラウザ版Dropboxを中心に、デスクトップアプリ版Dropbox、Androidスマートフォンアプリ版Dropbox、iPhoneアプリ版Dropboxの使い方を紹介します。

●Windows ／ Mac

WindowsやMacでは、Webブラウザ版のDropboxと、デスクトップアプリ版のDropboxを利用することができます。

●スマートフォン

AndroidスマートフォンやiPhone、タブレットなどの端末からも、Webブラウザやアプリを利用することによって、Dropboxにアクセスでき、編集も可能になります。外出先からファイルを確認したり、共有したりできます。

Section 96

Dropboxのプランと機能の違い

Dropboxは、無料で2GBのクラウドストレージサービスを利用できますが、有料のプランにアップグレードすることで、ストレージ容量を増やしたり、共有リンクの管理といったさまざまな機能を拡張したりすることが可能になります。

Dropboxのプランと機能の違い

Dropboxでは、プランをアップグレードすることで、追加のストレージ容量とさまざまな拡張機能を利用できるようになります。目的や用途、使用人数に合わせて検討するのもよいでしょう。下記のプランのほかにも、家族向けの「Family」、小規模チーム向けの「Standard」、大規模チーム向けの「Advanced」などのプランもあります（https://www.dropbox.com/plans）。これらのプランは、「Plus」「Family」は「個人用」、「Professional」「Standard」「Advanced」は「Business」と分類されています。

	Basic	Plus	Professional
料金	無料	月額1,200円（年払いの場合）	月額2,000円（年払いの場合）
ストレージ容量	2GB	2TB	3TB
スマートシンク（パソコン容量を節約してファイルにアクセスできる機能）	×	○	○
Dropbox Transferの送信ファイルの容量	100MB	2GB	100GB
共有リンクの管理	×	×	○（パスワードや有効期限の設定など）
ファイルの復元とバージョン履歴期限	30日	30日	180日

Section 97

ブラウザ版、アプリ版、スマホ版の違い

Dropboxは、インターネット環境があれば、さまざまなデバイスからファイルを管理できます。ここでは、Webブラウザ版、デスクトップアプリ版、スマートフォン版のDropboxの特徴をそれぞれ紹介します。

Webブラウザ版の特徴

●アプリを持っていなくてもファイルの閲覧・編集が可能

WindowsやMacなどのパソコンや、AndroidスマートフォンやiPhoneなどの端末にDropboxのアプリをインストールしていなくても、パソコンやスマートフォンのWebブラウザからファイルの閲覧や編集、管理が可能です。公共のパソコンなどから利用するときに便利です。

●さまざまなサービスを利用できる

Webブラウザからでも基本的にすべての機能が利用可能です。Dropboxが提供するサービス「Transfer」を利用すると、サイズの大きなファイルでも安全に送信することができます。ほかにも、ほかのユーザーと共同作業ができる「Paper」や、電子署名の追加ができる「Sign」などのサービスが充実しています。

デスクトップアプリ版の特徴

●パソコン内のファイルとの同期が可能

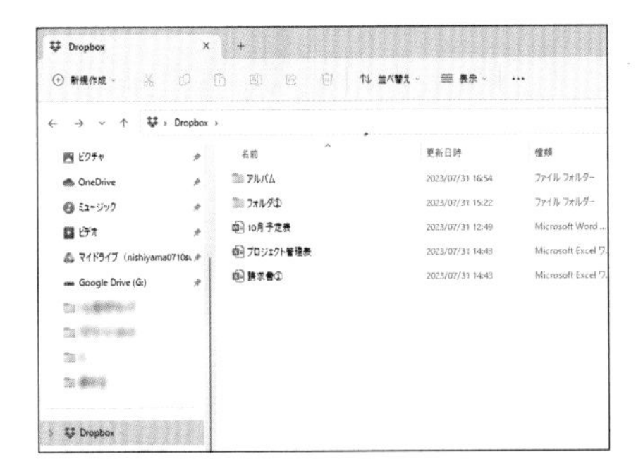

デスクトップアプリ版のDropboxをインストールすると、パソコンに「Dropbox」フォルダが作成されます。これによってパソコン内のほかのフォルダやファイルと同じ感覚で、Dropboxのファイルを利用することができるようになります。Webブラウザ版のDropboxを開くことなく、クラウドに最新のデータを保存することが可能です。

スマートフォン版の特徴

●外出先からファイルの閲覧や編集が可能

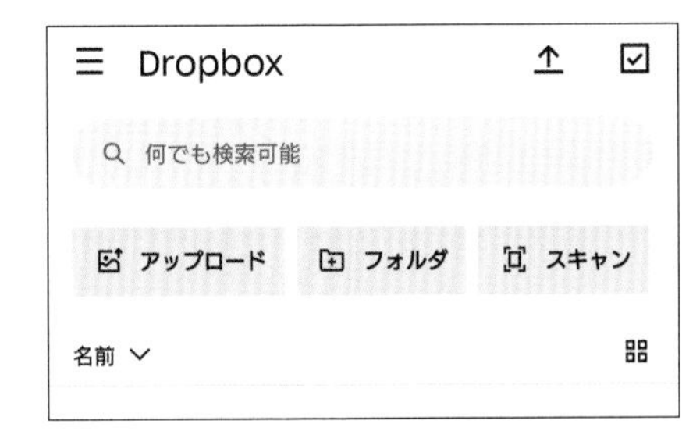

インターネットが接続できる環境があれば、いつでもどこでもファイルの閲覧や編集をすることができるため、移動中や外出先でもファイルを確認できます。

●オフラインでもアクセスできる

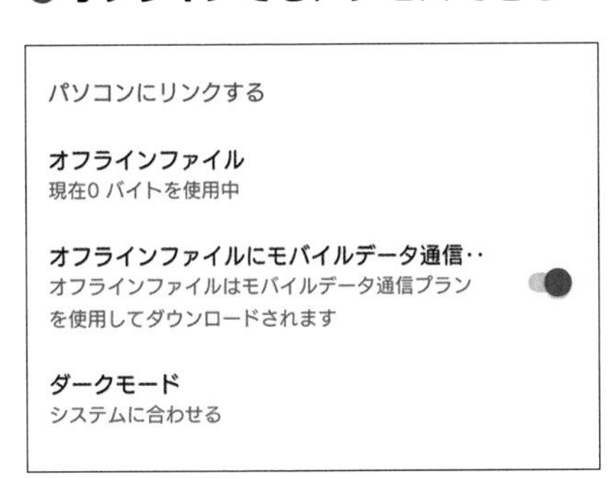

スマートフォンで利用するときに便利なのが、オフラインアクセス機能です。「オフラインファイルにモバイルデータ通信を使用」を有効にしておくと、インターネットに接続できない環境でもファイルにアクセスし、閲覧することができます。なお、オフライン時に行った変更はオンラインに戻った時点で、同期されます。

Dropboxの アカウントを作成する

Dropboxを利用するには、事前にアカウントを作成する必要があります。Dropboxのアカウントはメールアドレスを登録することで、誰でも無料で作成できます。なお、本書ではWebブラウザにMicrosoft Edgeを利用しています。

Dropboxのアカウントを作成する

① Webブラウザを起動し、アドレスバーに「https://www.dropbox.com/」と入力して、Enterキーを押します。

② Dropboxの公式サイトが表示されます。[登録]をクリックします。

③ メールアドレスを入力し、[続行する] をクリックします。

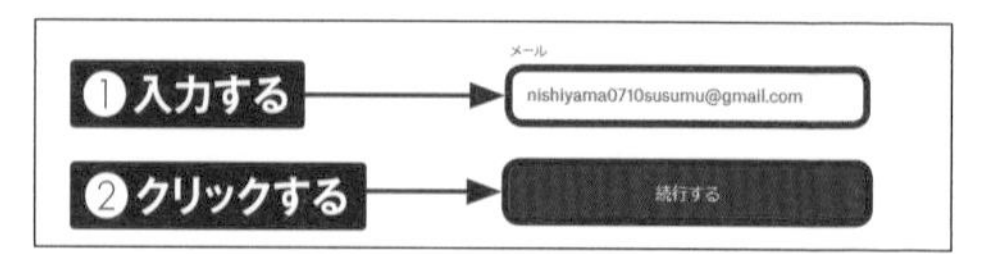

④ 姓名、パスワードを入力し、[同意して登録する]をクリックします。

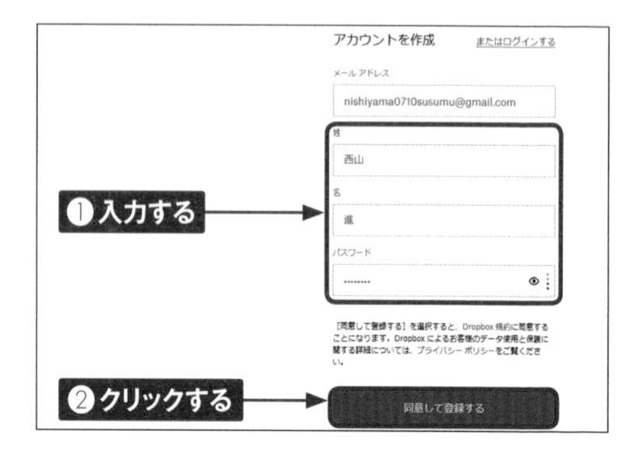

⑤ 「Dropboxの高度な機能を無料でお試しください」画面が表示されるので、ここでは［2GB Dropbox Basicプランを継続する］をクリックします。これでDropboxのアカウントが作成されます。「アンケート」画面が表示されたら回答します。

⑥ ［Dropboxをダウンロード］をクリックすると、Dropboxのデスクトップアプリのダウンロードが始まります。ダウンロード方法については、Sec.109を参照してください。

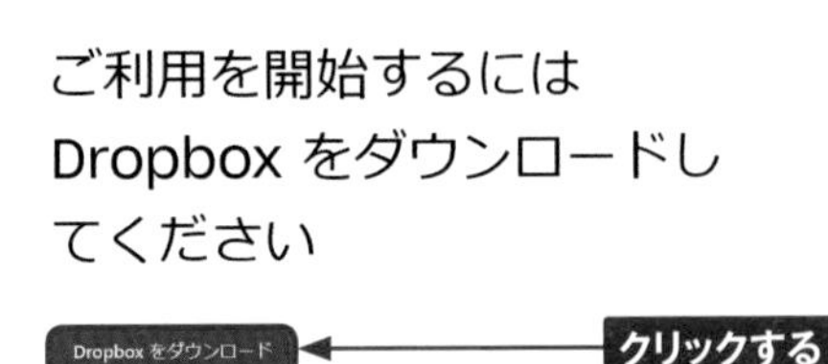

Memo Googleアカウントでログインする

P.184手順③の画面で［Googleで続ける］をクリックすると、GoogleアカウントでDropboxのアカウントを作成できます。次の画面で表示されたアカウントを選択してクリックします。なお、Googleアカウントを持っていない場合は、「Googleにログイン」画面が表示されるので、［アカウントを作成］をクリックしてGoogleアカウントを作成します。Googleアカウントの作成方法については、Sec.10を参照してください。

Section 99

Dropboxの基本画面

Webブラウザ版Dropboxとは、Webブラウザから利用するDropboxのことです。Sec.98で作成したアカウントでログインすると、インターネットに接続しているパソコンやスマートフォンで、利用できるようになります。

Dropboxにログインする

① P.184手順①を参考に、Dropboxの公式サイトを表示します。[ログイン]をクリックします。

② P.184手順③～④で設定したメールアドレスとパスワードを入力し、[ログイン]をクリックします。

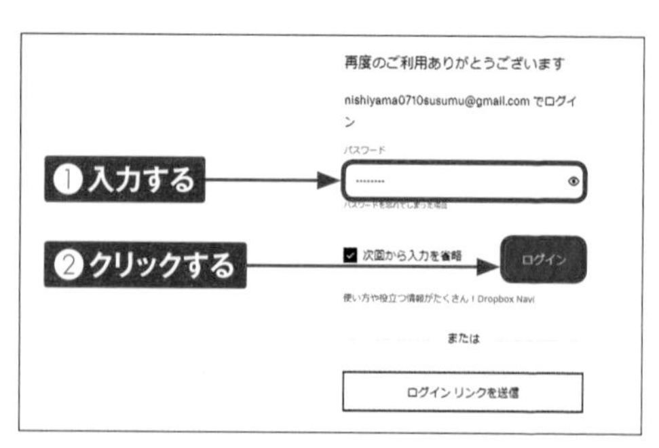

③ Webブラウザ版Dropboxの画面が表示されます。[すべてのファイル]をクリックすると、Dropbox内のすべてのファイルが表示されます。

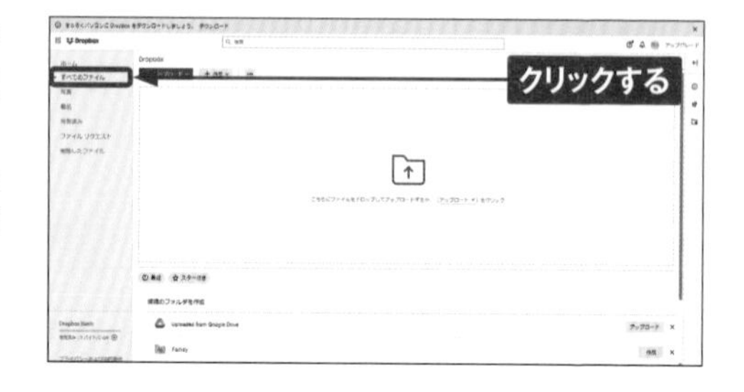

機能紹介
導入
基本操作
アプリの利用

Dropboxの基本画面

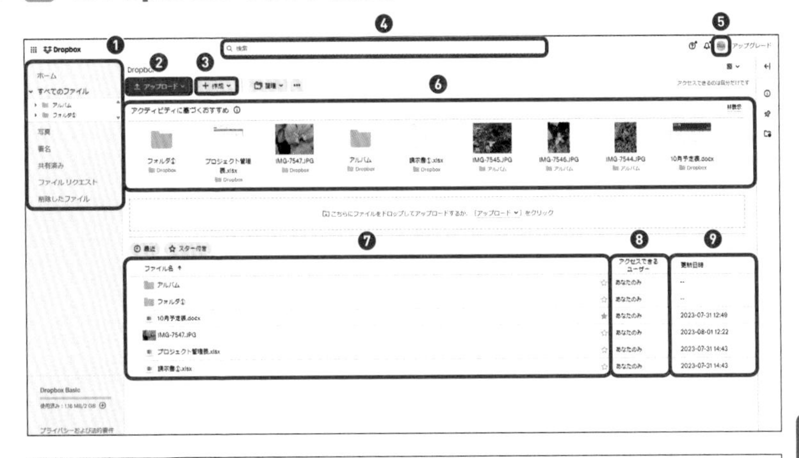

❶	画面の表示を切り替え、表示するファイルやフォルダを絞り込むことができます。
❷	ファイルやフォルダのアップロードを行えます。
❸	ファイルやドキュメントなどを作成できます。
❹	Dropbox内のファイルやフォルダを検索できます。
❺	アカウント設定やアップグレードなど、アカウント関連のメニューが表示されます。
❻	直近で作業をしたファイルやフォルダなどが一覧表示されます。
❼	Dropbox内のファイルやフォルダが表示されます。
❽	ファイルやフォルダを共有中のユーザーが表示されます。
❾	ファイルをいつ編集したのかを確認できます。

Memo ログアウトする

Dropboxからログアウトしたい場合は、画面右上のアカウントアイコンをクリックして、［ログアウト］をクリックします。

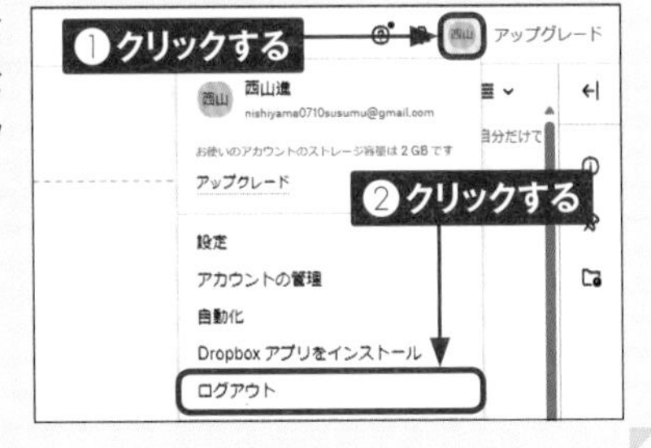

Section 100

ファイルをアップロードする

Dropboxは、OfficeファイルやPDFファイルなどのさまざまなファイルを保存することができます。保存したファイルは、WebブラウザやDropboxのデスクトップアプリで開くことができます。

ファイルをアップロードする

① Sec.99を参考にDropboxの「すべてのファイル」画面を表示し、[アップロード]→[ファイル]の順にクリックします。ファイルをドラッグ&ドロップすることでもアップロードできます。

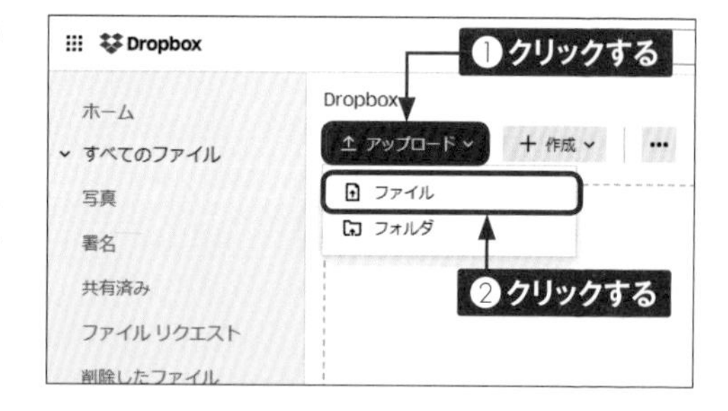

② フォルダから、Dropboxに保存したいファイルをクリックして選択し、[開く]をクリックします。

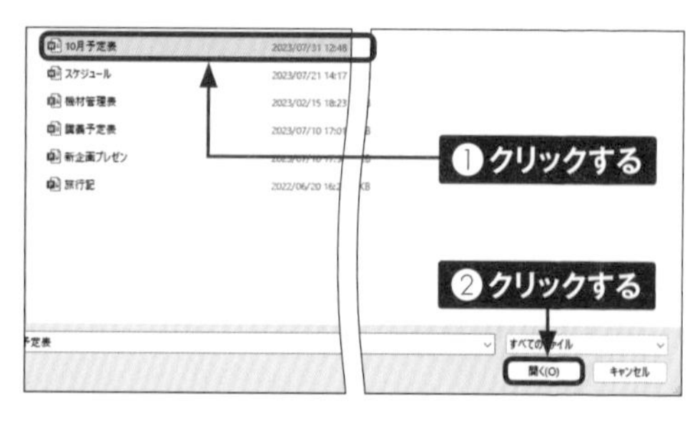

③ Dropboxにファイルがアップロードされます。

機能紹介
導入
基本操作
アプリの利用

Section 101

ファイルを ダウンロードする

Dropboxに保存したファイルは、あとからいつでもダウンロードできます。アップロードしたファイルを別のパソコンからダウンロードするなど、データの移動の際にも活用できます。

ファイルをダウンロードする

① Sec.99を参考にDropboxの「すべてのファイル」画面を表示し、ダウンロードしたいファイルにマウスカーソルを合わせ、□をクリックしてチェックを付けます。

② ［ダウンロード］をクリックします。

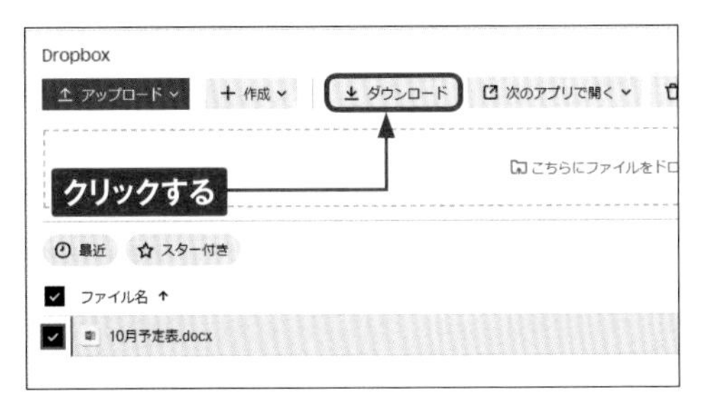

③ ファイルがダウンロードされます。画面上部の［ファイルを開く］をクリックすると、ファイルが開きます。

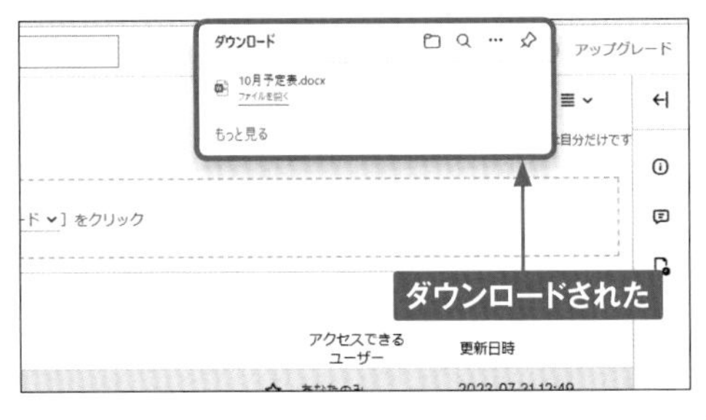

Section 102 ファイルをプレビューする

Dropboxにアップロードされたファイルはプレビューで表示することができます。Officeファイルや PDFファイルなども、ソフトを起動しなくても内容を確認できるため便利です。

ファイルをプレビューする

① Sec.99を参考にDropboxの「すべてのファイル」画面を表示し、プレビューを表示したいファイルにマウスカーソルを合わせ、□をクリックしてチェックを付けます。

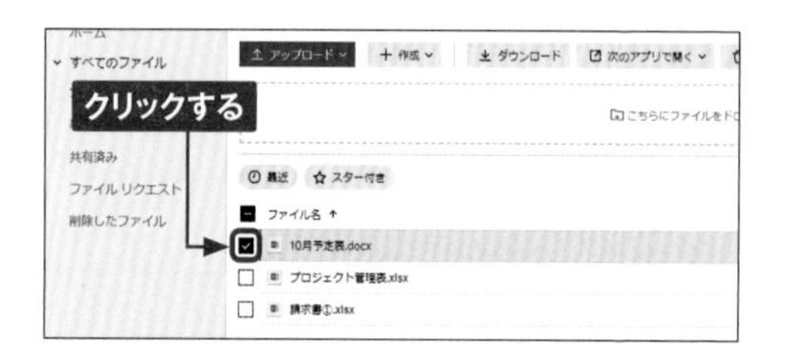

② ［次のアプリで開く］→［プレビュー］の順にクリックします。

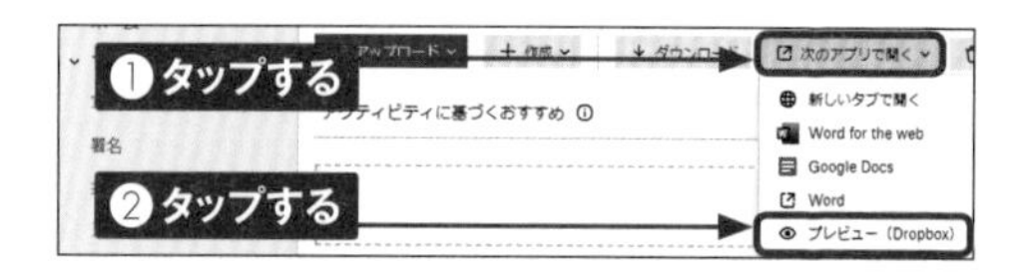

③ ファイルがプレビューで表示されます。

Memo Dropboxでプレビュー表示できるファイル形式

Dropboxでは、「.docx」や「.pdf」「.jpg」など、さまざまなファイル形式がプレビュー表示に対応しています。プレビューが表示されない場合は、ファイル形式とファイルのサイズを確認しましょう。

https://help.dropbox.com/ja-jp/view-edit/file-types-that-preview

Dropbox でプレビュー可能なファイル形式

この記事でリストに挙げたファイル形式は Dropbox でプレビューすることができます。ファイル形式が表示されていない場合でも、先にファイルをダウンロードすれば開くことができます。

この記事内でファイル形式を検索するには、キーボードで Control+F キー（Windows）または command+F キー（Mac）を押してください。

モバイル デバイスの Dropbox でプレビューできるファイル形式の一覧をご覧ください。

Dropbox をまだご利用いただいていない場合は、ファイルやフォルダを簡単に共有できる Dropbox の機能についての記事をご参照ください。

ファイルのプレビューを表示できないのはなぜですか？

Section 103

ファイルをアプリで開く

アップロードしたファイルは、開くときにアプリを選択すると、そのアプリでファイルの閲覧ができます。そのまま編集したり、変更を保存したりすることも可能です。

ファイルをアプリで開く

① Sec.99を参考にDropboxの「すべてのファイル」画面を表示し、開きたいファイルにマウスカーソルを合わせ、□をクリックしてチェックを付け、[次のアプリで開く]をクリックします。

② アプリ（ここでは［Word for the web］）をクリックします。

③ メールアドレスの確認が済んでいない場合は、完了させます。［許可］をクリックします。

④ アプリでファイルが表示されます。

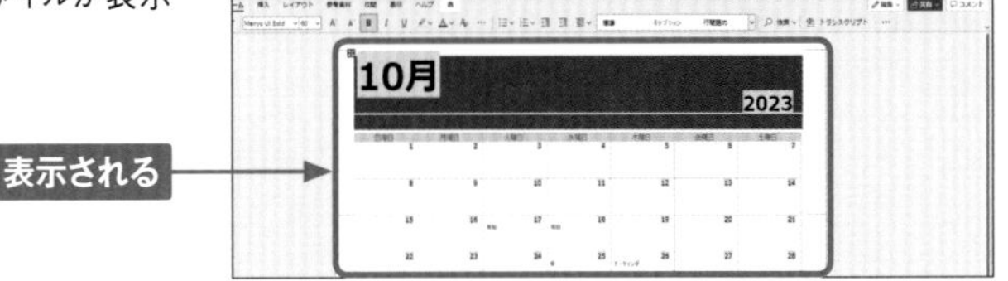

Section 104

フォルダを作成してファイルを整理する

アップロードしたファイルが増え、管理しづらくなった場合には、フォルダを作成して整理しましょう。フォルダへのファイルの移動や、フォルダの名前の変更などの操作もかんたんに行えます。

フォルダを作成してファイルを整理する

1 Sec.99を参考にDropboxの「すべてのファイル」画面を表示し、[作成]をクリックします。

2 [フォルダ]をクリックします。

3 フォルダ名を入力し、[作成]をクリックします。

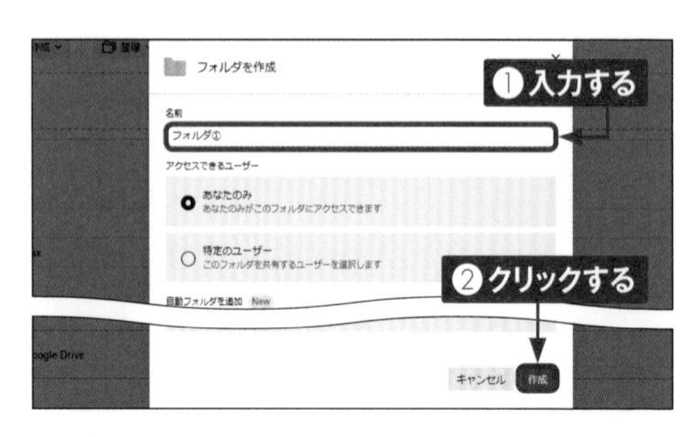

4 作成されたフォルダが表示されます。[すべてのファイル]をクリックします。

5 フォルダに追加したいファイルにマウスカーソルを合わせ、□をクリックしてチェックを付け、…をクリックします。ファイルは□をクリックすることで、複数選択が可能です。

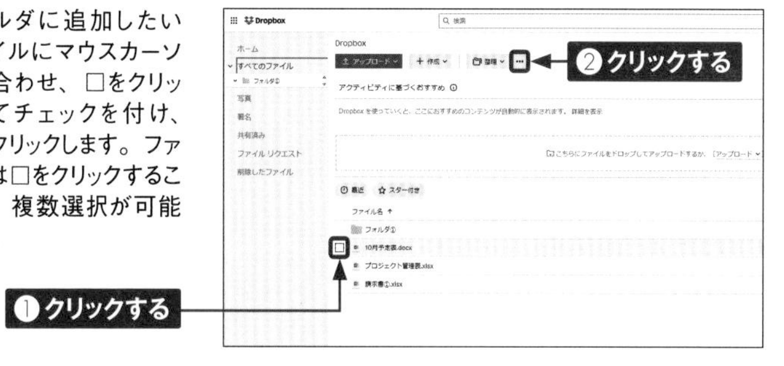

6 [移動]をクリックします。

7 移動先にしたいフォルダをクリックして選択し、[移動]をクリックします。

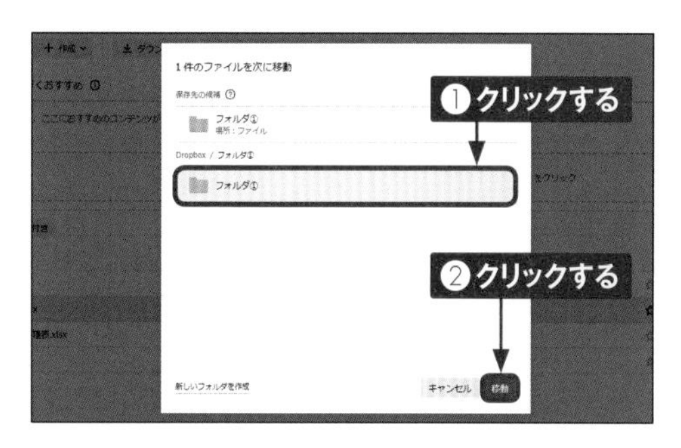

8 ファイルがフォルダに移動します。

Section 105

ファイルを削除する

不要になったファイルは削除しましょう。削除したファイルは、30日間Dropboxにバックアップされているので、30日以内であれば、ファイルを復元することもできます(Sec.121参照)。

ファイルを削除する

① Sec.99を参考にDropboxの「すべてのファイル」画面を表示し、削除したいファイルにマウスカーソルを合わせ、□をクリックしてチェックを付けます。

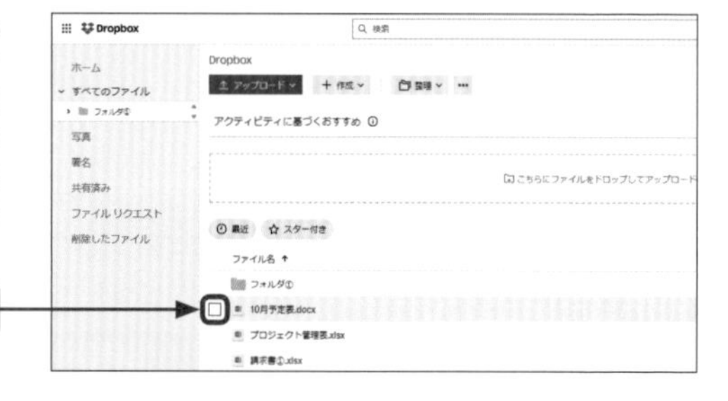

② [削除]をクリックします。

③ [削除]をクリックすると、ファイルが削除されます。

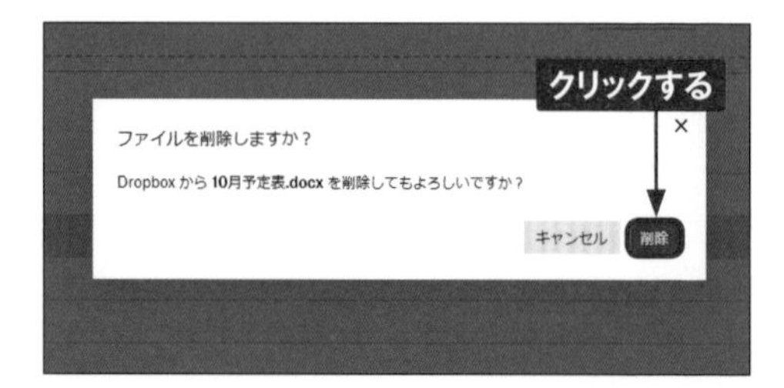

Section 106

ファイルを検索する

Dropbox内のファイルは、ファイル名やファイル名のキーワード、フォルダ名、拡張子などから検索することができます。ほかにも、ファイルを共有しているユーザーの名前やタグでも検索が可能です。

ファイルを検索する

1 Sec.99を参考にDropboxを表示し、画面上部の［検索］をクリックし、検索したいファイル名や拡張子を入力して、Enter キーを押します。

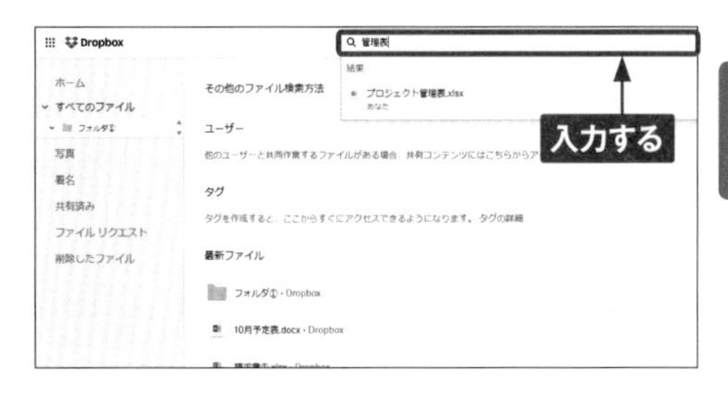

2 検索結果が一覧表示されます。表示したいファイルをダブルクリックします。

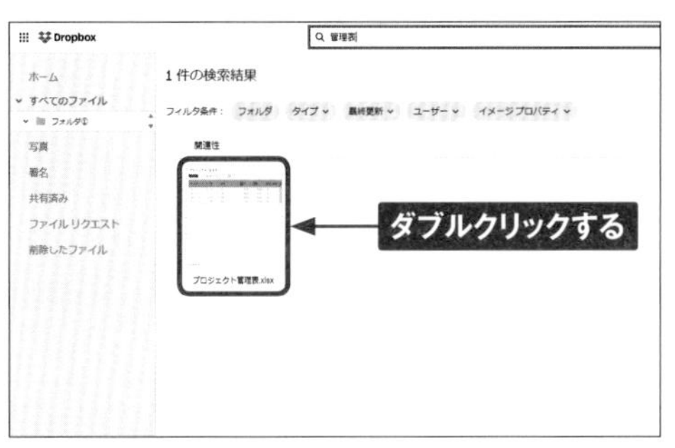

3 選択したファイルが表示されます。なお、有料版では、ファイル内や画像内の文字も検索することができます。

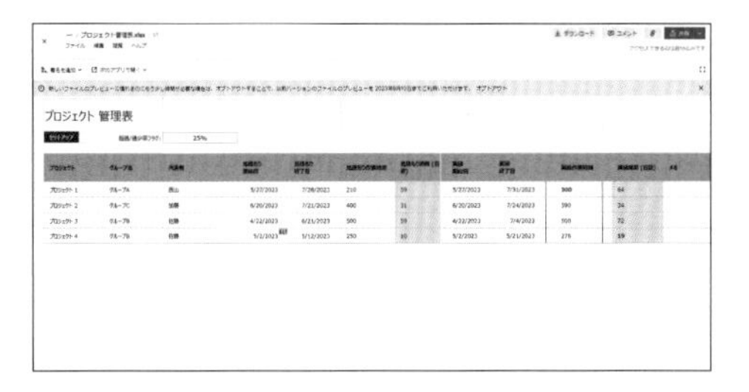

Section 107

ファイルやフォルダにスターを付ける

ファイルやフォルダにスターを付けると、Dropboxの「スター付き」リストに一覧表示されます。よく閲覧するファイルや重要なファイルなどは、スターを付けておきましょう。

ファイルやフォルダにスターを付ける

① Sec.99を参考にDropboxの「すべてのファイル」画面を表示し、スターを付けたいファイルやフォルダの☆にマウスカーソルを合わせます。

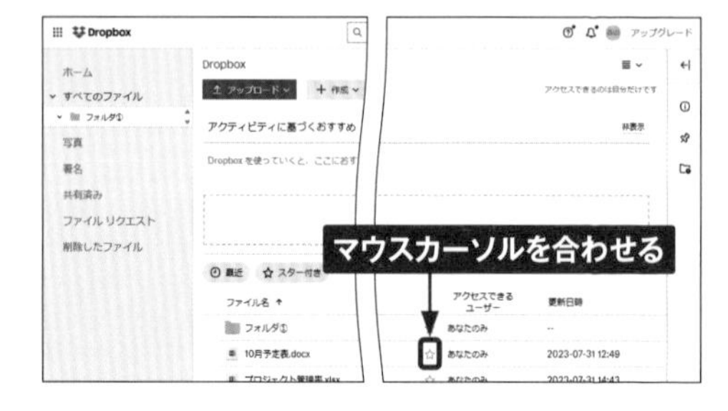

② 「スター付きに追加」と表示されたら、☆をクリックします。

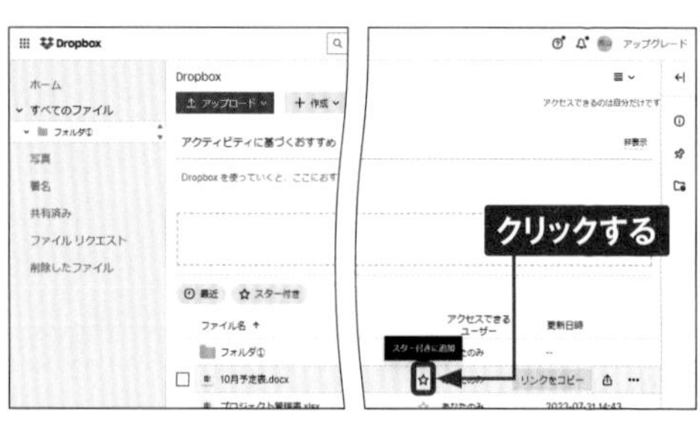

③ ファイルにスターが付きます。

機能紹介

導入

基本操作

アプリの利用

Section 108

スターを付けたファイルやフォルダを見る

Dropboxの「すべてのファイル」画面では、スターが付いたファイルやフォルダが表示されます。重要度が下がったファイルなどは、スターを外すことで「スター付き」から削除することも可能です。また、ホーム画面からも確認することができます。

スター付きのファイルやフォルダを見る

① Sec.99を参考にDropboxの「すべてのファイル」画面を表示し、[スター付き]をクリックします。

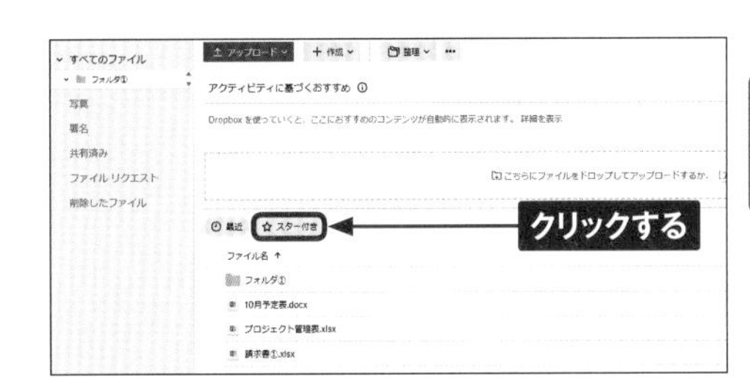

② スターが付いたファイルやフォルダが表示されます。

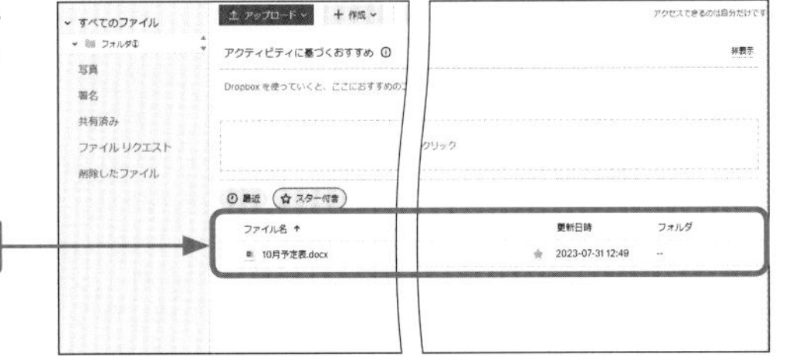

Memo スターを外す

スターを付けたファイルやフォルダからスターを外したい場合は、スター付きのファイルの★をクリックします。スターが外れ、「スター付き」の一覧に表示されなくなります。

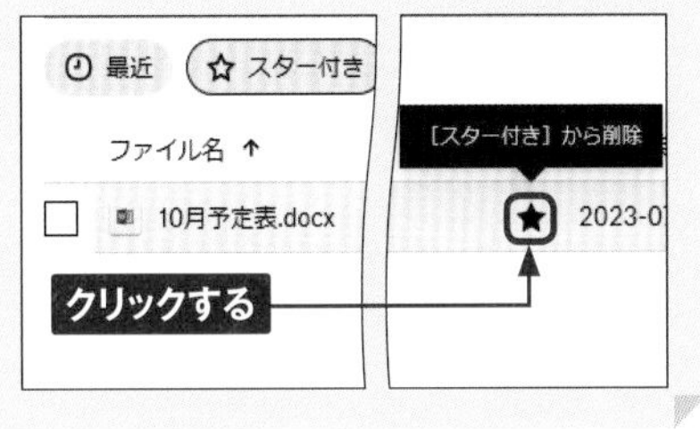

Section 109

Dropboxのデスクトップアプリをインストールする

Dropboxには、パソコン専用のアプリがあります。Dropboxをパソコンで頻繁に利用する場合は、アプリをインストールしておきましょう。なお、Dropboxのデスクトップアプリはwebブラウザ版Dropboxからインストールできます。

Dropboxのデスクトップアプリをダウンロードする

1 Sec.99を参考に、Dropboxを表示し、画面右上のアカウントアイコンをクリックして、[Dropboxアプリをインストール] をクリックします。

2 [Dropboxアプリをダウンロード] をクリックします。

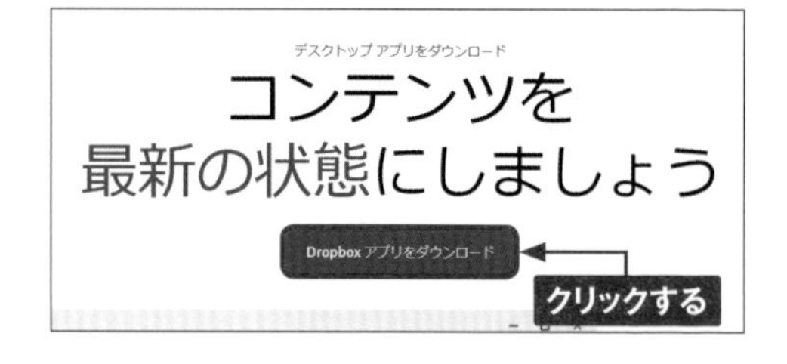

3 画面右上に表示されるメニューから、[ファイルを開く] をクリックすると、ダウンロードが開始されます。なお、Webブラウザによって表示される画面が異なります。「このアプリがデバイスに変更を加えることを許可しますか?」画面が表示された場合は、[はい] をクリックします。

Dropboxのデスクトップアプリをインストールする

① P.198手順③のあと、インストールが開始されます。時間が少しかかるので完了まで待ちます。

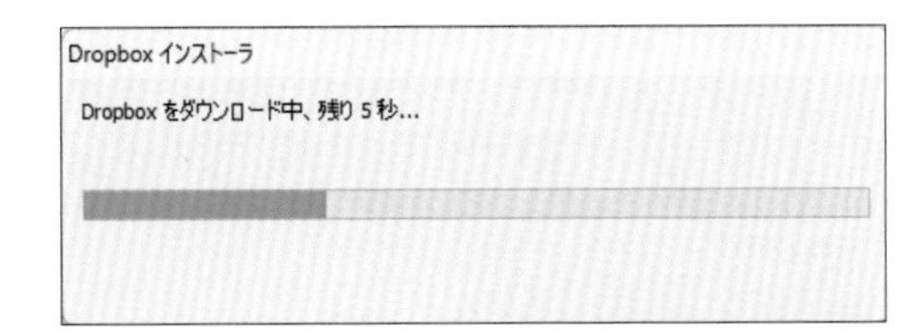

② インストールが完了すると自動でDropboxの設定画面が表示されます。[次へ]をクリックします。

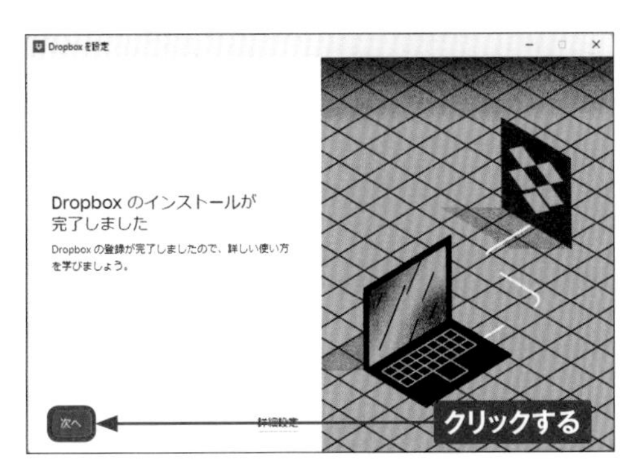

③ [ファイルを[ローカル]に設定する]をクリックして選択し、[Basicで続行]をクリックします。

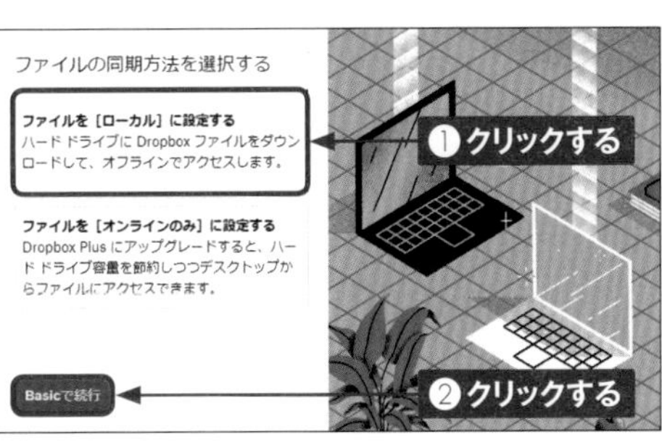

④ [Dropboxフォルダにアクセス]をクリックすると、「Dropbox」フォルダが表示されます。

Section 110

Dropboxのデスクトップアプリでファイルを同期する

Dropboxのデスクトップアプリをインストールすると、ファイルの同期を行う「Dropbox」フォルダが作成されます。このフォルダに保存したファイルは、クラウド（インターネット）上のストレージにも保存されます。

Dropboxのデスクトップアプリでファイルを同期する

① エクスプローラーから「Dropbox」フォルダを表示して、フォルダの何もないところを右クリックします。

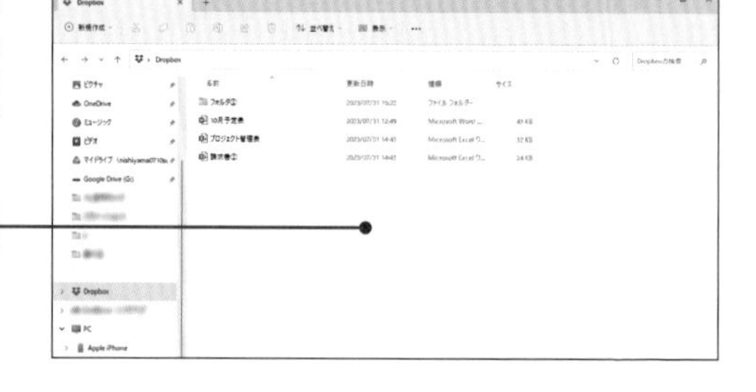

② 「新規作成」にマウスカーソルを合わせ、[フォルダー] をクリックします。

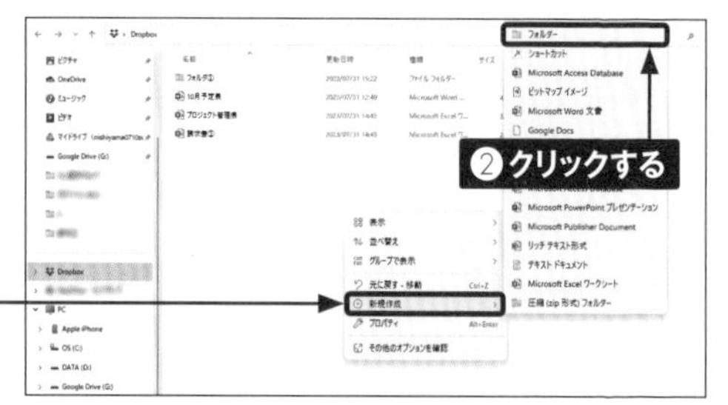

③ 新規フォルダが作成されるので、フォルダ名（ここでは「アルバム」）を入力します。

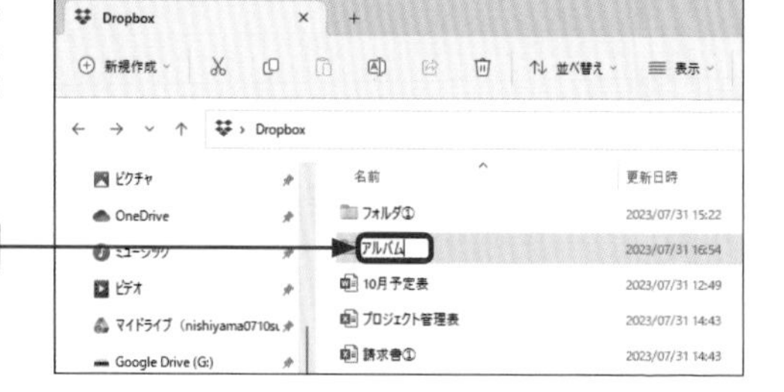

4 作成したフォルダをダブルクリックして開きます。

5 Dropboxに保存したいファイルを、新しく作成したフォルダにドラッグ&ドロップします。

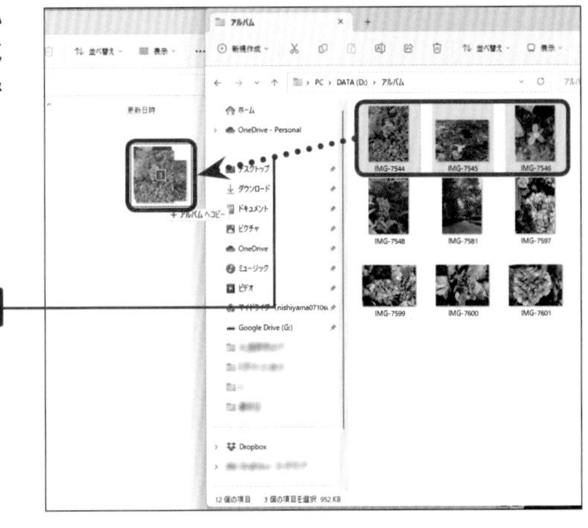

6 ファイルが作成したフォルダに移動し、自動的に同期が行われて、Dropboxに保存されます。

Section 111

同期を一時停止する

Dropboxのデスクトップアプリでは、同期を一時停止することが可能です。一時停止できる期間は、「30分」「1時間」「明日まで」「無制限」から選択することができます。

同期を一時停止する

① デスクトップ画面下部の をクリックします。

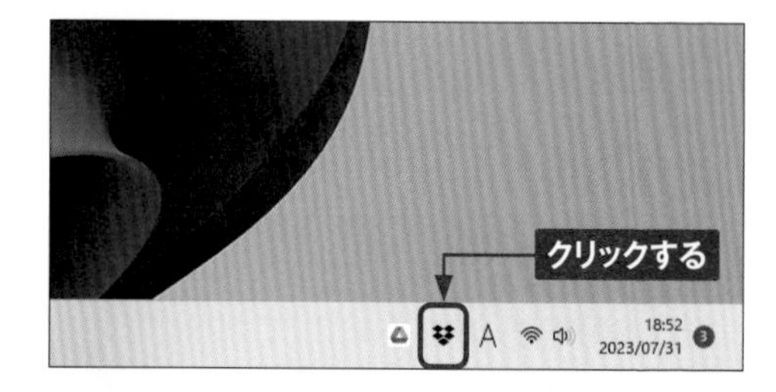

② ［ファイルは最新の状態です］をクリックします。

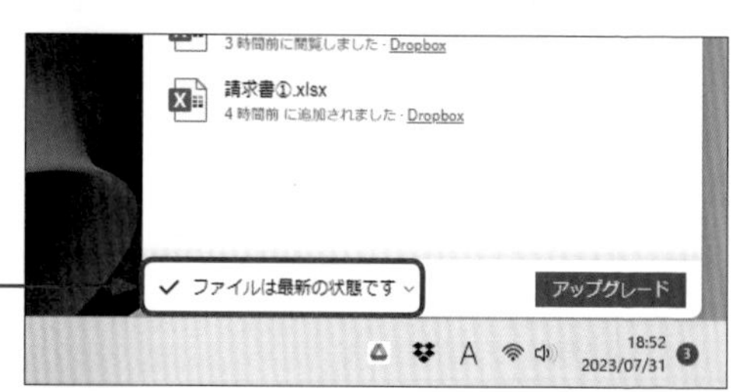

③ 同期を停止したい期間を選択し、クリックすると、同期が停止します。

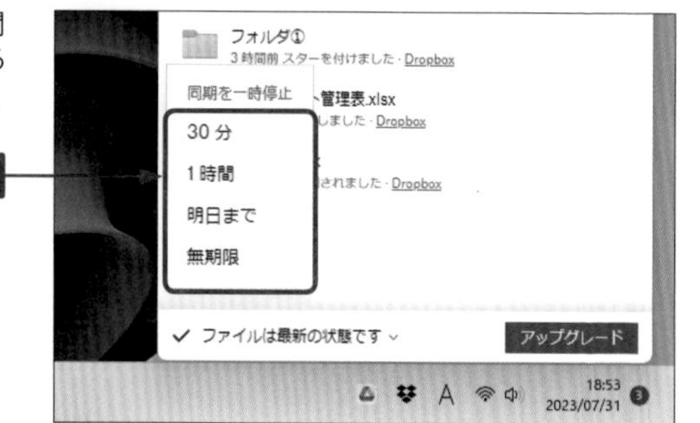

Section 112

「Dropbox」フォルダの場所を変更する

Dropboxのデスクトップアプリをインストールした際、「Dropbox」フォルダは通常Cドライブのユーザーフォルダ内に作成されますが、好きな場所に移動させることも可能です。移動は「基本設定」画面から行います。

「Dropbox」フォルダの場所を変更する

1. デスクトップで→自分のアカウントアイコン→［基本設定］の順にクリックします。

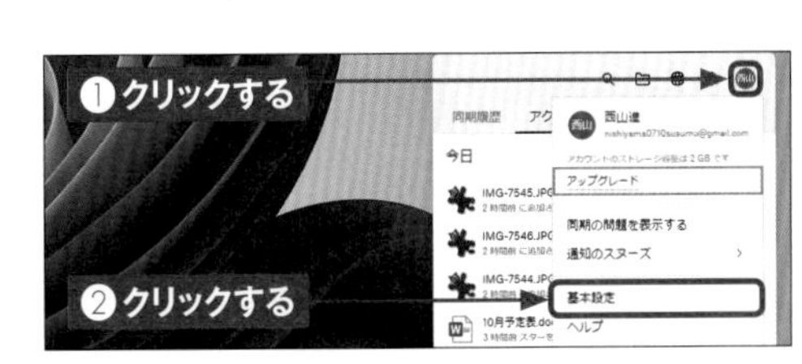

2. ［同期］→［移動］の順にクリックします。

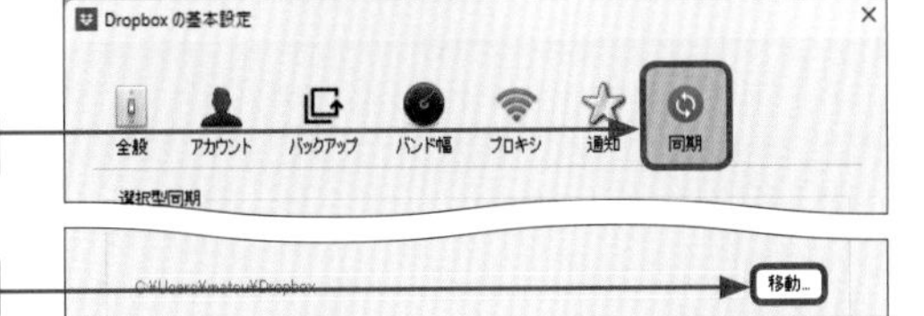

3. 移動先のフォルダをクリックして選択し、［OK］をクリックします。

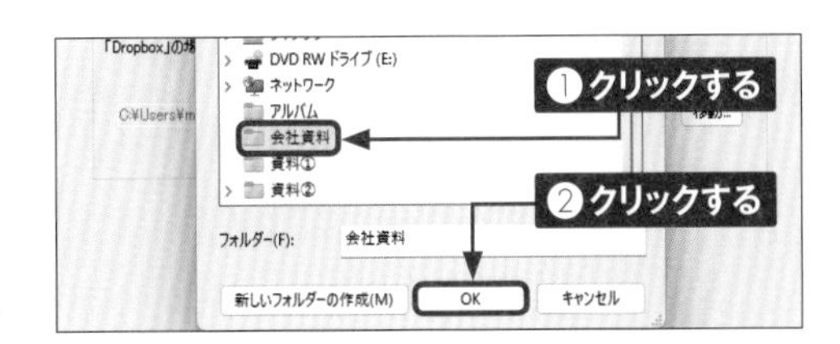

4. ［OK］→［OK］の順にクリックすると、ファイルの場所が変更されます。

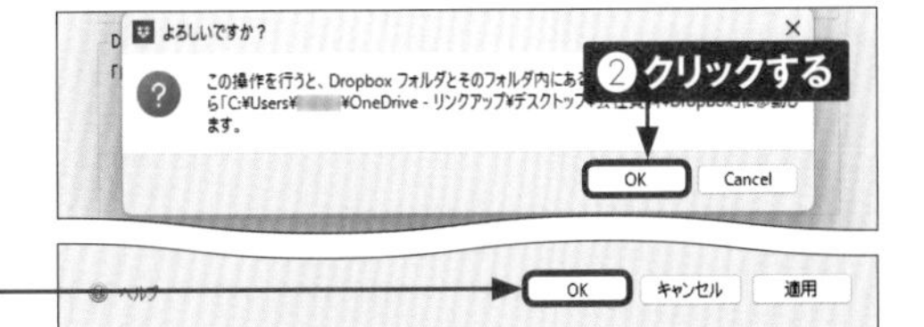

スマートフォンにアプリをインストールする

Dropboxにはスマートフォン用のアプリが提供されており、さまざまな機能を利用できます。スマートフォンでDropboxを利用したい場合は、「Dropbox」アプリをインストールしましょう。

Androidスマートフォンでdropboxアプリをインストールする

① Androidスマートフォンのホーム画面から、［Playストア］をタップします。

② 画面上部の検索欄をタップします。

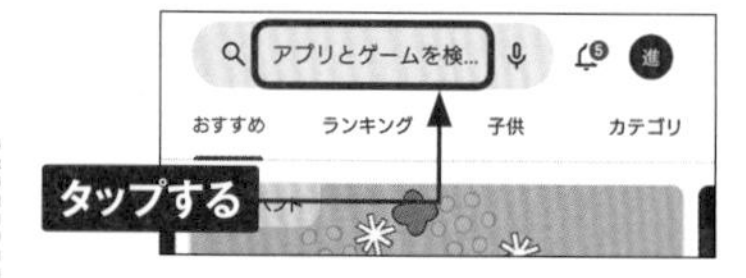

③ 「Dropbox」と入力し、🔍をタップします。

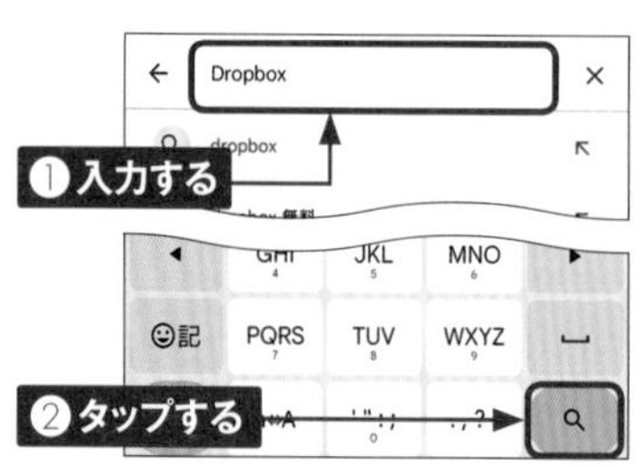

④ 「Dropbox」の［インストール］をタップします。「アカウント設定の完了」画面が表示されたら、［次へ］→［スキップ］の順にタップします。

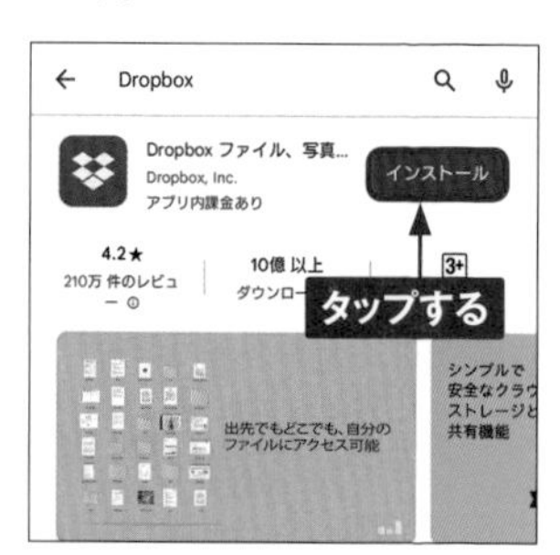

⑤ インストールが開始されます。

iPhoneでDropboxアプリをインストールする

1 iPhoneのホーム画面から［App Store］をタップし、画面下部のメニューから［検索］をタップします。

2 検索欄に「Dropbox」と入力し、［search］（または［検索］）をタップします。

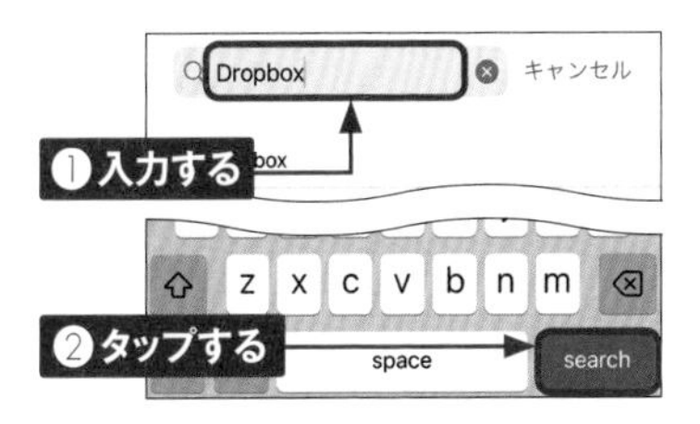

3 検索結果が表示されます。「Dropbox」の［入手］をタップします。

4 ［インストール］をタップします。

5 Apple IDのパスワードを入力し、［サインイン］をタップします。

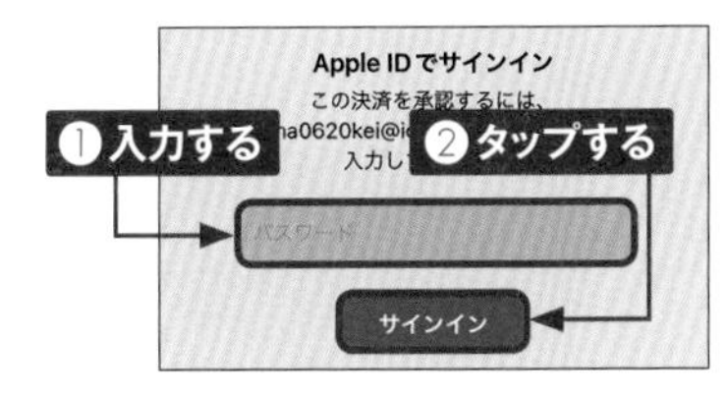

6 インストールが開始されます。

「Dropbox」アプリにログインする

「Dropbox」アプリをスマートフォンにインストールしたら、ログインをしましょう。ホーム画面やアプリ一覧画面から［Dropbox］をタップして、アプリを起動します。［メールアドレスで続行する］をタップしてメールアドレスを入力し、［続行］をタップします。以降は画面の指示に従って、設定を進めます。

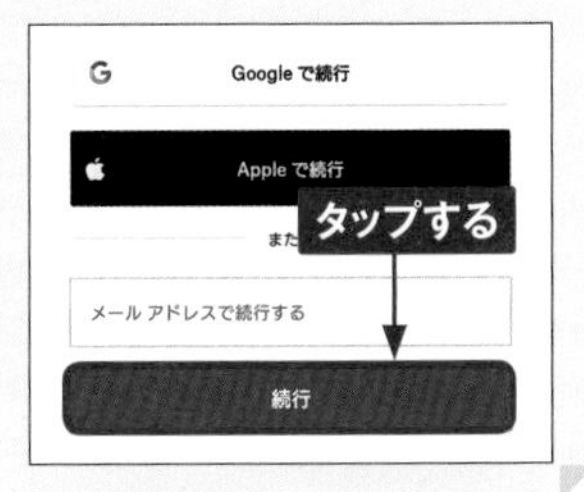

Section 114 スマートフォンからファイルを操作する

「Dropbox」アプリを利用すると、スマートフォンでOfficeファイルやPDFファイルを見ることができます。なお、オフライン時にファイルを開きたい場合は、Sec.125を参考に「オフラインアクセス」を設定します。

ファイルを操作する

① ホーム画面で［Dropbox］をタップします。

② 画面下部の［ファイル］をタップします。

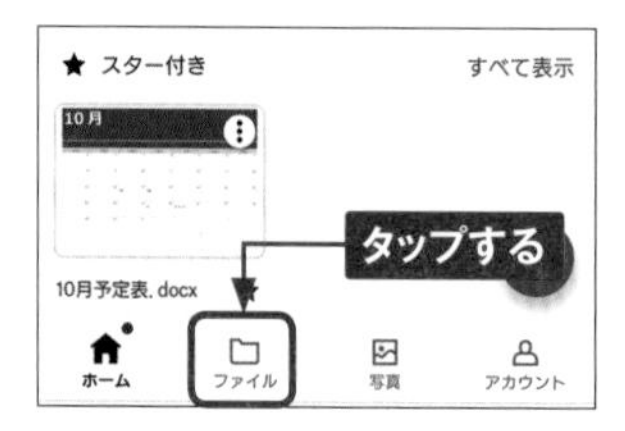

③ 開きたいファイルをタップします。

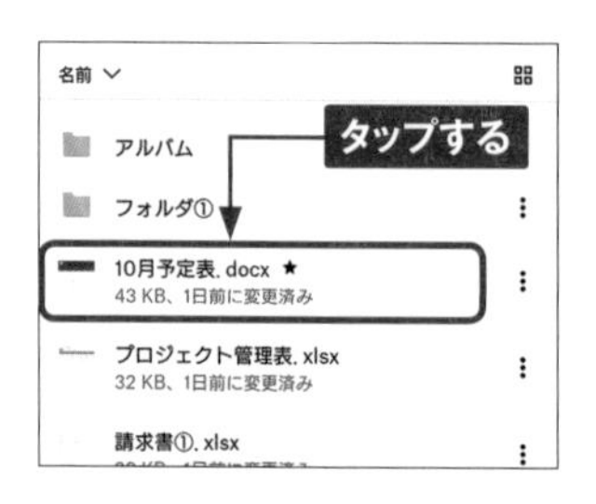

④ ファイルが表示されます。画面下部の［共有］をタップします。

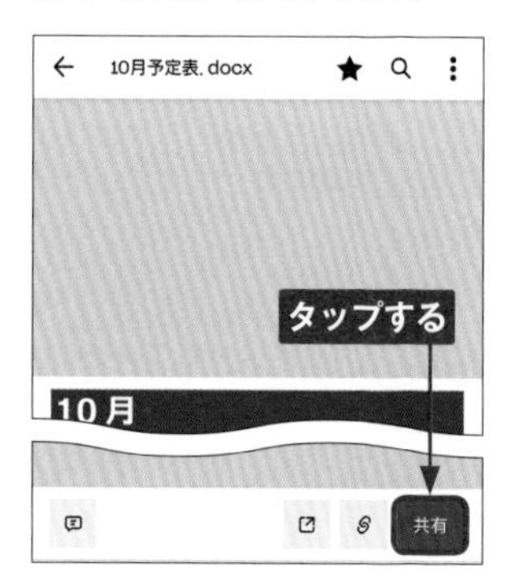

⑤ ファイルの共有画面が表示されます。

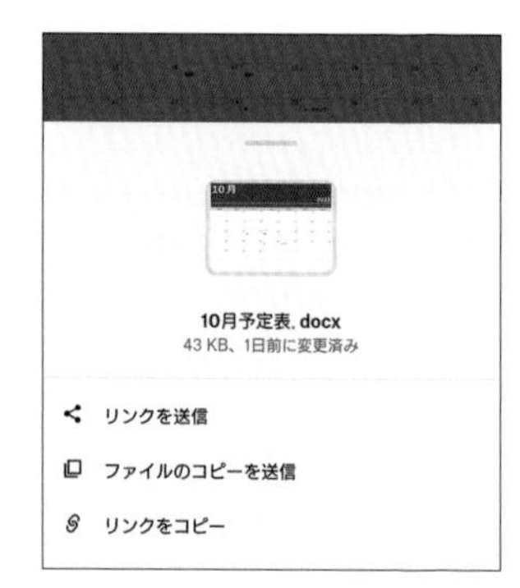

ファイルを保存する

① P.206手順①～②を参考に「Dropbox」アプリのファイルを表示し、●をタップします。

② [写真や動画のアップロード] をタップします。

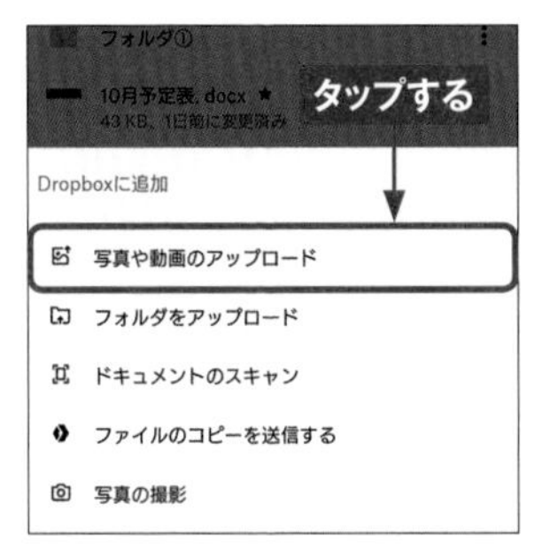

③ アクセスの許可が求められた場合は、[許可] をタップします。

④ 保存する写真をタップして選択し、[アップロード] をタップします。

⑤ ファイルが保存されます。

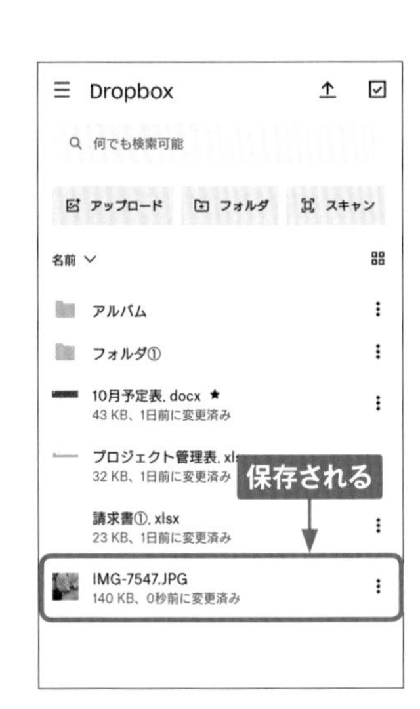

Section 115

スマートフォンのアプリでファイルを開く

Dropboxに保存したOfficeファイルは、スマートフォンで開いて編集し、保存することができます。あらかじめOfficeファイルに対応したMicrosoft 365のアプリをスマートフォンにインストールしておきましょう（P.138Memo参照）。

アプリでファイルを開く

① 「Dropbox」アプリを起動して、編集したいOfficeファイルをタップします。

② をタップします。

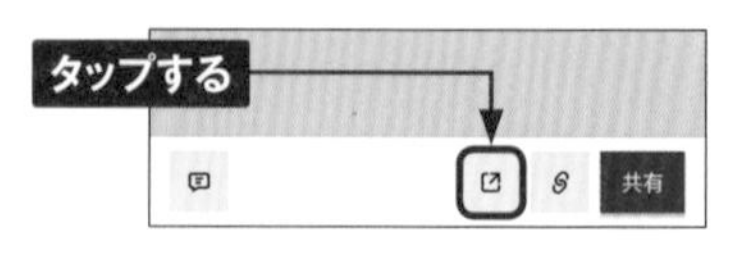

③ ここでは［Word］をタップし、［常時］または［1回のみ］をタップします。

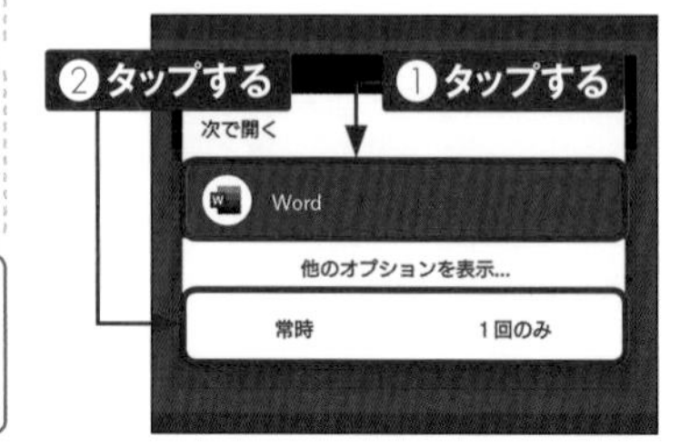

④ メールアドレスとパスワードを入力し、［ログイン］をタップします。

⑤ ［許可］をタップし、［次へ］→［承諾してオプションのデータを送信する］→［閉じる］の順にタップします。

⑥ 「Word」アプリが開き、Officeファイルの編集ができるようになります。

Dropboxを活用する

Section 116

WebブラウザからPDFを編集する

Dropbox内に保存されたPDFファイルは、Webブラウザからページを挿入したりテキストを追加したりして編集・保存することができます。編集するPDFのサイズは111MB以下である必要があります。

WebブラウザからPDFを編集する

① Sec.99を参考にDropboxを表示し、編集したいPDFにマウスカーソルを合わせ、□→…の順にクリックします。

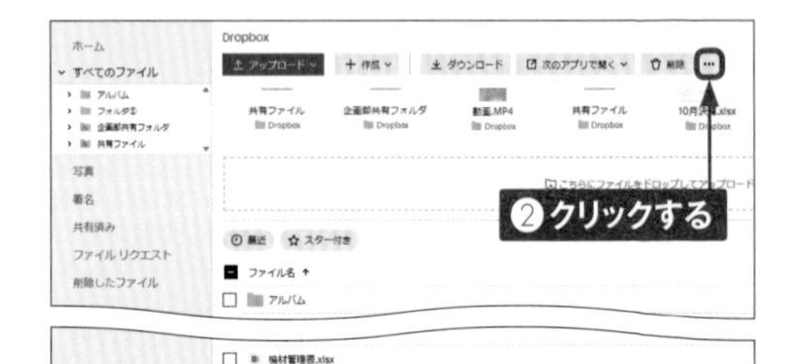

② ［編集］をクリックします。

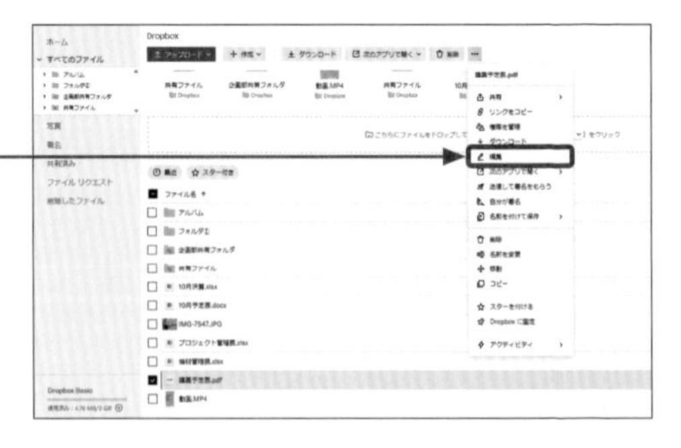

③ PDFを編集し［完了］をクリックして保存スタイルを選択し、変更を保存します。

Section 117

Webブラウザから動画を編集する

Dropbox内に保存された動画ファイルは、Webブラウザから編集・保存することができます。編集する動画ファイルは、サイズが512MB未満、長さが5分未満である必要があります。

Webブラウザから動画を編集する

1. Sec.99を参考にDropboxを表示し、編集したい動画にマウスカーソルを合わせ、□をクリックしてチェックを付け、［次のアプリで開く］をクリックします。

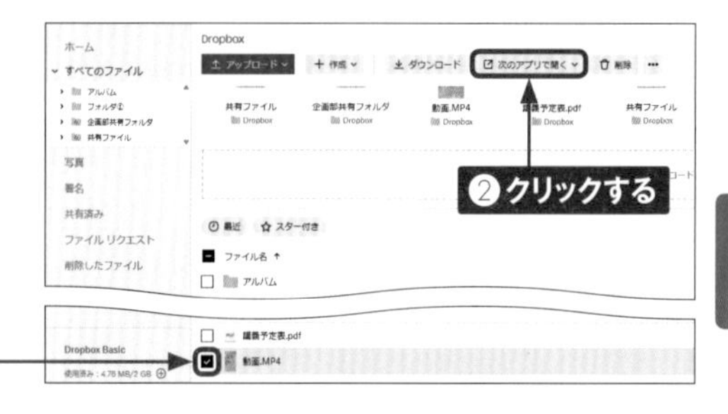

2. ［プレビュー］をクリックします。

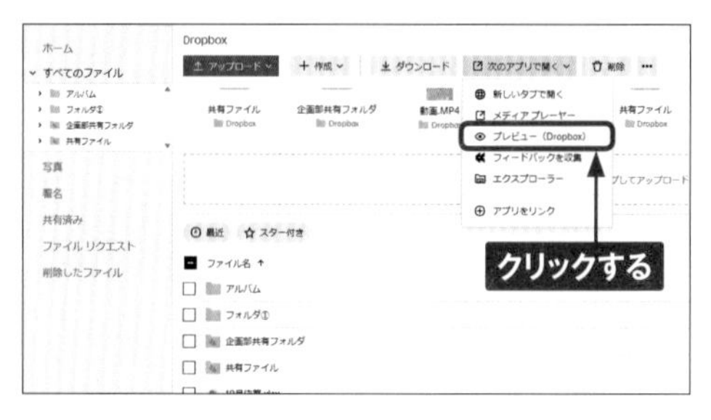

3. ［編集］をクリックして動画を編集し［保存］をクリックして保存スタイルを選択し、変更を保存します。

Section 118

ファイルの履歴を管理する

Dropboxは、ファイルをいつ追加、作成、編集したのかが履歴として保存されます。履歴画面では履歴を確認するだけでなく、ファイルを以前のバージョンに戻すこともできます（Sec.119参照）。ここでは、ファイルの更新履歴の確認方法を解説します。

ファイルの履歴を管理する

1. Sec.99を参考にDropboxの「すべてのファイル」画面を表示し、更新履歴を確認したいファイルにマウスカーソルを合わせ、□→⋯の順にクリックします。

②クリックする

2. 「アクティビティ」にマウスカーソルを合わせ、［バージョン履歴］をクリックします。

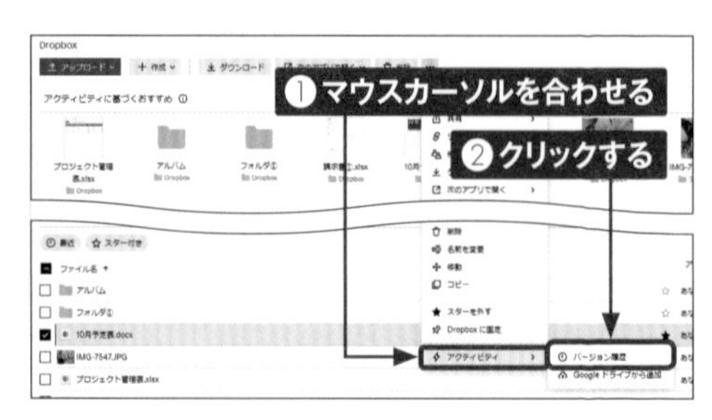

3. ファイルの更新履歴が表示されます。

表示される

Section 119

ファイルを以前のバージョンに戻す

Dropboxに保存したファイルは編集して上書き保存できますが、30日前までの状態に戻すことも可能です。誤って上書き保存してしまった場合は、ファイルを復元しましょう。なお、加入しているプランによって復元できる期間は異なります。

ファイルを以前のバージョンに戻す

1 Sec.99を参考にDropboxの「すべてのファイル」画面を表示し、Sec.118を参考に復元したいファイルの更新履歴を表示します。

2 復元したいバージョンにマウスカーソルを合わせ、[復元]をクリックします。

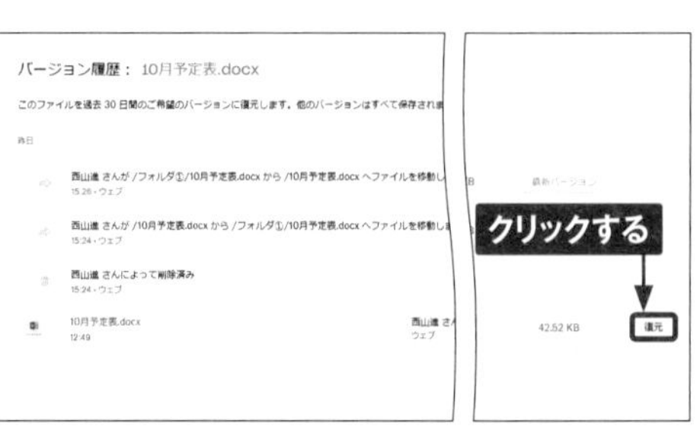

3 「バージョンを復元」画面が表示されたら、[復元] をクリックします。

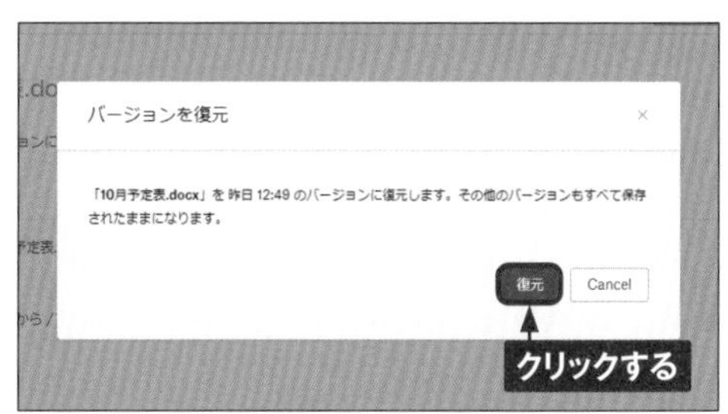

Section 120

大容量のファイルをDropbox経由で送信する

Dropboxのリンク共有機能を利用して、大容量のファイル（無料では100MBまで）を送信できます。相手がDropboxを利用していない場合でも、ファイルの送信は可能です。また、受信したファイルはDropboxに保存して開くこともできます。

大容量のファイルをDropbox経由で送信する

① Sec.99を参考にDropboxを表示し、画面左上の ⁝⁝⁝ → ［Transfer］の順にクリックします。

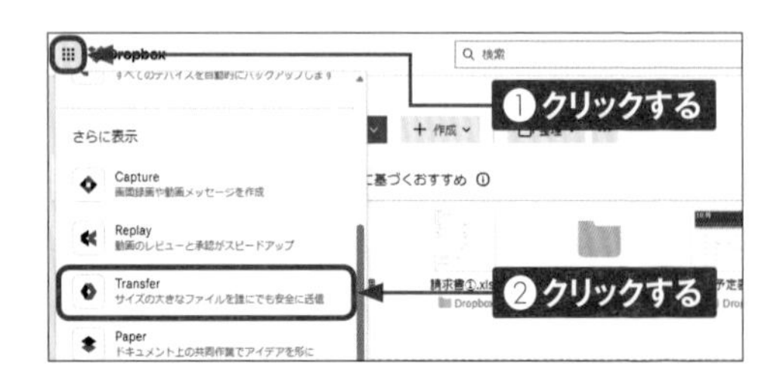

② ［転送を作成］をクリックします。

③ ［ファイルをアップロード］をクリックします。

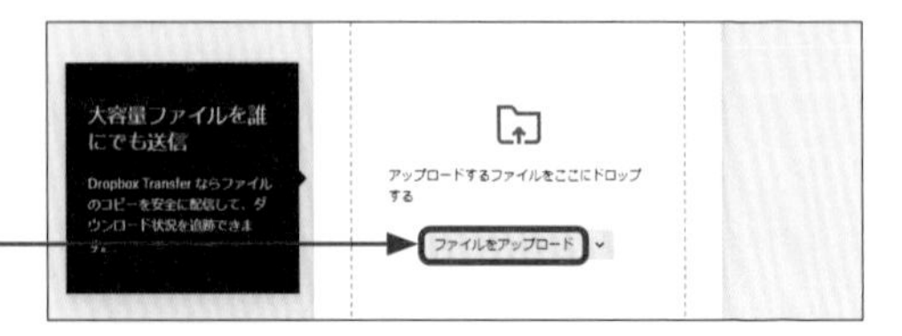

Memo 大容量ファイルを受け取る

「Transfer」を利用してファイルを送信した場合、送信した相手にはメールが届きます。メールを表示し、［ファイルをダウンロード］をクリックすると、パソコンにファイルがダウンロードされます。

④ 送信したいファイルをクリックして選択し、[開く]をクリックします。

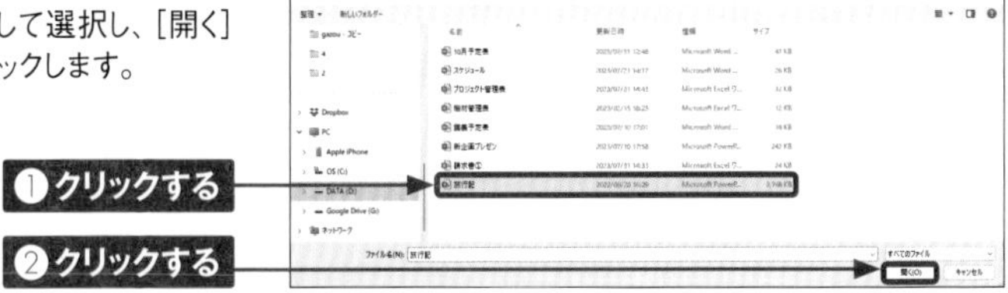

⑤ [転送を作成] をクリックします。

⑥ ファイルの送信準備が完了します。[メールを送信] をクリックします。

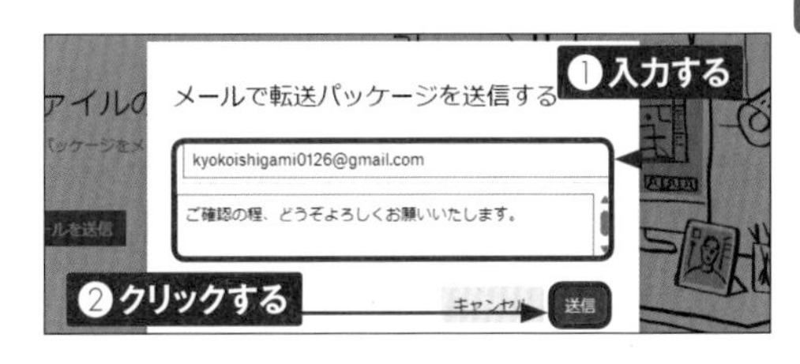

⑦ 送信する相手のメールアドレスまたは名前を入力し、必要であればメッセージを入力して、[送信] をクリックします。

Memo 受信したファイルをDropboxに保存する

受信したファイルを自分のDropboxに保存したい場合は、メールを表示して、[ファイルをダウンロード] をクリックしたあとに表示される画面で [Dropboxに保存] をクリックし、ファイルを選択して [選択] をクリックします。なお、Dropboxにログインしていない場合は [ファイルをダウンロード]のあとに表示される画面でログインするか、[登録する] をクリックしてアカウントを作成します。

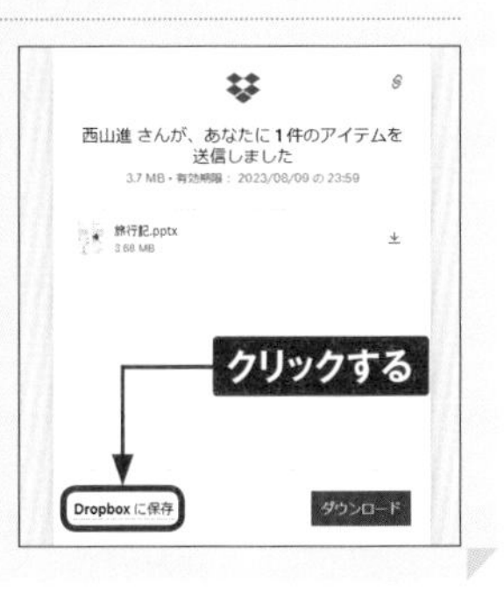

第7章 Dropboxを活用する

Section 121

削除したファイルを復元する

Dropboxにはバックアップ機能が備わっているため、誤って削除してしまったファイルやフォルダを、あとから復元することができます。復元は、Webブラウザ版Dropboxから行います。

削除したファイルを復元する

① Sec.99を参考にDropboxを表示し、［削除したファイル］をクリックします。

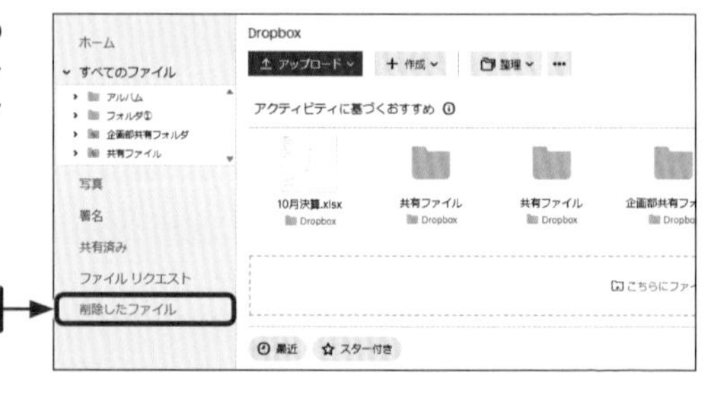

② 復元したいファイルにマウスカーソルを合わせ、□をクリックしてチェックを付け、［復元］をクリックします。

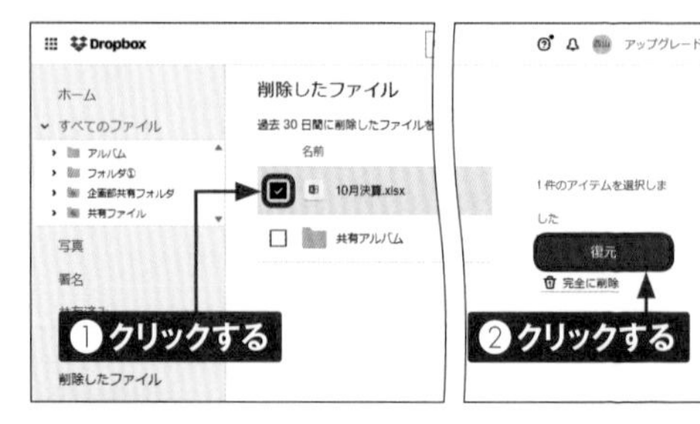

③ ［復元］をクリックすると、ファイルが復元されます。

Section 122

GmailにDropboxのファイルのリンクを添付する

Dropboxではファイルのリンクを共有する際に、Googleが提供するメールサービス「Gmail」を利用することもできます。Gmailを開く必要がなく、手軽にリンクを添付することができ、メールの件名や本文の編集も可能です。

GmailにDropboxのファイルのリンクを添付する

① Sec.99を参考にDropboxの「すべてのファイル」画面を表示し、送信したいファイルにマウスカーソルを合わせ、□→⌄の順にクリックします。

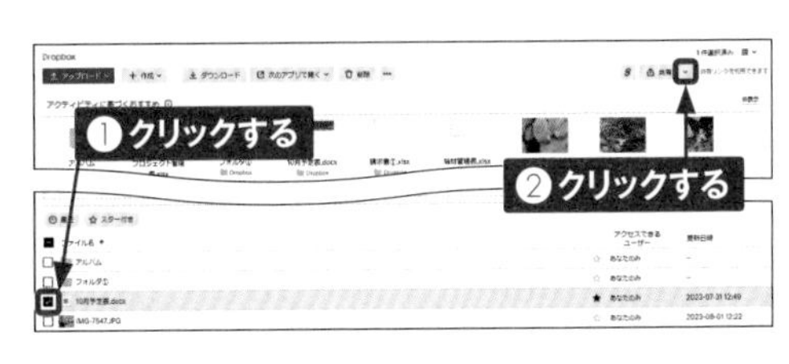

② ［アプリをリンク］をクリックします。

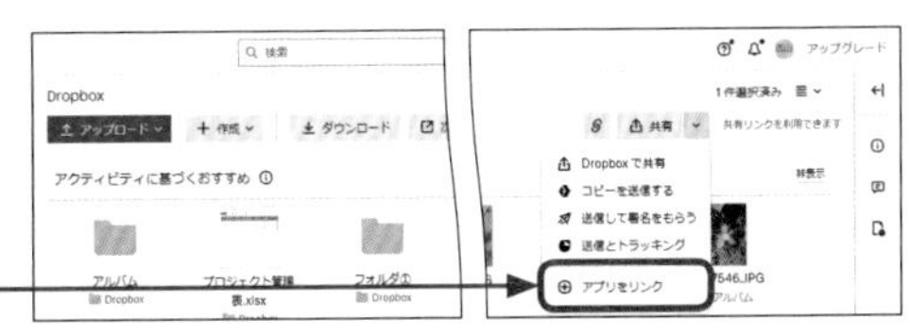

③ 「Gmail」の［リンクする］をクリックします。

④ 宛名に送信したい相手のメールアドレスを入力し、必要であれば件名や本文を入力して、［送信］をクリックします。

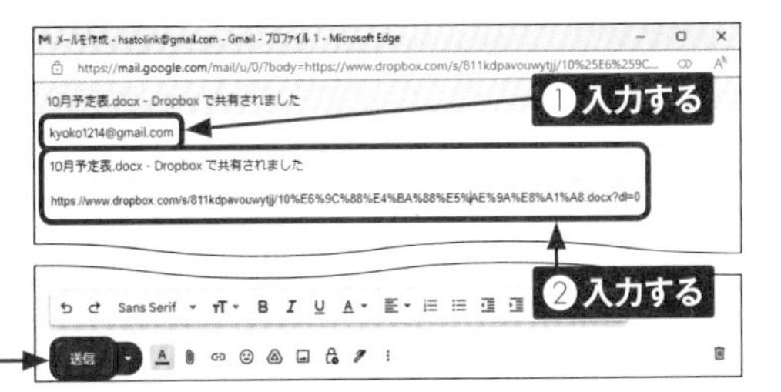

Section 123

アプリのリンクを解除する

「Gmail」や「Zoom」などのアプリとDropboxをリンクすることで、さまざまな拡張機能を利用することができますが、機能を利用しない場合はいつでもリンクを解除することが可能です。

アプリのリンクを解除する

① Sec.99を参考にDropboxを表示し、自分のアカウントアイコン→［設定］の順にクリックします。

② ［アプリ］→リンクを解除したいアプリ（ここでは［Gmail］）の順にクリックします。

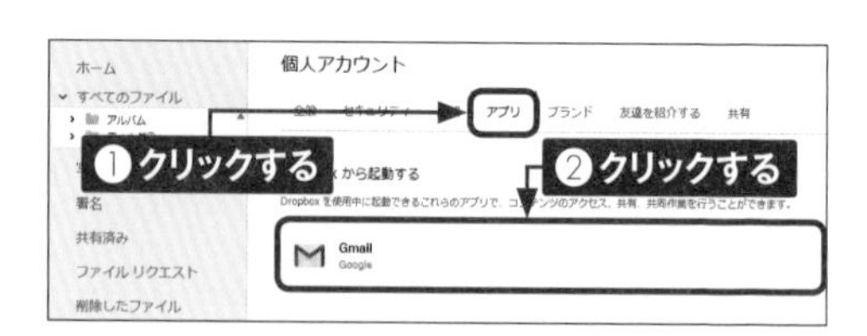

③ ［リンクを解除］をクリックします。

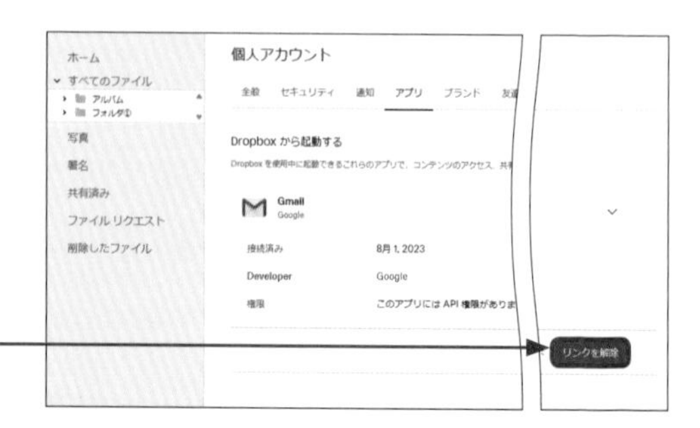

④ ［リンクを解除］をクリックすると、リンクが解除されます。

Section 124 ファイルをオンラインのみに保存する

Dropboxの有料プランにアップグレードすると、ファイルを「オンラインのみ」または「オフラインアクセス可」に設定することができます。オンラインのみの場合、使用しているデバイスのストレージ容量を消費せず、節約することができます。

ファイルをオンラインのみに保存する

① デスクトップ画面下部のをクリックします。

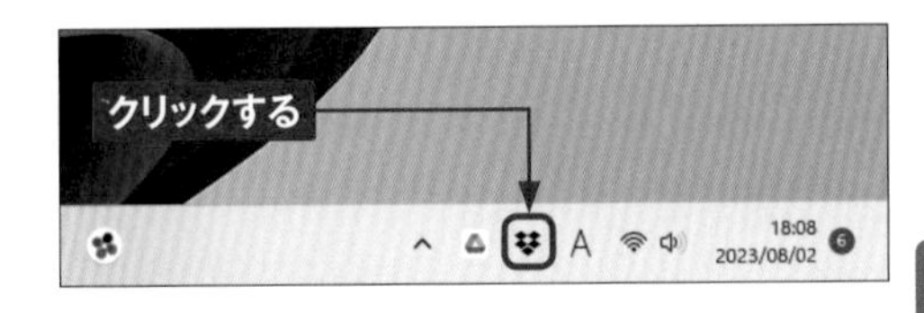

② 自分のアカウントアイコン→［基本設定］の順にクリックします。

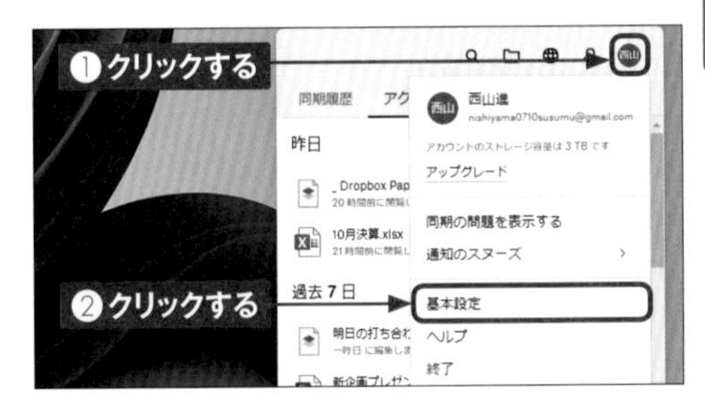

③ ［同期］をクリックし、「新しいファイルのデフォルト設定：」を［オンラインのみ］に変更したら、［OK］をクリックします。

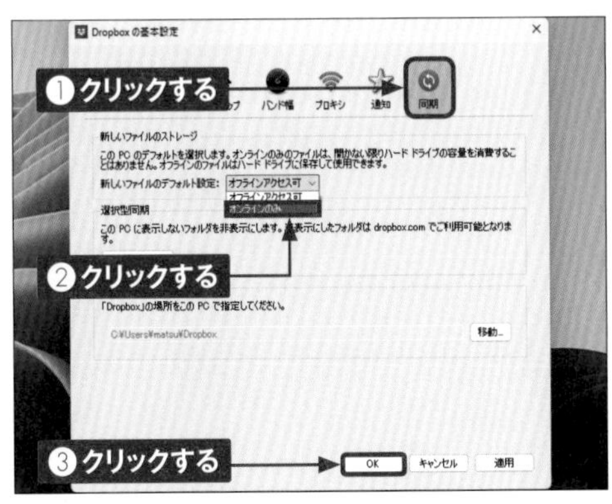

Section 125

オフラインでもファイルにアクセスできるようにする

有料プランでは、Dropbox内のファイルをパソコンやスマートフォン本体にも保存することで、インターネットに接続していない状態でも利用できるようになるオフライン設定が利用可能です。

パソコンからオフライン設定をする

① デスクトップ画面下部の をクリックします。

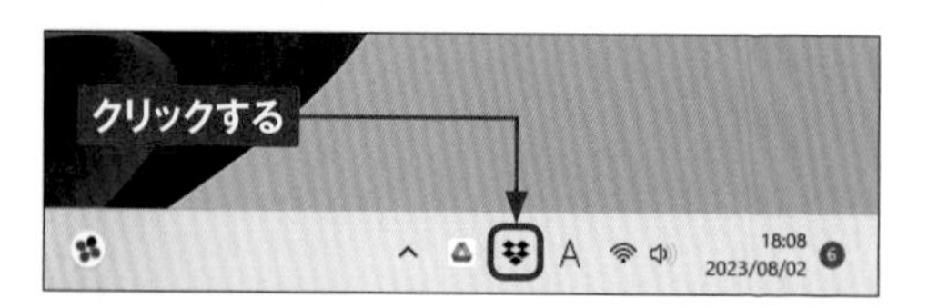

② 自分のアカウントアイコン→［基本設定］の順にクリックします。

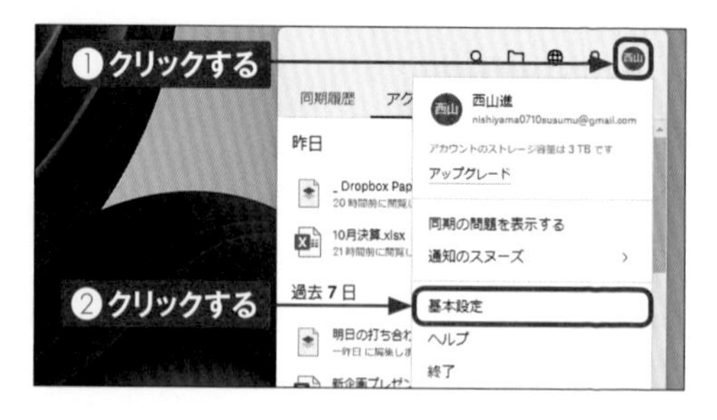

③ ［同期］をクリックし「新しいファイルのデフォルト設定：」を［オフラインアクセス可］に変更したら、［OK］をクリックします。

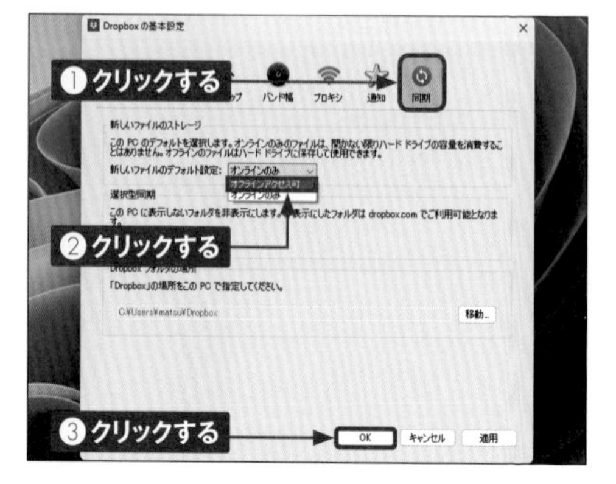

スマートフォンからオフライン設定をする

●Androidスマートフォン

① 「Dropbox」アプリを起動して、オフラインでも使えるようにしたいファイルの ⋮ をタップします。

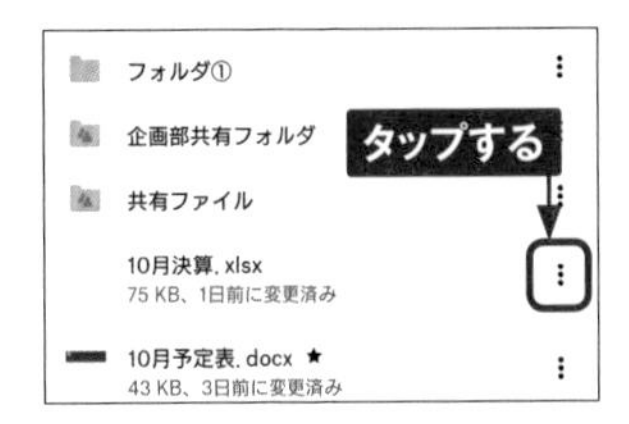

② 表示されるメニューの「オフラインアクセスを許可」の をタップして有効にすると、手順①の画面に戻り、オフラインアクセスがオンになります。

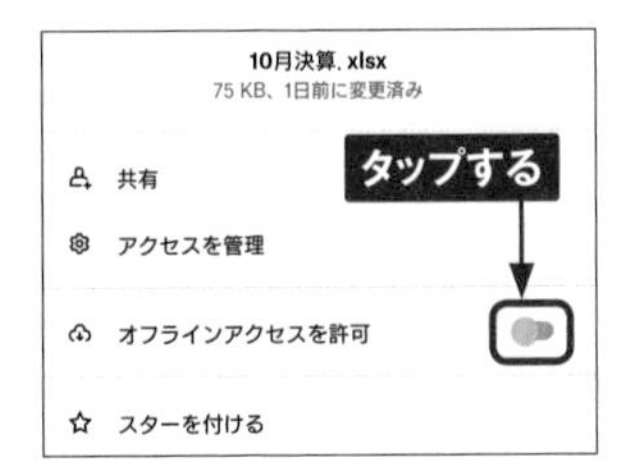

Memo オフラインアクセスができるファイルを確認する

画面右下の［アカウント］をタップし、［オフライン］をタップすると、現在オフラインでも使用可能なファイルが一覧で確認できます。

●iPhone

① 「Dropbox」アプリを起動して、オフラインでも使えるようにしたいファイルの…をタップします。

② 表示されるメニューの「オフラインアクセスを許可」の をタップして有効にすると、手順①の画面に戻り、オフラインアクセスがオンになります。

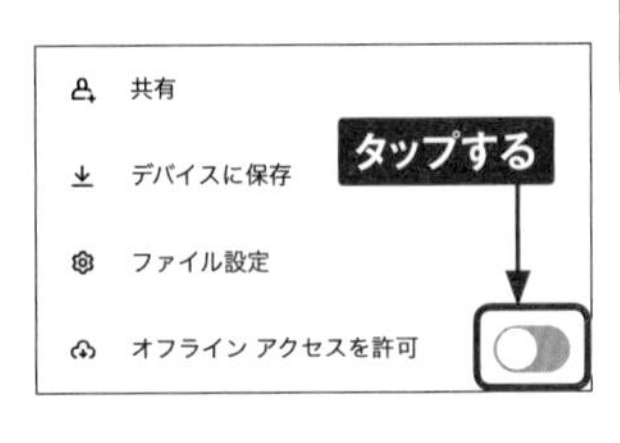

Memo オフラインアクセスができるファイルを確認する

画面右下の［アカウント］をタップし、［オフラインファイルを管理］をタップすると、現在オフラインでも使用可能なファイルが一覧で確認できます。

Section 126

パソコンのファイルをDropboxに移動する

パソコン上のファイルを、デスクトップアプリ版の「Dropbox」フォルダに移動することで、Dropbox内にファイルを保存することができます。ドラッグ&ドロップするだけで保存できるため、かんたんに行えます。

パソコンのファイルをDropboxに移動する

1. デスクトップ画面下部の をクリックします。

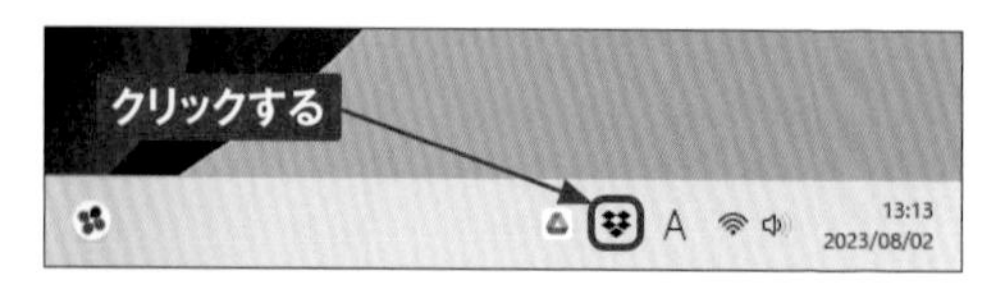

2. をクリックします。

3. 「Dropbox」フォルダが表示されます。

4. Dropboxに移動したいファイルをドラッグ&ドロップすると、ファイルがDropboxに保存されます。

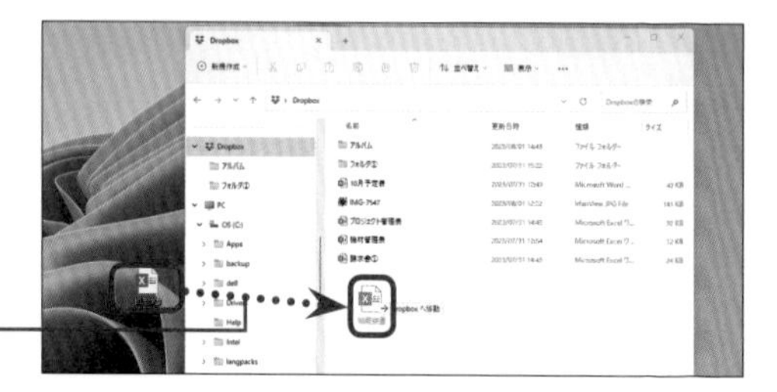

Dropboxのファイルをパソコンにコピーする

1 P.222手順③の画面で、パソコンにコピーしたいファイルを右クリックします。

右クリックする

2 をクリックします。

クリックする

3 デスクトップの何もないところを右クリックし、をクリックします。

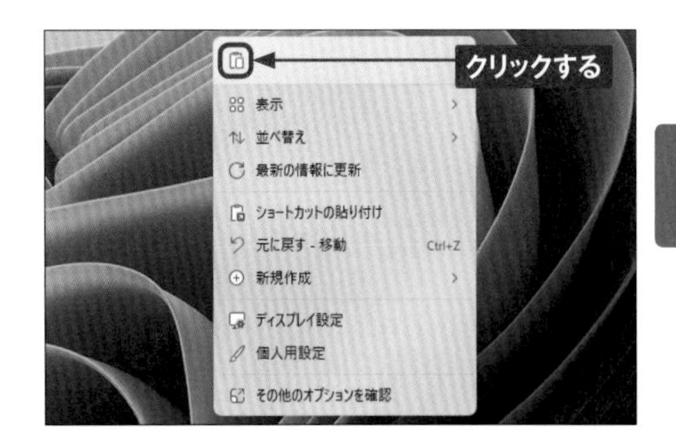

4 Dropbox内のファイルがパソコンにコピーされます。

コピーされる

Memo ドラッグ&ドロップする場合

手順①の画面で、パソコンに移動したいファイルをドラッグ&ドロップしてしまうと、Dropboxからファイルが削除され、利用できなくなるため、注意が必要です。

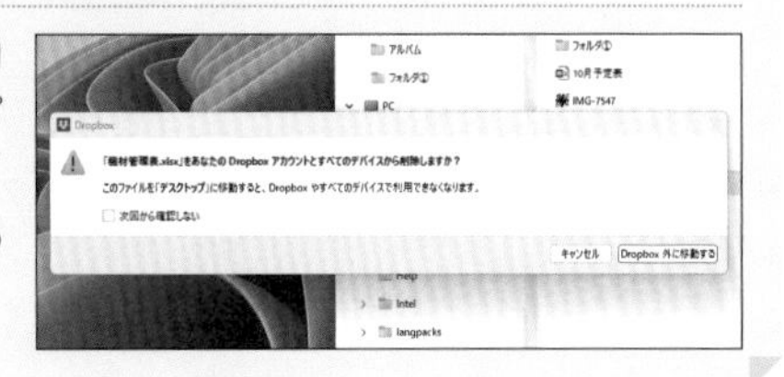

Section 127
共有フォルダを利用する

ファイルやフォルダは、ほかのDropboxユーザーと共有することができます。共有の際は、共有ファイルを含む共有用のフォルダを新規作成するか、既存のファイルやフォルダに共有設定をします。

共有フォルダを新規作成する

1 Sec.99を参考にDropboxの「すべてのファイル」画面を表示し、[共有済み]をクリックします。

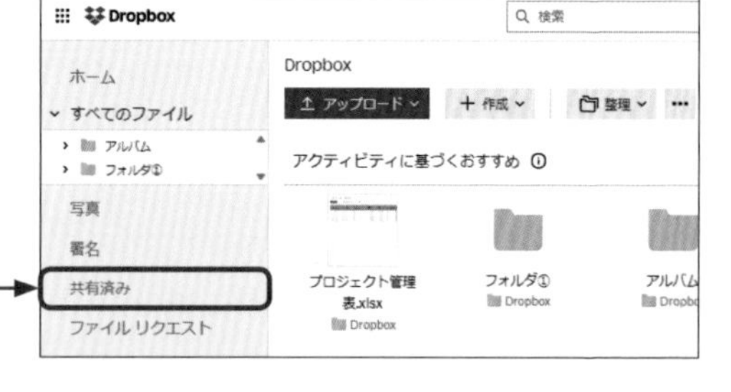

2 [共有フォルダを作成]をクリックします。

3 [新規フォルダを作成し共有する]をクリックしてチェックを付け、[次へ]をクリックします。

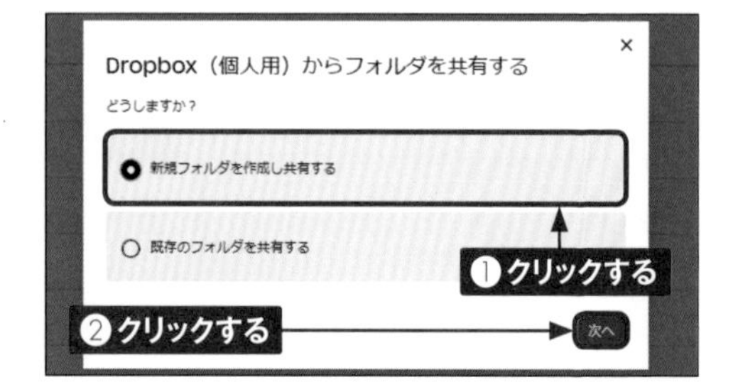

4 フォルダ名を入力し、共有相手のメールアドレスまたは名前を入力して、必要であればメッセージを入力します。[共有]をクリックします。

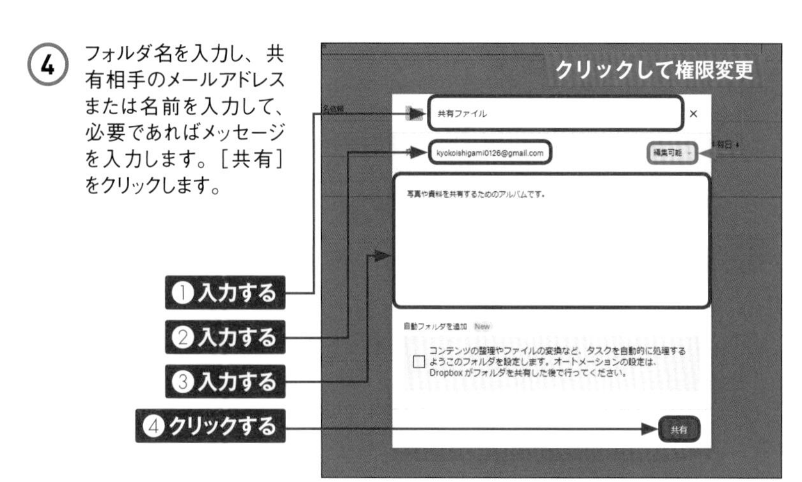

5 共有が開始されます。

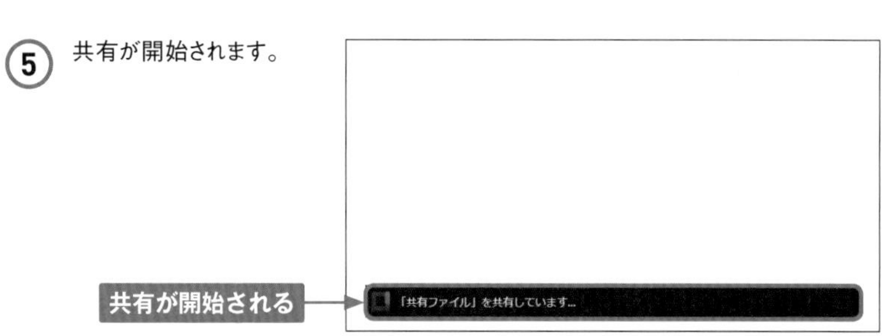

6 共有が完了し、フォルダが表示されます。

第7章 Dropboxを活用する

Memo 共有フォルダ利用時の注意点

共有フォルダ内のファイルをエクスプローラーで自分のパソコンのフォルダに「移動」すると、そのファイルはDropboxのクラウドストレージからなくなってしまいます。共有されたファイルは移動せずに作業を行うか、自分のパソコンのフォルダに「コピー」して作業を行いましょう。

既存のフォルダを共有する

① P.224手順②の画面で、[共有フォルダを作成]をクリックします。

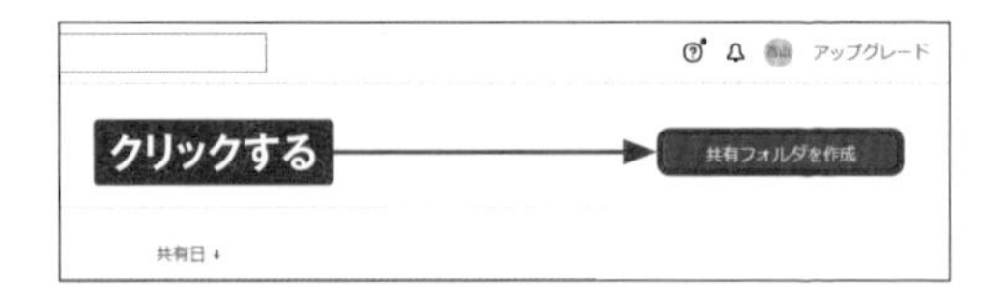

② [既存のフォルダを共有する]をクリックしてチェックを付け、[次へ]をクリックします。

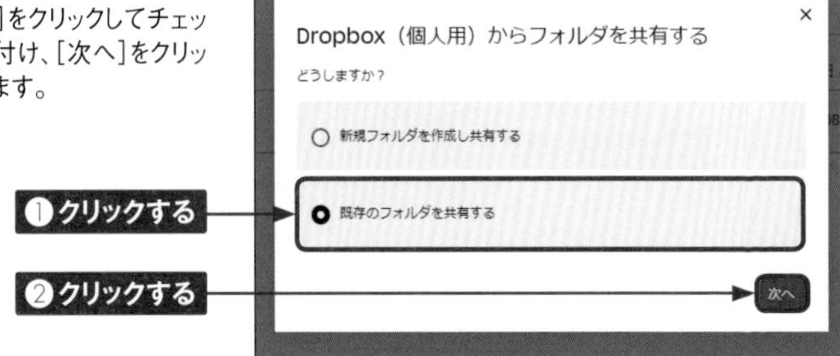

③ 共有したいフォルダをクリックして選択し、[次へ]をクリックします。

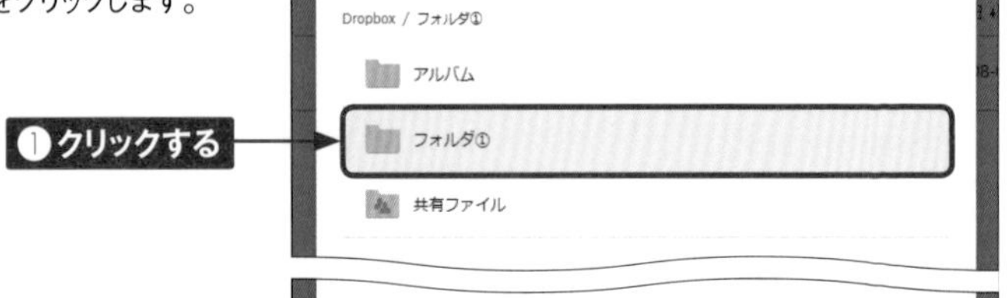

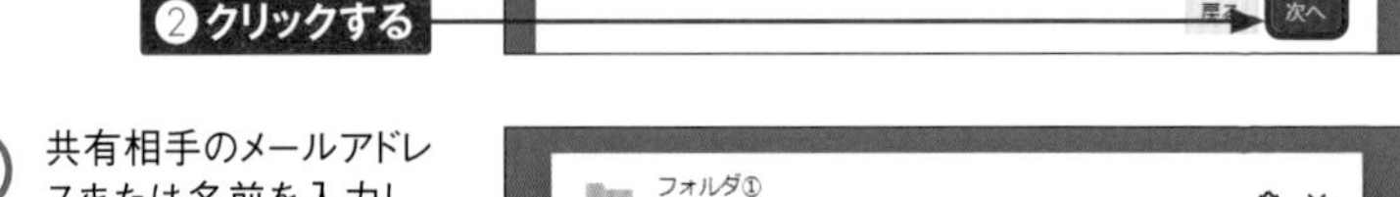

④ 共有相手のメールアドレスまたは名前を入力し、必要であればメモを入力して、[フォルダを共有]をクリックします。

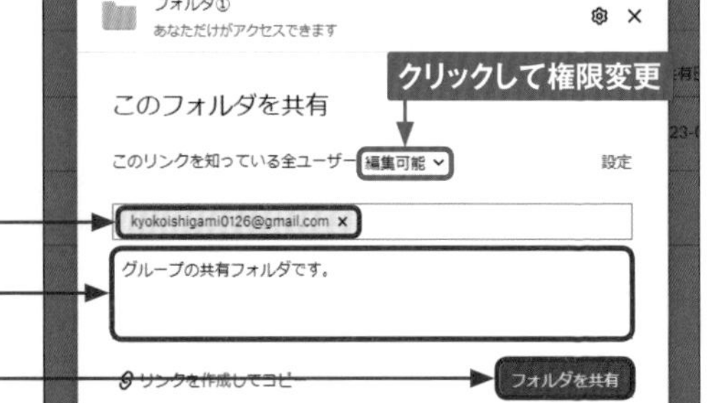

ファイル操作
共有
便利機能
設定とアカウント

共有フォルダへの招待を承認する

① Businessプラン以外のユーザーは、共有されたフォルダを手動で自分のDropboxアカウントに追加する必要があります。フォルダを共有されると、共有の通知がきて、🔔が🔔•の表示に変わります。🔔•をクリックします。

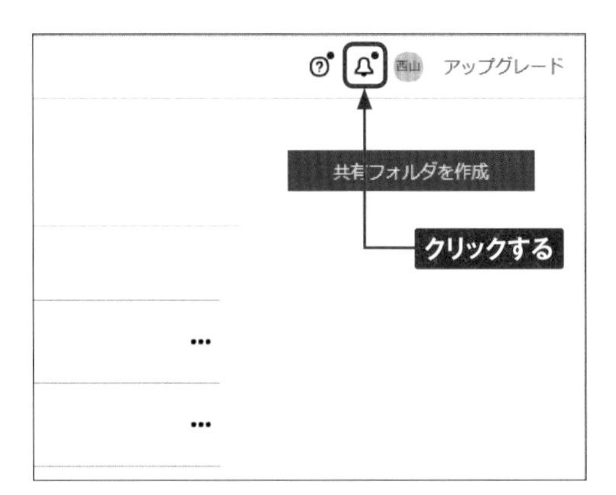

② 共有フォルダに招待されている通知の［フォルダに参加］をクリックします。

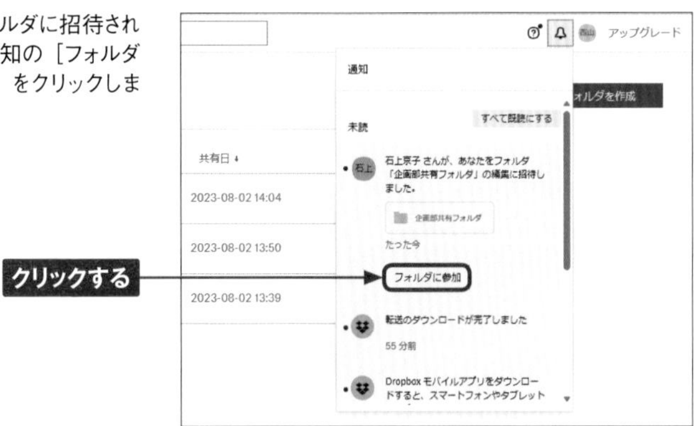

③ 共有が完了すると、フォルダが表示されます。

第7章 Dropboxを活用する

「すべてのファイル」画面からファイルやフォルダを共有する

1. Sec.99を参考にDropboxの「すべてのファイル」画面を表示し、共有したいファイルにマウスカーソルを合わせ、□→［共有］の順にクリックします。

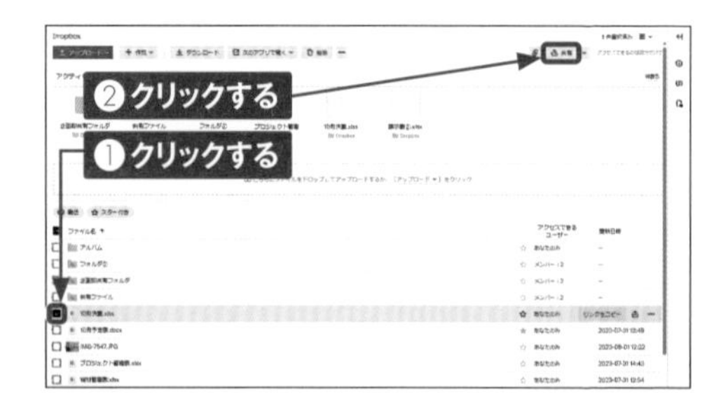

2. 共有したい相手のメールアドレスを入力し、Enterキーを押します。

3. 必要であればメモを入力し、［ファイルを共有］をクリックします。

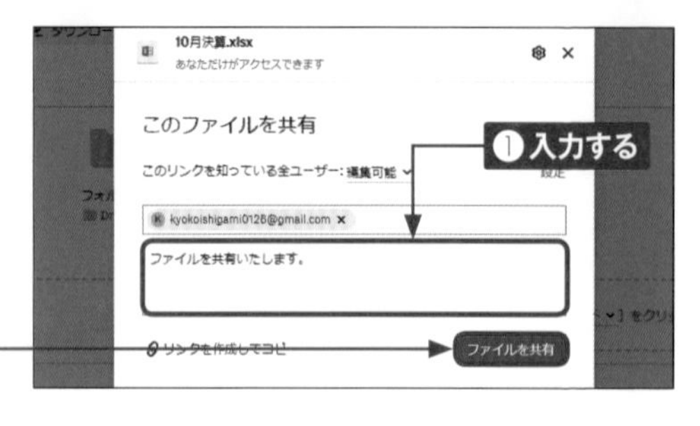

4. ファイルが共有されます。

共有したユーザーを確認する

1. Sec.99を参考にDropboxの「すべてのファイル」画面を表示し、共有済みのファイルにマウスカーソルを合わせ、□→［共有］の順にクリックします。

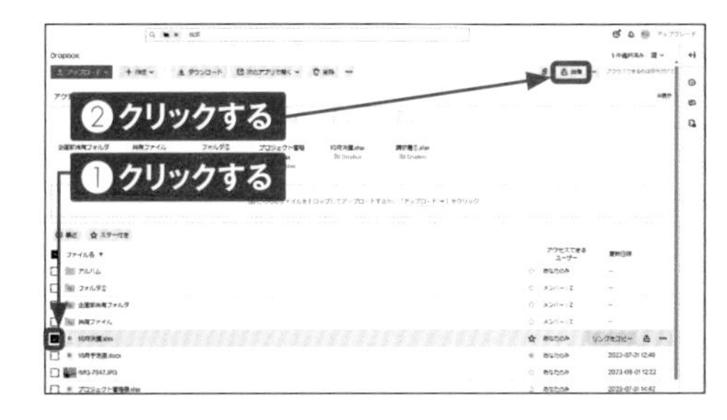

2. ［アクセスできるユーザー］をクリックします。

3. 共有しているユーザーが一覧表示されます。

Memo リンクを知っているユーザーの権限を変更する

Officeファイルやフォルダを共有する際、P.228手順②の画面で、「このリンクを知っている全ユーザー」の権限（ここでは［編集可能］）をクリックすると、リンクを知っているユーザーの権限を変更することができます。権限は、「閲覧可能」か「編集可能」から選択が可能です。

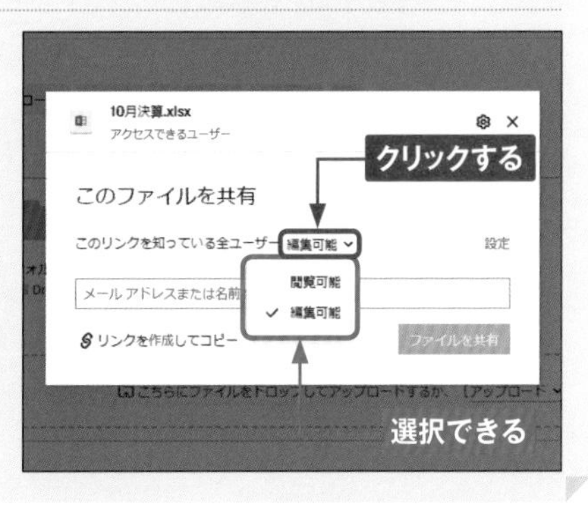

Section 128

Dropboxユーザー以外の人と一緒に利用する

共有したい相手がDropboxのアカウントを作成していない場合でも、共有リンクのURLを送信することで共有（閲覧のみ）することができます。ここでは、Webブラウザ版のDropboxでファイルをリンク共有する方法を紹介します。

ファイルやフォルダをリンク共有する

① Sec.99を参考にDropboxの「すべてのファイル」画面を表示し、共有したいファイルにマウスカーソルを合わせ、□→［共有］の順にクリックします。

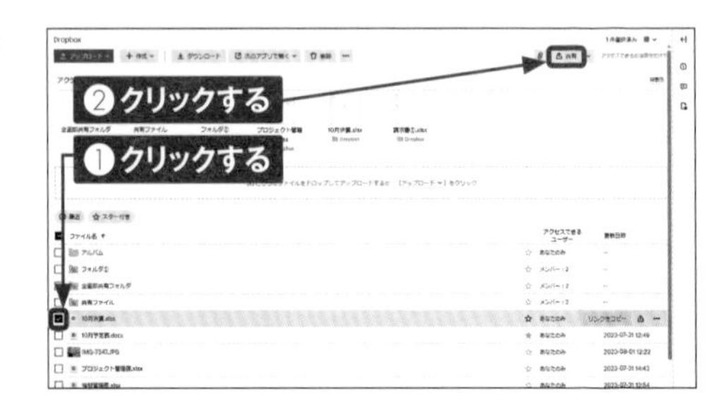

② 初めてリンクを作成する場合は、［作成］をクリックします。［リンクをコピー］をクリックします。

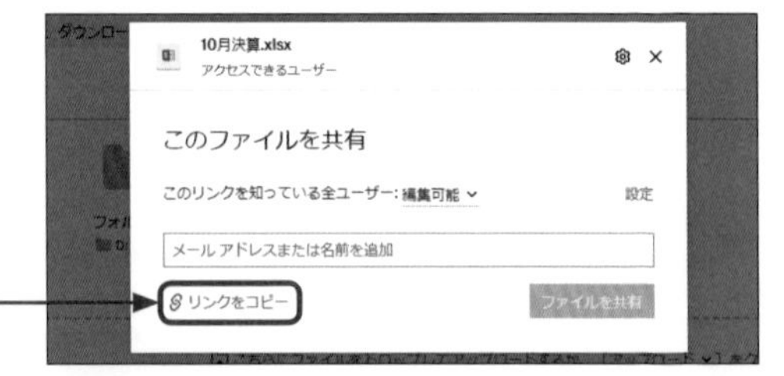

③ リンクがコピーされます。リンクを共有したい相手に送信することで、ファイルやフォルダを共有することができます。

共有されたリンクを閲覧する

① Webブラウザで検索バーに、共有されたリンクを入力し、Enter キーを押します。

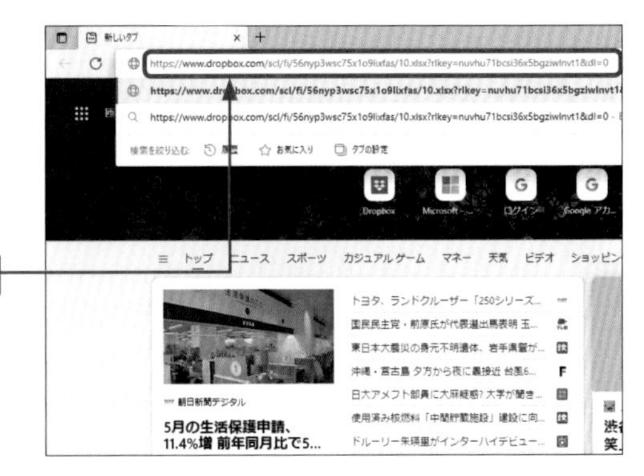

② 共有されたリンクのファイルが表示されます。

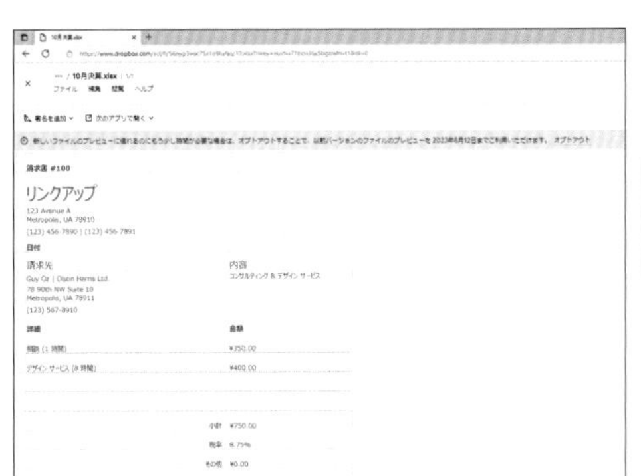

Memo 共有リンクにパスワードを設定する

Dropboxの有料プラン「Business」に加入している場合、共有リンクにパスワードを設定することができます。P.230手順②の画面で⚙→［編集用リンク］の順にクリックします。「パスワード」の［オフ］をクリックして、任意のパスワードを入力します。［保存］をクリックすると、パスワードが設定されます。

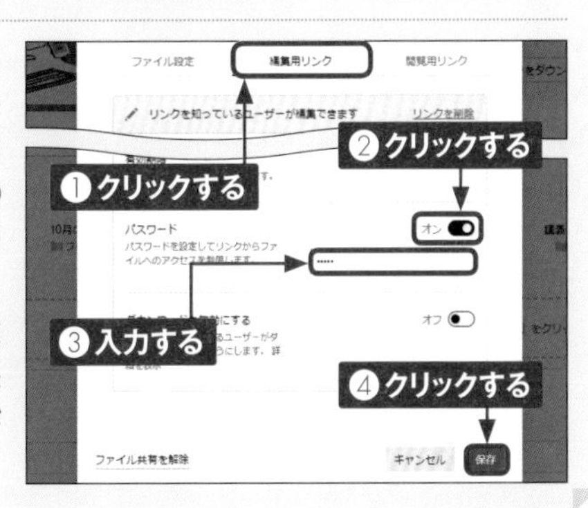

第7章 Dropboxを活用する

Section 129

共有ファイルの権限を変更する

Dropboxでは、共有フォルダ内のユーザーにファイルの読み取りのみを許可して、ファイルの追加や編集をできないように設定することができます。なお、設定はあとからでも変更できます。

共有ファイルの権限を変更する

① Sec.99を参考にDropboxの「すべてのファイル」画面を表示し、権限を変更したいフォルダにマウスカーソルを合わせ、□→［共有］の順にクリックします。

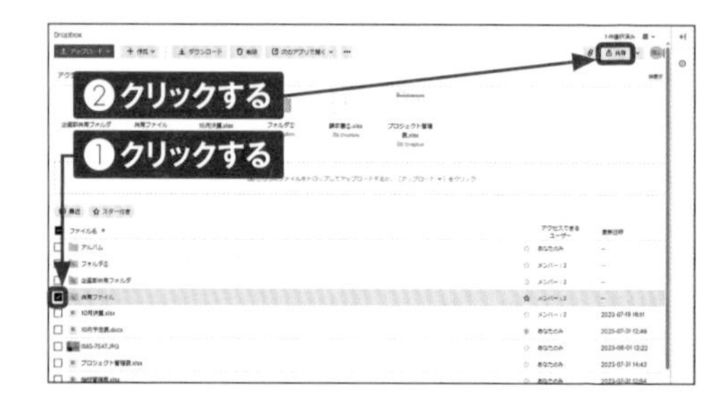

② ［アクセスできるユーザー］をクリックします。

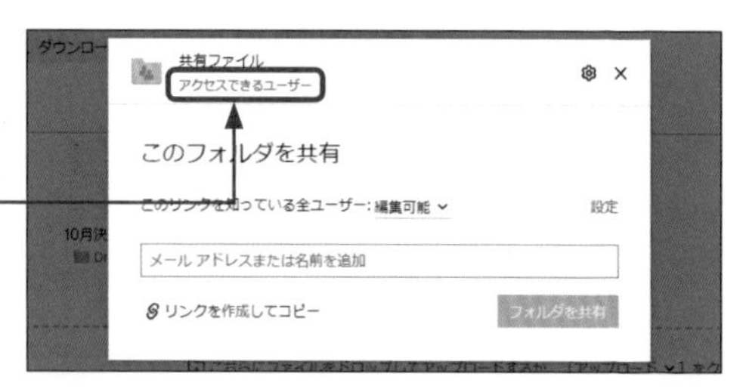

③ 読み取り専用にしたいユーザーの権限（ここでは［編集可能］）をクリックします。

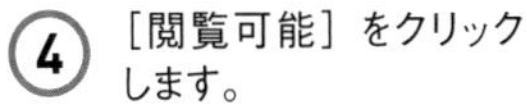

4 ［閲覧可能］をクリックします。

5 権限が変更されます。×をクリックして画面を閉じます。

6 読み取り専用に設定したユーザーはファイルの読み取りのみが可能で、編集ができなくなります。

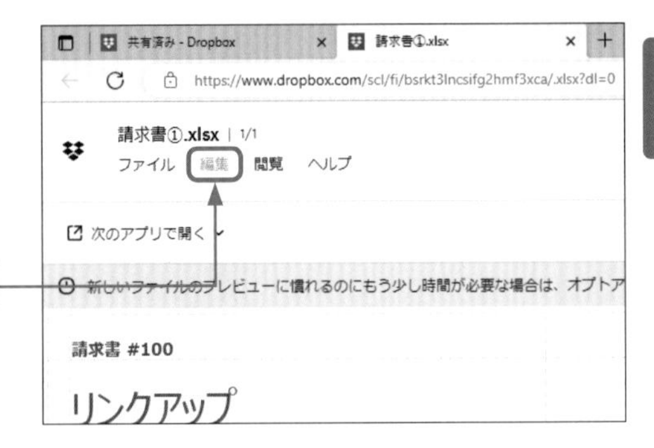

Memo 所有者を変更する

共有フォルダの所有者権限は作成したユーザーに与えられます。所有者を変更したい場合は、現在の所有者がP.232手順③の画面で所有者に設定したいユーザーの権限をクリックし、［所有者に指定する］をクリックします。

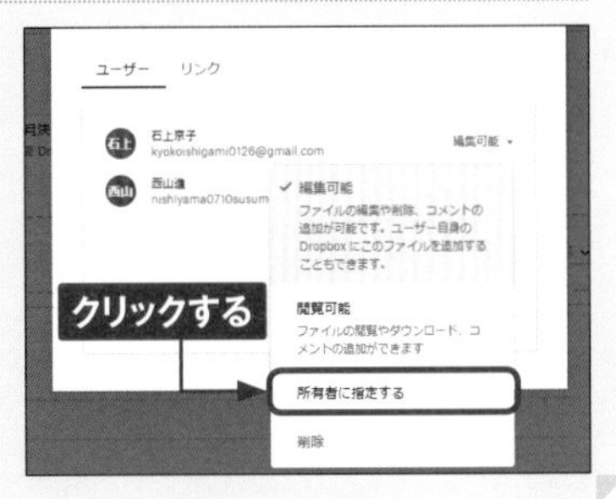

Section 130

利用できるユーザーを追加する／削除する

Dropboxの共有フォルダを利用すると、複数人で1つのフォルダを共有して利用したり、編集したりすることができます。共有したフォルダを利用できるユーザーは、いつでも追加したり削除したりすることが可能です。

利用できるユーザーを追加する

1 Sec.99を参考にDropboxの「すべてのファイル」画面を表示し、利用できるユーザーを追加したいフォルダにマウスカーソルを合わせ、□→［共有］の順にクリックします。

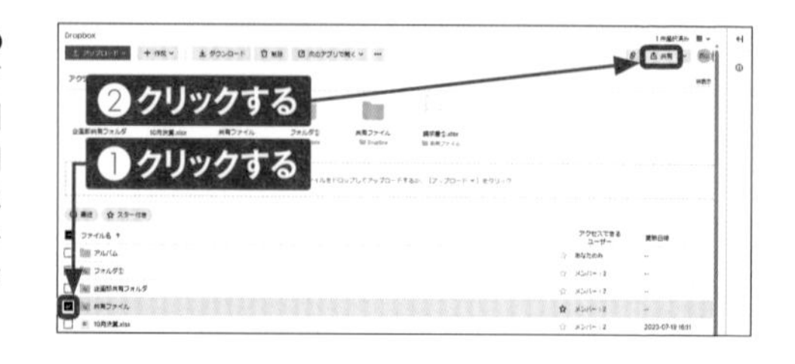

2 追加したい相手のメールアドレスまたは名前を入力し、必要であればメモを入力して、［フォルダを共有］をクリックします。

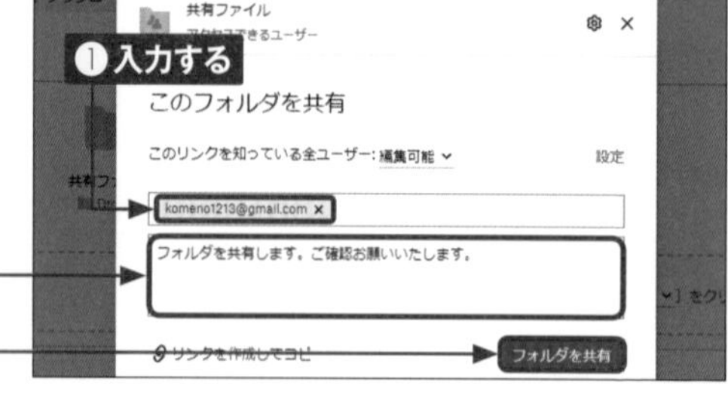

3 手順②で入力したユーザーと共有されます。

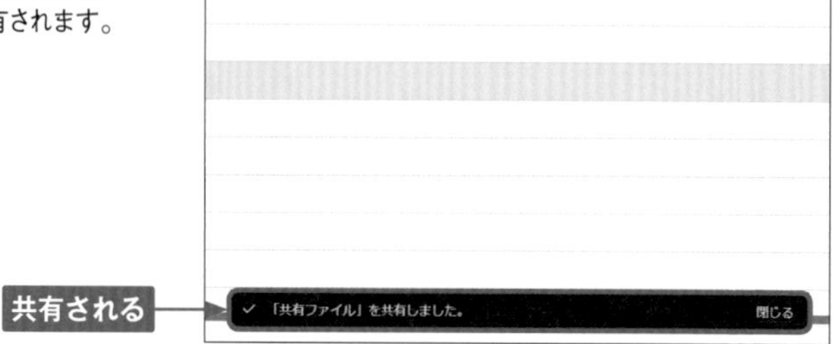

利用できるユーザーを削除する

1 Sec.99を参考にDropboxの「すべてのファイル」画面を表示し、利用できるユーザーを削除したいフォルダにマウスカーソルを合わせ、□→［共有］の順にクリックします。

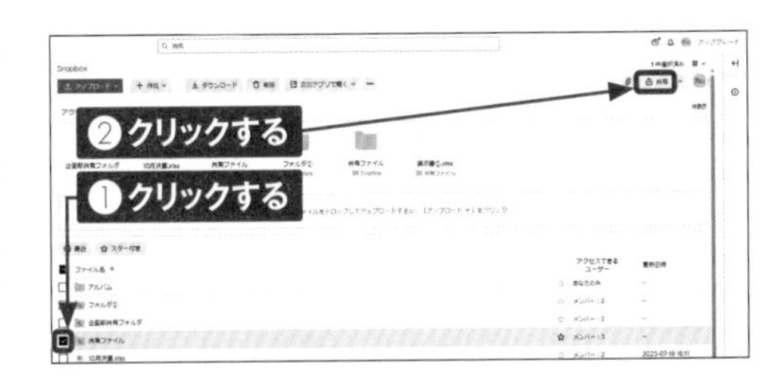

2 ［アクセスできるユーザー］をクリックします。

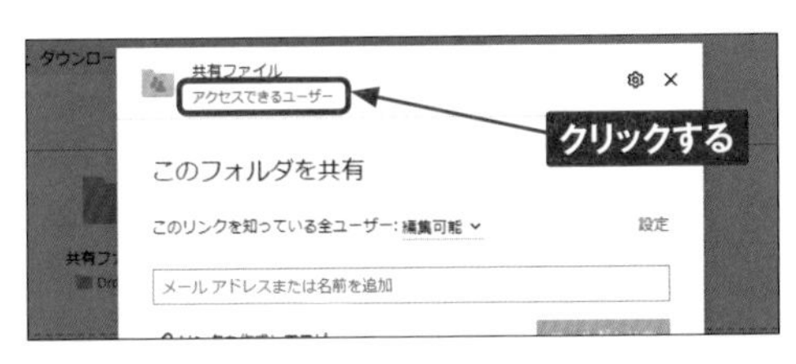

3 削除したいユーザーの権限（ここでは［編集可能］）をクリックします。

4 ［削除］をクリックします。

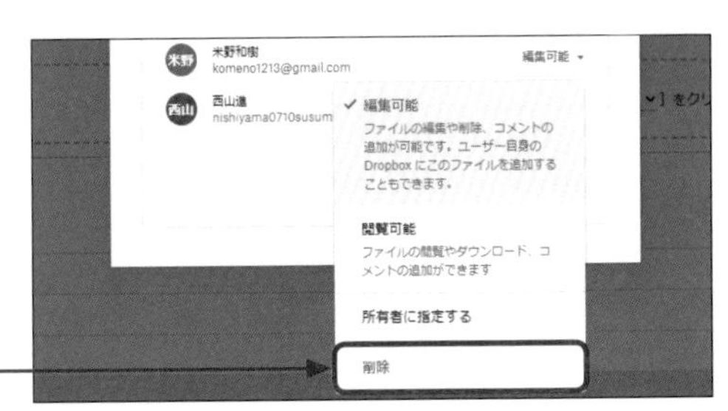

5 ［削除］をクリックします。削除されたユーザーは、以降フォルダ内での変更があった場合、閲覧することができなくなります。

米野和樹 さんを削除しますか？

削除すると、米野和樹 さんは今後この共有フォルダに対する変更を閲覧できなくなります。

□米野和樹 さんがこの共有フォルダのコピーを保管することを許可する

キャンセル　削除

クリックする

Section 131

共有フォルダの作業状況を確認する

Dropbox内のファイルやフォルダの作業状況を確認することができます。複数で利用する共有フォルダの状況を確認するときに便利です。ここでは、Webブラウザ版Dropboxでの確認方法を紹介します。

Dropbox内の作業状況を確認する

1 Sec.99を参考にDropboxを表示し、［ホーム］をクリックします。

2 Dropbox内のすべての変更状況が表示されます。

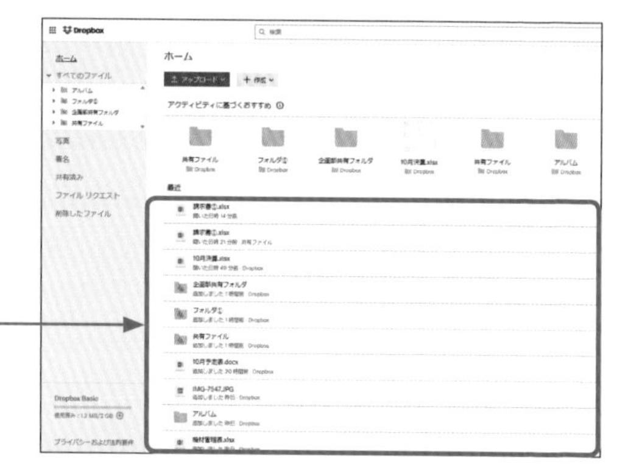

特定のフォルダの作業状況を確認する

1 Sec.99を参考にDropboxの「すべてのファイル」画面を表示し、作業状況を確認したいフォルダにマウスカーソルを合わせ、□→…の順にクリックします。

2 ［イベント］をクリックします。

3 選択したフォルダの作業状況が確認できます。

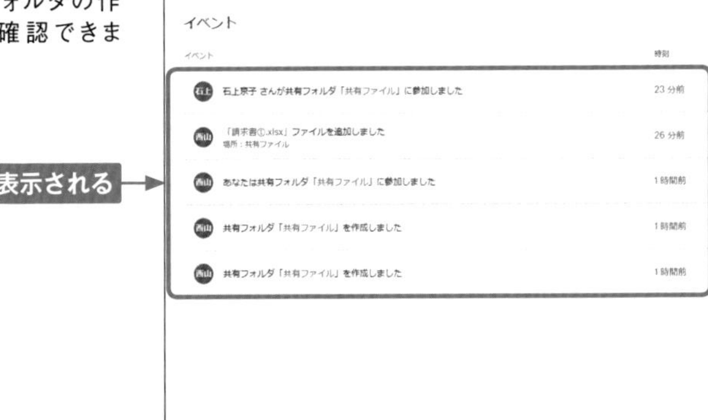

Section 132

ファイルやフォルダの共有を解除する

ファイルやフォルダの共有が必要ではなくなったら、解除することができます。共有の解除は共有フォルダの設定画面から行います。共有を解除すると、共有されていたすべてのユーザーがフォルダから削除されます。

ファイルやフォルダの共有を解除する

① Sec.99を参考にDropboxの「すべてのファイル」画面を表示し、共有を解除したいファイルやフォルダにマウスカーソルを合わせ、□→［共有］の順にクリックします。

② ⚙をクリックします。

3 ［フォルダ共有を解除］をクリックします。

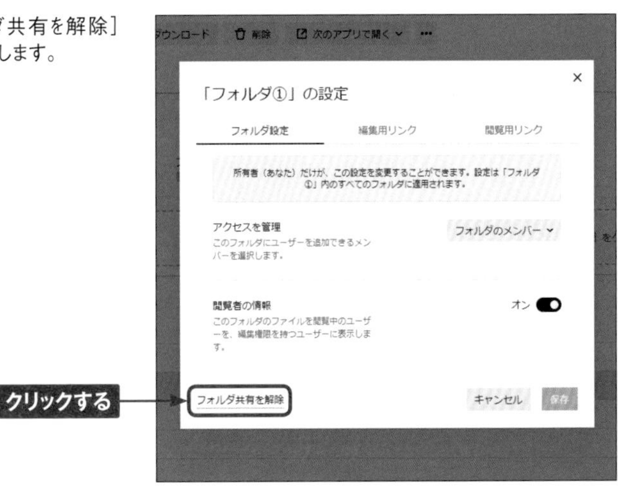

4 ［共有を解除］をクリックします。共有相手に共有していたファイルやフォルダのコピーを残したい場合は、［削除された～］をクリックしてチェックを付けます。

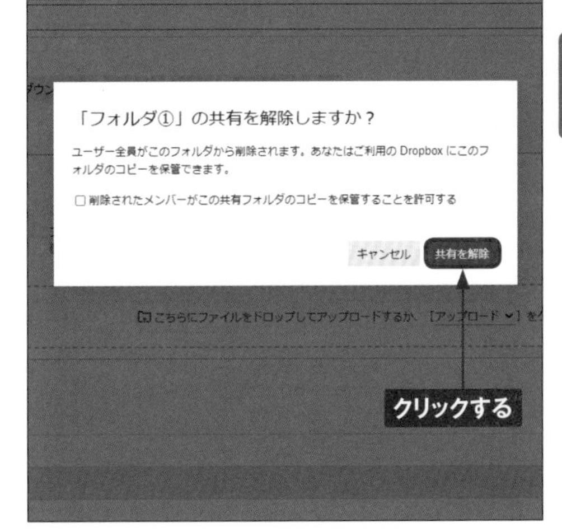

5 共有が解除されます。手順④で［削除された～］をチェックしていない場合、相手のDropbox内から共有していたファイルやフォルダは削除されます。

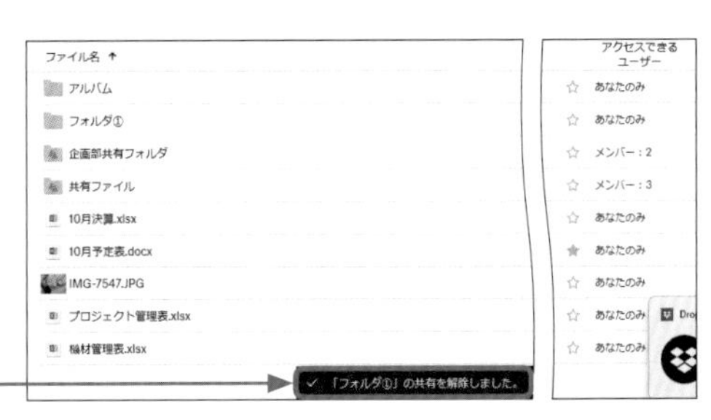

Section 133

ファイルにコメントを付けて相手に知らせる

Dropboxに保存したファイルは、共有相手に向けたコメントを付けて、コミュニケーションを取ることができます。ここでは、メンション機能を使って、ファイルにコメントを付ける方法を紹介します。

メンション機能を使ってコメントを付ける

① Sec.102を参考にコメントを付けたいファイルを表示し、［コメント］をクリックします。

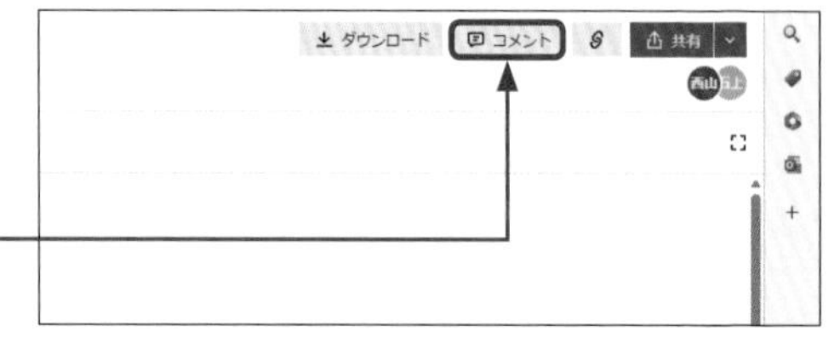

② ［コメントを追加］をクリックします。

クリックする

コメントを追加

③ @をクリックし、コメントする相手を選択してクリックします。

①クリックする

②クリックする

石上京子

米野和樹

④ コメントを入力して、［投稿］をクリックすると、手順③で選択した相手に向けて、コメントが投稿されます。

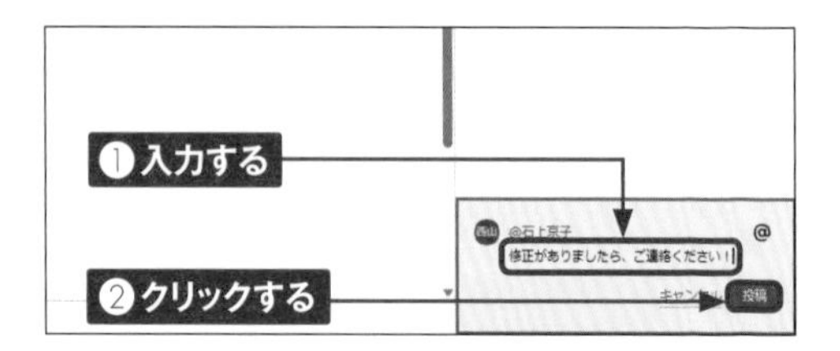

Section 134

Dropboxバッジで Office作業状況を確認する

共有フォルダ内のWord、Excel、PowerPointのファイルを各アプリで開くと、主に共有関連の操作をすることができる、Dropboxバッジと呼ばれるアイコンが表示されます。

Dropboxバッジで Office作業状況を確認する

1. Dropbox内のWord、Excel、PowerPointのファイルを各アプリで開きます。Dropboxバッジが表示されます。Dropboxバッジをクリックします。

2. メニューが表示されます。ここからファイルを共有したり、コメントを残したりすることができます。

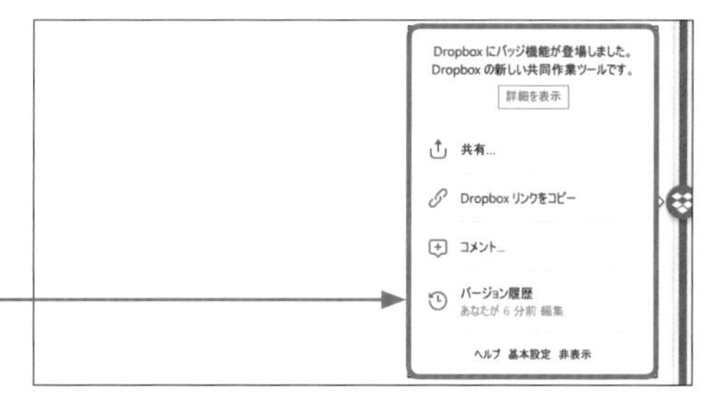

3. 自分以外のユーザーがファイルを更新すると、「他のユーザーが変更内容を保存しました。」と表示されます。［最新バージョンを見る］をクリックすると、ほかのユーザーが保存した内容に更新されます。

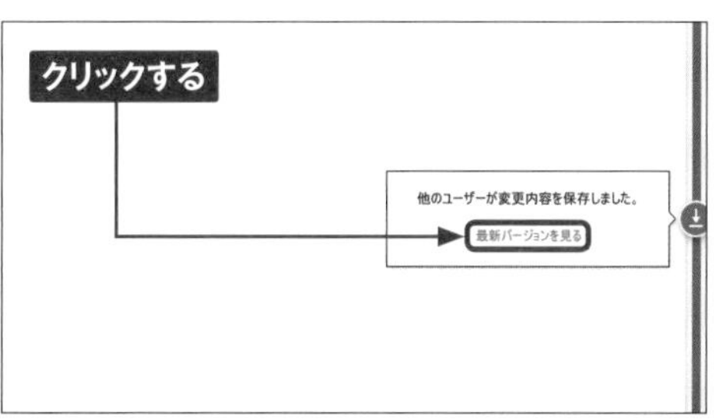

Section 135

共有フォルダの変更を通知する

デスクトップアプリ版のDropboxでは、ほかのユーザーからファイルを共有されたときや、共有フォルダ内のファイルが編集されたときに通知がくるよう設定できます。なお、これらの通知は標準でオンになっています。

共有フォルダの変更を通知する

① デスクトップで→自分のアカウントアイコン→［基本設定］の順にクリックします。

② ［通知］をクリックします。

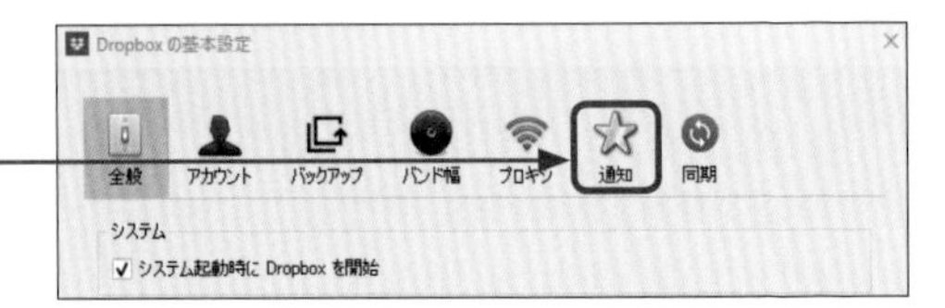

③ オンにしたい通知の□をクリックしてチェックを付け、［OK］をクリックすると通知の設定が変更されます。

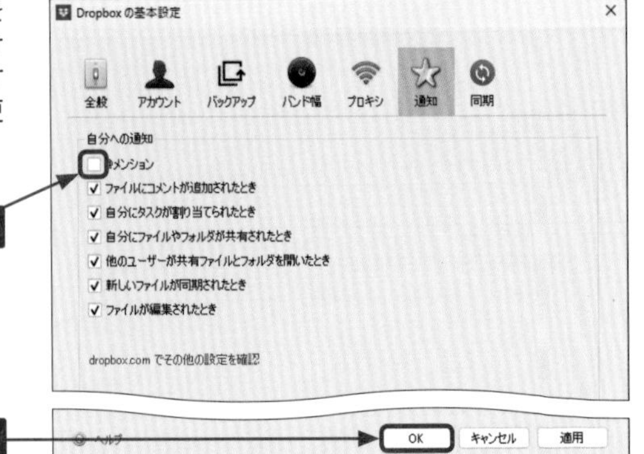

Section 136

スクリーンショットをDropboxに自動保存する

撮影したスクリーンショットは、Dropboxに自動的に保存されるよう設定することができます。なお、この機能を利用するには、デスクトップアプリ版のDropboxをインストールしている必要があります。

スクリーンショットをDropboxに自動保存する

1 Sec.99を参考にDropboxを表示し、画面左上の ⁝⁝⁝ →［Capture］の順にクリックします。

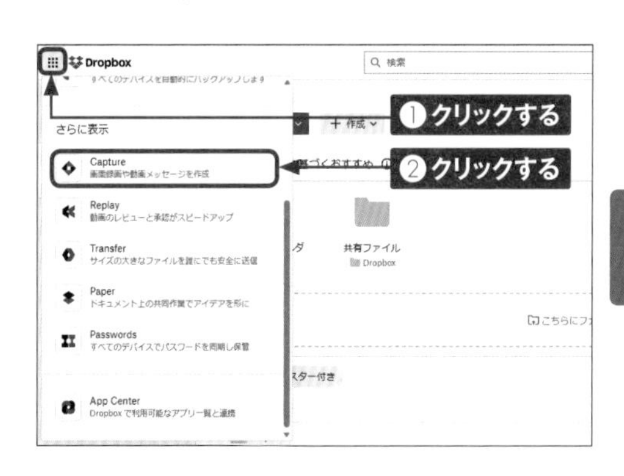

2 ［Windows版をダウンロード］をクリックし、画面の指示に従ってインストールします。

3 Dropboxの「Capture」フォルダが表示され、スクリーンショットが保存されていることを確認できます。

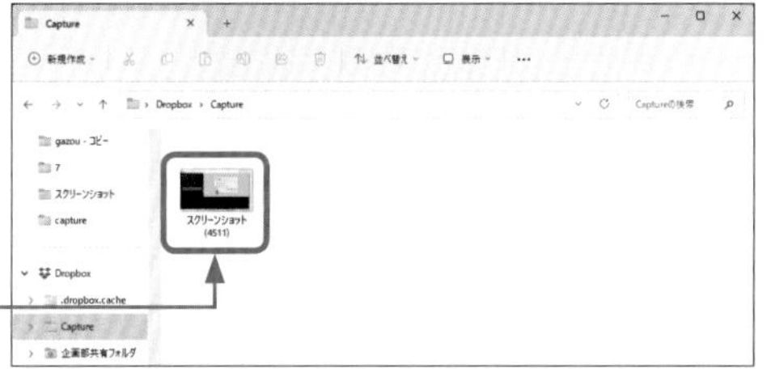

Section 137

スマートフォンで撮った写真を自動保存する

スマートフォン版Dropboxでは、撮影した写真を自動的にDropboxへ保存する「カメラアップロード」機能が利用できます。写真をDropboxに保存する手間が省けるので、バックアップとしての活用も可能です。

カメラアップロード機能で写真を自動保存する（Android）

① AndroidスマートフォンでP.206手順①～②を参考に「Dropbox」アプリのファイルを表示し、☰をタップします。

② ［設定］をタップします。

③ 画面を上方向にスワイプし、［カメラアップロード］をタップします。

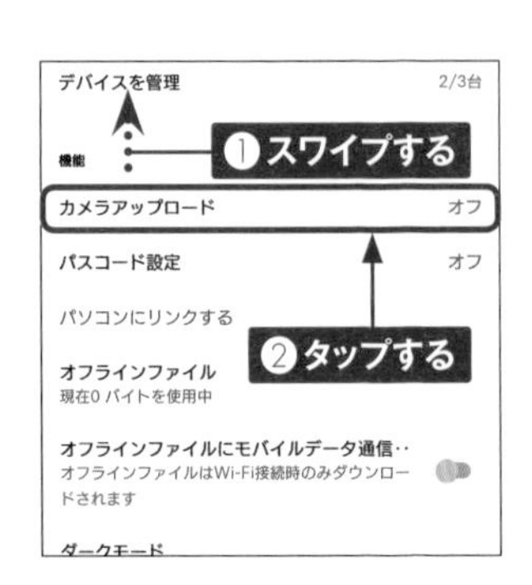

④ ［写真をバックアップ］をタップします。

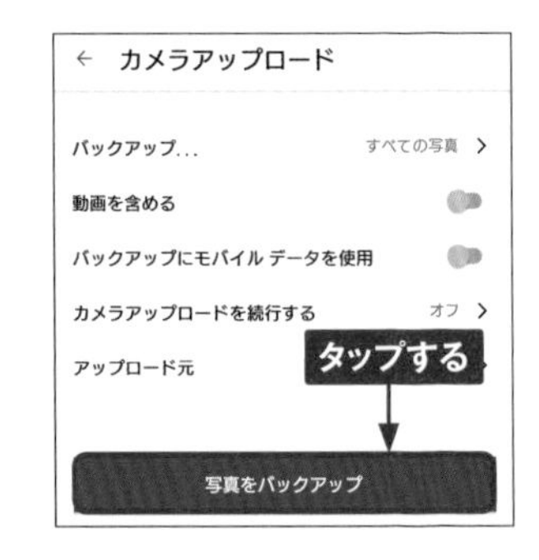

5 「カメラアップロード」がオンになります。手順④の画面で、「バックアップにモバイルデータを使用」の をタップします。

6 「バックアップにモバイルデータを使用」がオンになります。←を2回タップします。

Memo **「バックアップにモバイルデータを使用」をオフにすると?**

「バックアップにモバイルデータを使用」がオフになっていると、モバイルデータ接続時にもカメラアップロードが行われます。

7 手順①の画面に戻ると、「カメラアップロード」フォルダが作成されています。[カメラアップロード]をタップします。

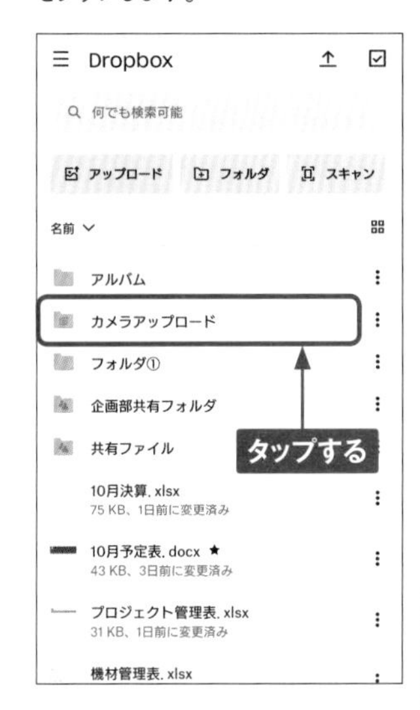

8 スマートフォンで撮影した写真が保存されていることを確認できます。

カメラアップロード機能で写真を自動保存する（iPhone）

1 iPhoneで「Dropbox」アプリを起動し、［アカウント］をタップします。

2 ［カメラアップロード］をタップします。

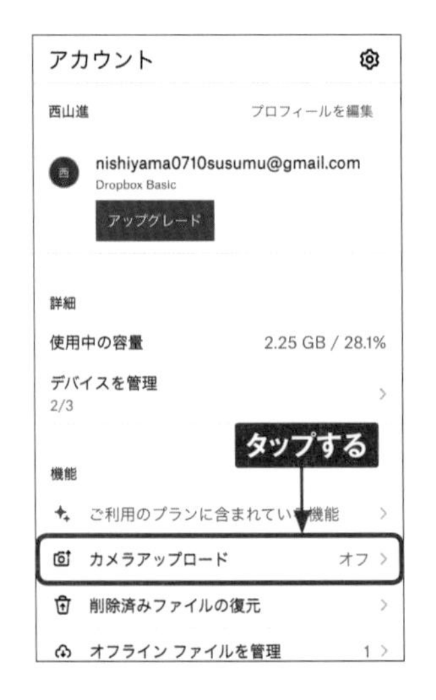

3 ［カメラアップロードをオンにする］をタップします。アクセスの許可画面が表示されたら、［すべての写真へのアクセスを許可］をタップします。

4 手順③の画面で、「モバイルデータを使用してバックアップする」の をタップしてオンにすると、モバイルデータ通信接続時にもカメラアップロード機能が実行されます。続けて［ファイル］をタップします。

5 「カメラアップロード」フォルダが作成されます。［カメラアップロード］をタップします。

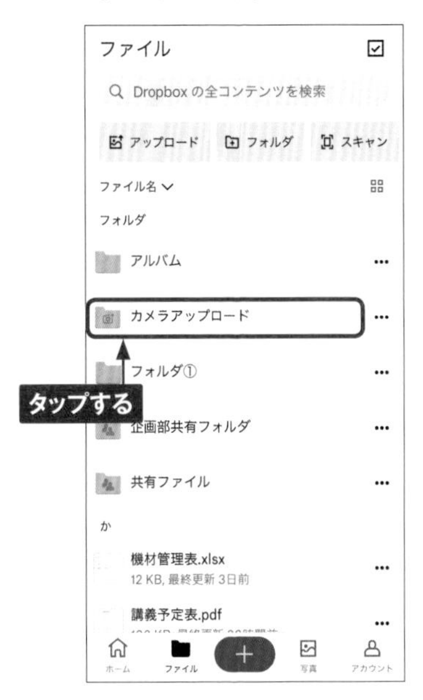

6 iPhoneで撮影した写真が保存されていることを確認できます。

Memo 写真の保存形式

P.246手順③の画面で、［HEIC形式の写真を次の形式で保存］をタップして、［JPG］か［HEIC］のどちらかをタップすることで、写真の保存形式を変更することができます。

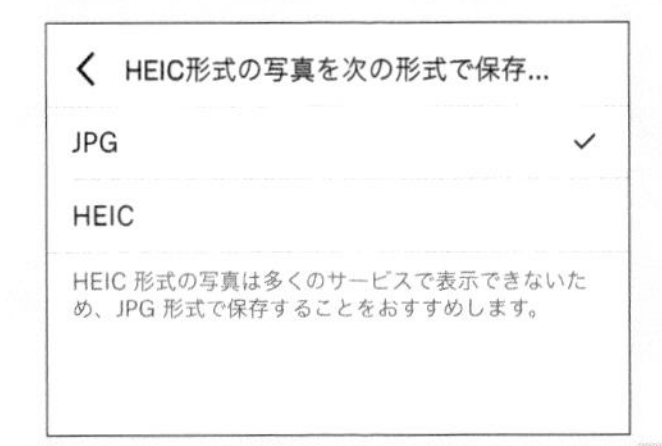

Memo カメラアップロードをオフにする

カメラアップロードをオフにしたい場合は、P.246手順③の画面で、［カメラアップロードをオフにする］→［オフにする］の順にタップします。

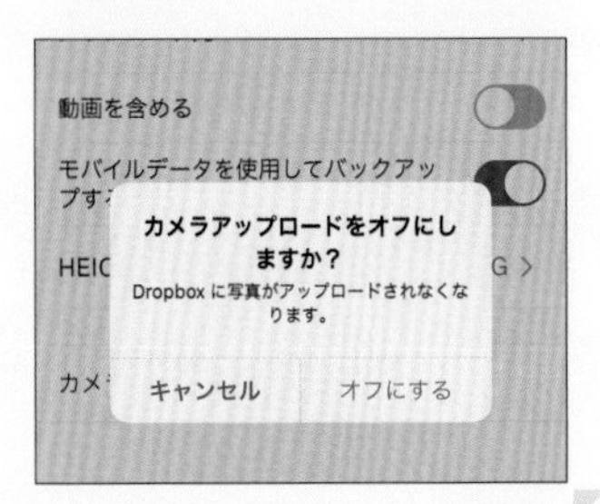

Section 138

パソコン内のフォルダやファイルをバックアップする

Dropboxのデスクトップアプリを利用すると、パソコン内の「デスクトップ」や「ドキュメント」などのフォルダをDropboxにバックアップすることができます。容量が大きい場合は、有料プランに加入することをおすすめします。

パソコン内のフォルダやファイルをバックアップする

① デスクトップ画面下部の をクリックします。

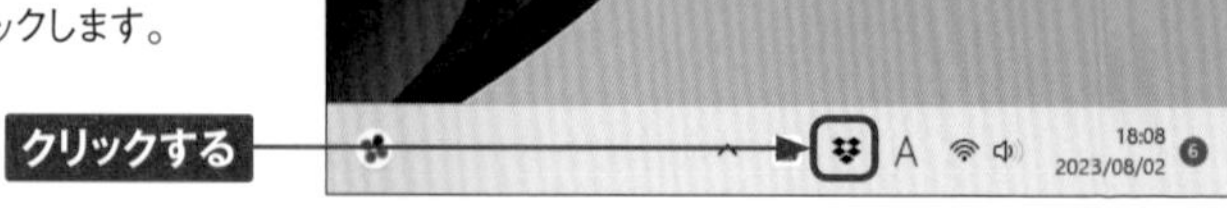

② 自分のアカウントアイコン→［基本設定］の順にクリックします。

③ ［バックアップ］をクリックします。

④ 「このPC」の［バックアップを管理］をクリックします。

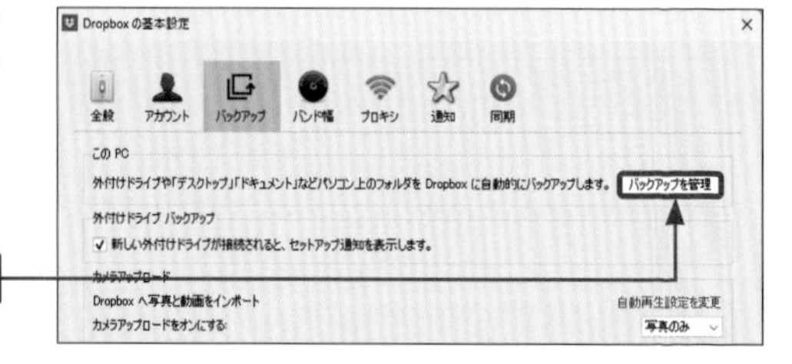

5 Dropboxに同期したいフォルダの□をクリックして選択します。[詳細]をクリックすると、ほかのフォルダを選択することができます。

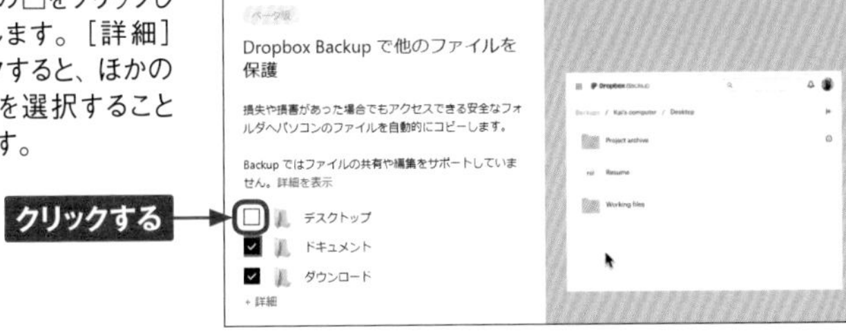

6 [設定]をクリックします。

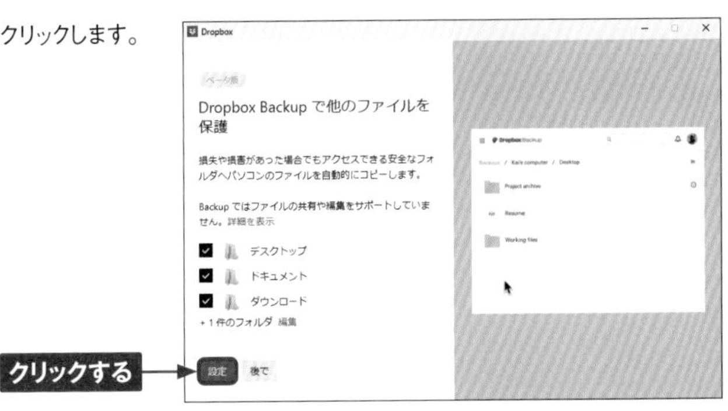

7 [Basicで続行] をクリックします。

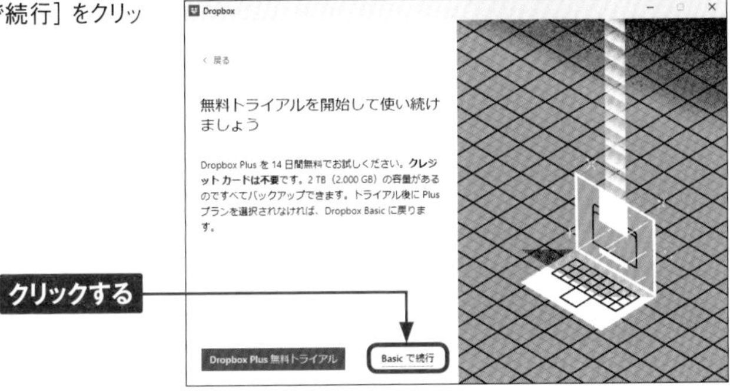

8 [続ける] をクリックすると、ファイルの同期が開始されます。

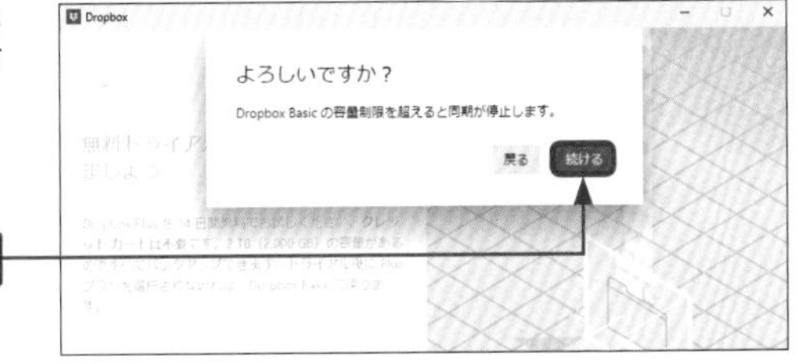

Section 139

指定したフォルダにアップロードしてもらう

「ファイルリクエスト」機能を利用すると、Dropboxのアカウントを持っていない人でもファイルをアップロードしてもらえるように、リクエストメールを送信することができます。

指定したフォルダにアップロードしてもらう

① Sec.99を参考にDropboxを表示し、[ファイルリクエスト]をクリックします。

② 初めてリクエストを作成する場合は、[さっそく初のファイルリクエストを送信しましょう]をクリックします。[新しいリクエスト]をクリックします。

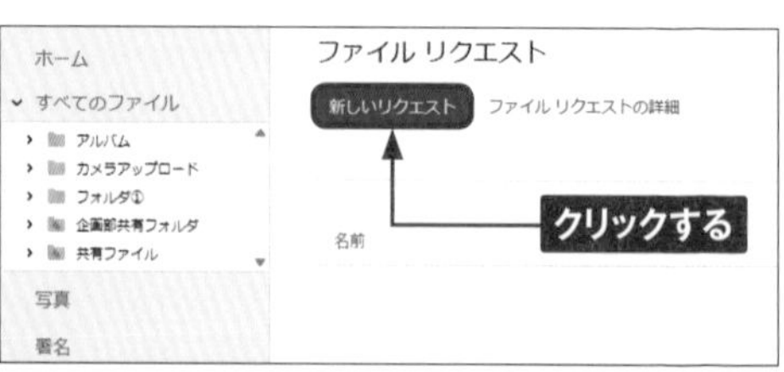

③ リクエストのタイトル（フォルダ名）を入力し、必要であれば説明を入力して、[作成]をクリックすると、フォルダが作成されます。既存のフォルダを使用したい場合は、[フォルダを変更]をクリックし、任意のフォルダを選択します。

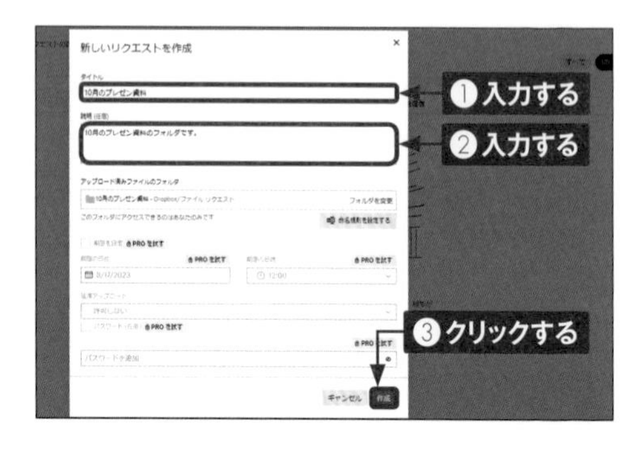

4 リクエストを送信したい相手のメールアドレスとメッセージを入力したら、[共有]をクリックします。

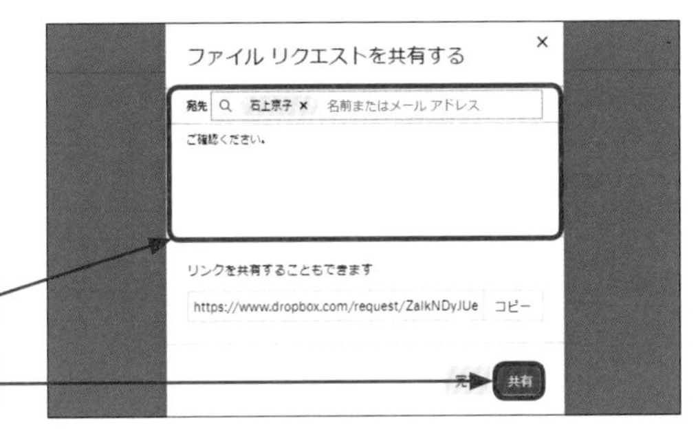

5 メールを受信した相手は、メールを表示して[ファイルをアップロード]→[ファイルを追加]→任意のファイルの場所（ここでは［パソコンのファイル］）の順にクリックします。

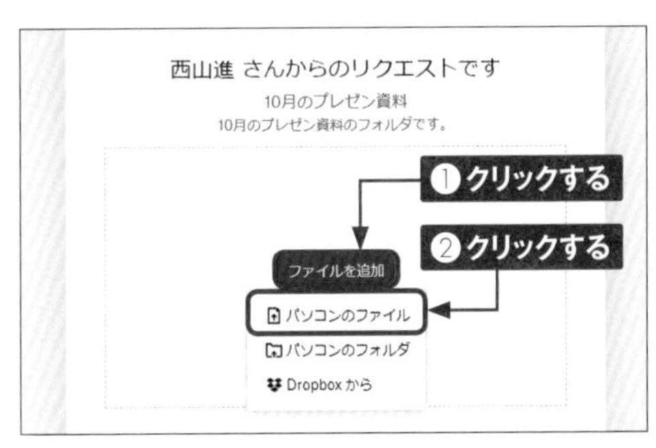

6 アップロードするファイルをクリックして選択し、[開く]をクリックします。

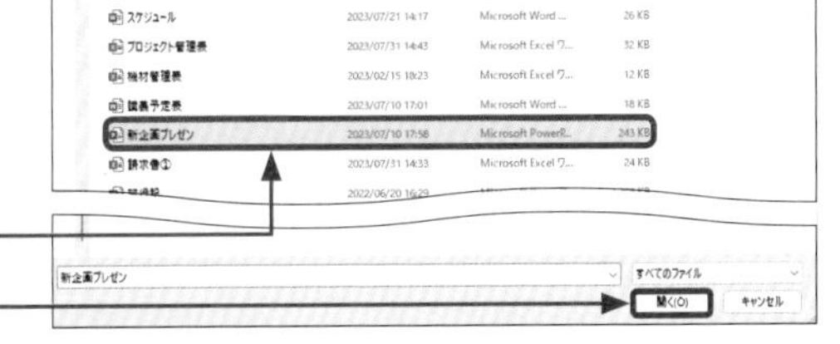

7 [アップロード]をクリックすると、P.250手順③で作成したフォルダにファイルがアップロードされます。

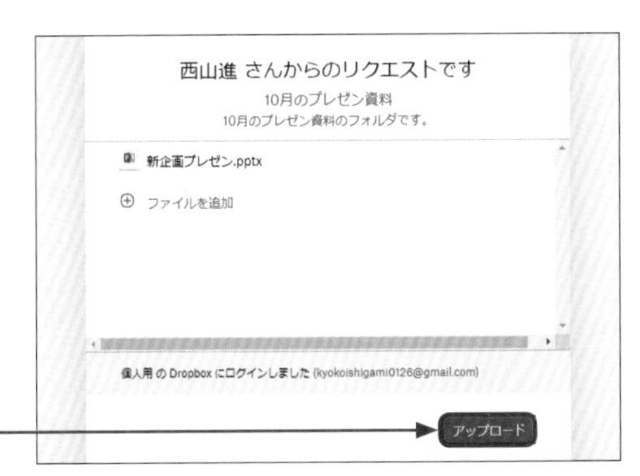

第7章 Dropboxを活用する

Dropbox Paperで共同作業をする

Dropbox Paperは、ドキュメントの作成、保存、共有などができる機能です。複数人での作業を1ヶ所で行うことできます。Dropboxのユーザーであれば、共有されたドキュメントを見ることが可能です。

Dropbox Paperで共同作業をする

① Sec.99を参考にDropboxを表示し、画面左上の⠿→［Paper］の順にクリックします。

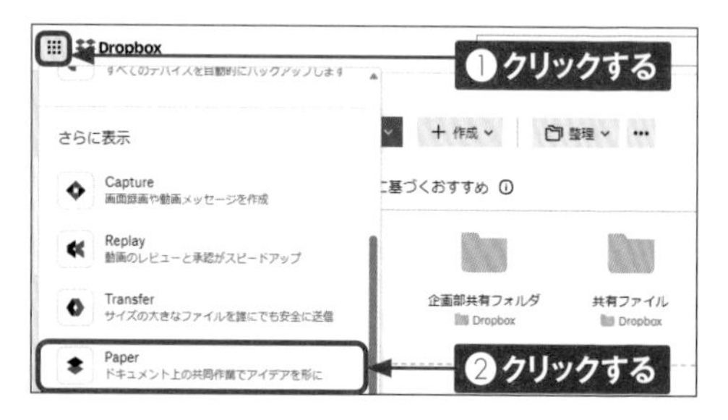

② ［Paperドキュメントを作成］をクリックし、次の画面で［使ってみる］をクリックします。

Dropbox からそのままドキュメントの作成や編集ができます

Paper は単なるドキュメントではありません。1 か所でアイデアを出し合い、共同作業を行うのに最適なワークスペースです。入力、編集、ブレインストーミング、デザインのレビュー、タスク管理、そしてミーティングにご活用ください。

クリックする → Paper ドキュメントを作成

Paper ドキュメントは他の Dropbox のコンテンツと同じく［ファイル］に表示されます。最近閲覧または作成したドキュメントの一覧は［ホーム］に表示されます。

③ Dropbox Paperが利用できるようになります。［Paper ドキュメント］をクリックして作業のタイトルなどを入力し、［共有］をクリックします。

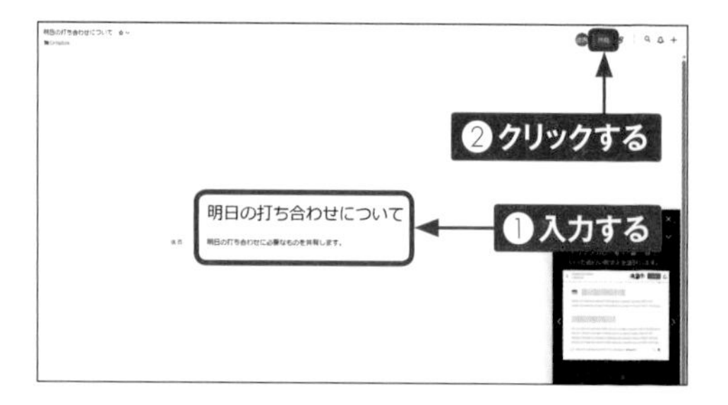

4 ファイルを共有したい相手のメールアドレスまたは名前を入力し、必要であればメモを入力して、［ファイルを共有］をクリックします。

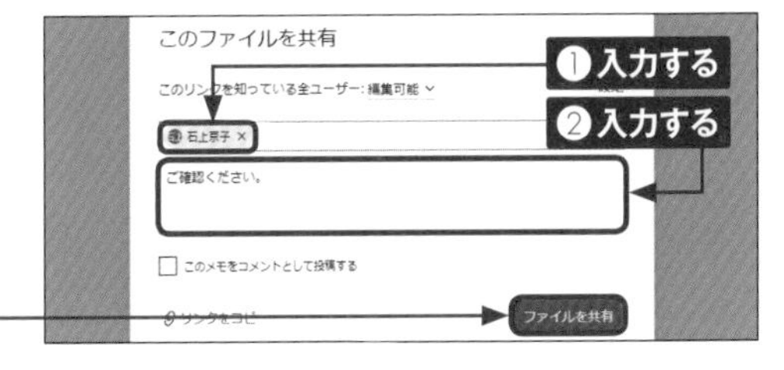

5 招待した相手がドキュメントに参加すると右上にアイコンが表示され、相手も書き込みができるようになります。

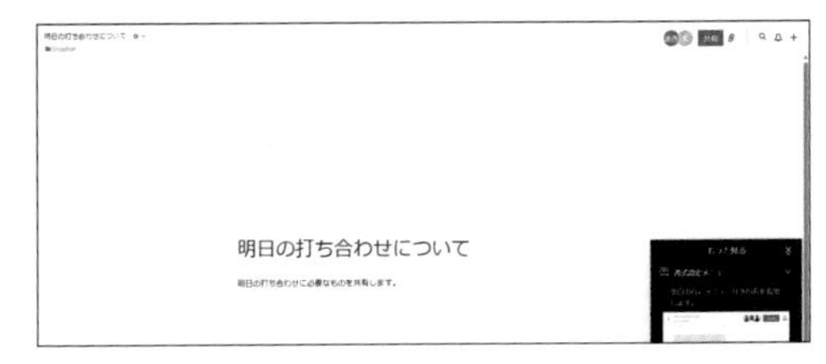

6 ドキュメントにはチェックボックスを作成したり、ファイルや写真を挿入したりできます。

Dropbox Paperで利用できる機能

❶画像を挿入	パソコン上に保存されている画像を挿入することができます。
❷メディアを挿入	GoogleドライブやYouTube、Spotifyなどのメディアを挿入することができます。
❸Dropboxファイルを挿入	Dropboxに保存されているファイルや写真を挿入することができます。
❹表を挿入	表を作成し、挿入することができます。
❺タイムラインを挿入	カレンダーを挿入してタイムラインを作成することができます。
❻タイムリストを切り替える	チェックボックスを作成することができます。
❼箇条書きを切り替える	箇条書きのリストを作成することができます。
❽番号付きリストを切り替える	番号付きのリストを作成することができます。
❾セクション区切り	文章の途中にセクションの区切りを作成することができます。
❿コードブロックを切り替える	文章中にプログラムコードを記載することができます。

Section 141

Dropboxのさまざまなツールを利用する

Dropboxには、ほかのユーザーと共同作業したり作業を一括管理したりなどといった、個人やチームで利用するのに便利な機能が用意されています。ここでは、Dropboxで利用できるさまざまなツールを紹介します。

Dropboxのさまざまなツールを利用する

●ドキュメントに署名する

電子上でドキュメントを受信または送信して、ドキュメントに署名したり署名を依頼したりすることができます。署名の方法としては、手書き、タイピング、写真から選択します。なお、対応しているドキュメントには制限があり、画像ファイルはサポートされていません。

●検索結果を絞り込んで検索する

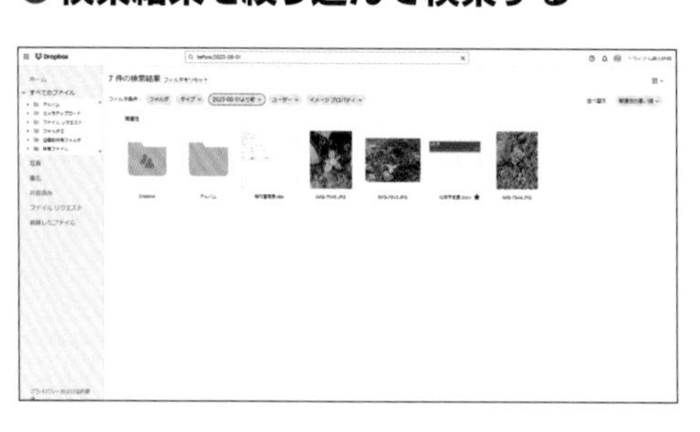

条件を細かく指定することで、すばやく目的のファイルにアクセスすることができます。たとえば、「type:」「title」「before:」「after:」などの検索演算子を入力して検索したり、「タイプ」「最終更新」「ユーザー」などといったフィルタ条件を指定したりして活用しましょう。

●写真や動画を編集する

Dropbox Captureアプリをダウンロードすると、画面の録画、GIF、スクリーンショットなどをかんたんに作成し、1か所にまとめて保存することができます。Dropbox上でテキストや図形などを追加してほかのユーザーと共有したり録画・録音の編集機能を使用して共同作業したりすることが可能です。

●動画を編集する

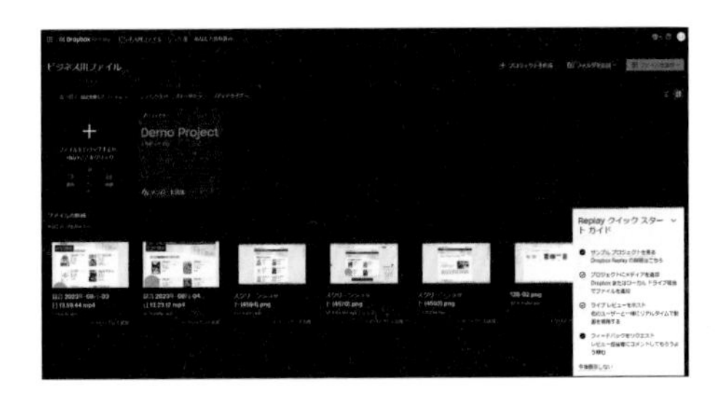

Dropbox Replayを使用すると、動画やファイル、画像などのレビューを1か所にまとめて管理することができます。リアルタイムで同じ素材を視聴し、コメントなどを通じて全体に情報共有が可能です。動画編集ツールです。また、無料で使用できますが、容量や機能を追加する場合は、有料プランにアップデートしてDropbox Replayのアドオンを購入する必要があります。

●写真や動画をバックアップする

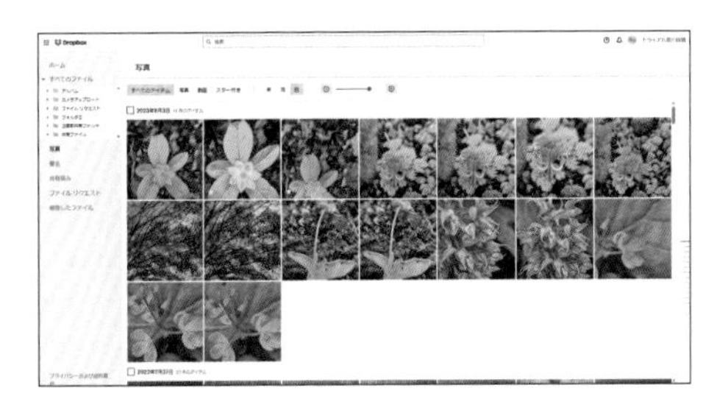

カメラアップロード機能(Sec.137参照)をオンにしたスマートフォン内の写真や動画、パソコンのスクリーンショット画像などを自動でバクアップします。どのデバイスからでもすぐにアクセスできるほか、リンクを作成するだけで誰とでも共有し、編集することが可能です。

Section 142

Microsoft Teamsと Dropboxを連携する

Dropboxでは、Microsoftが提供するコミュニケーションツール「Teams」と連携することができます。連携によってTeamsからDropboxに直接アクセスでき、ファイルの閲覧や、コピー、ダウンロードなどができるようになります。

Microsoft TeamsとDropboxを連携する

① Microsoft Teamsを開き、［ファイル］をクリックします。

② ［クラウドストレージを追加］をクリックします。

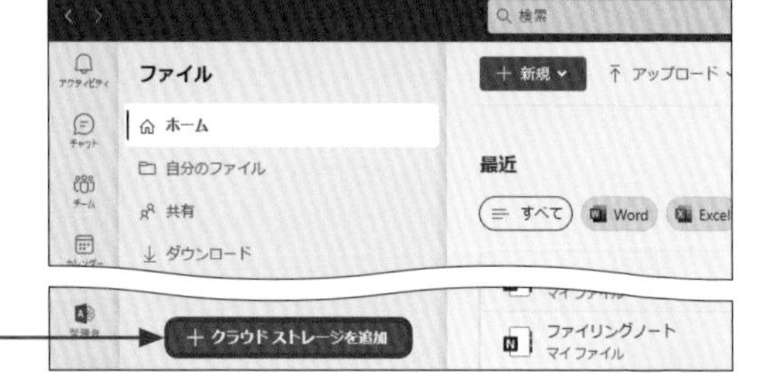

③ ［Dropbox］をクリックします。

④ メールアドレスとパスワードを入力し、［ログイン］をクリックします。

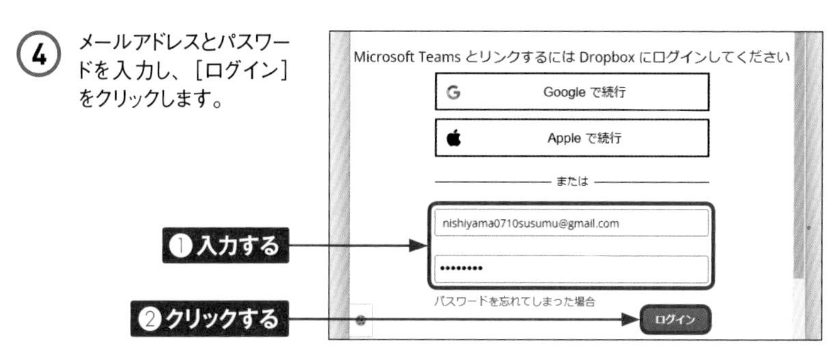

⑤ 送信されたコードを入力し、［入力］をクリックします。

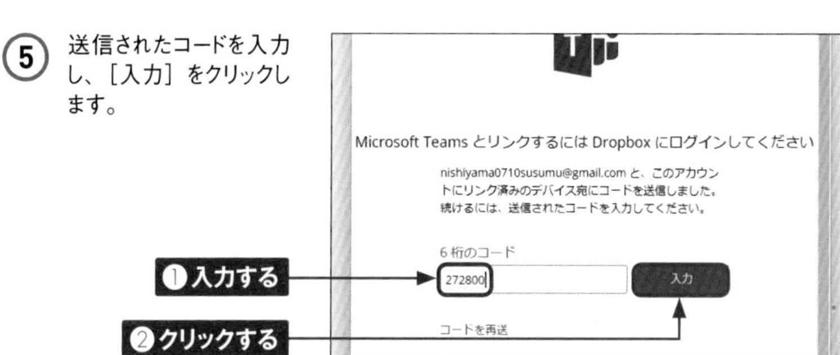

⑥ ［許可］をクリックします。

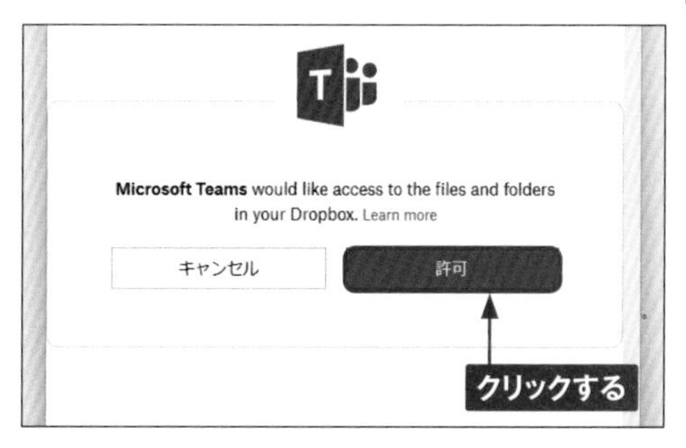

⑦ Dropboxに保存されているファイルが表示され、連携は完了します。

表示される

Section 143

Zoomのビデオ会議をDropboxに保存する

Zoomで行ったビデオ会議の音声ファイルと動画ファイルを、Dropboxに自動保存するよう設定できます。なお、保存されるビデオ会議は、自分が作成、ホストしたミーティングに限られます。

Zoomのビデオ会議をDropboxに保存する

1 Sec.99を参考にDropboxを表示し、⠿をクリックして下方向にスクロールし、[App Center] をクリックします。

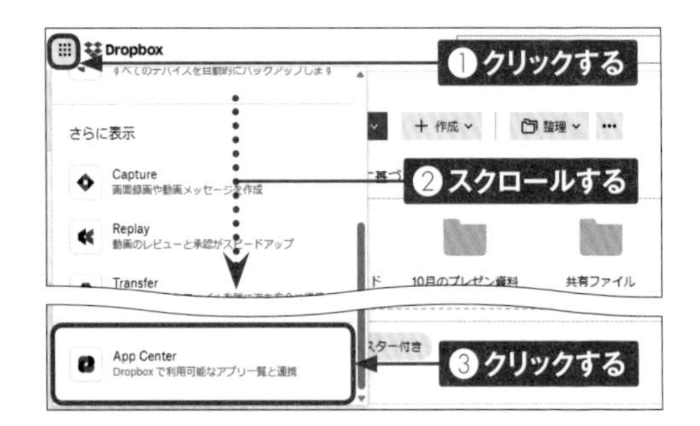

2 検索欄に「zoom」と入力し、表示された候補から [Zoom] をクリックします。

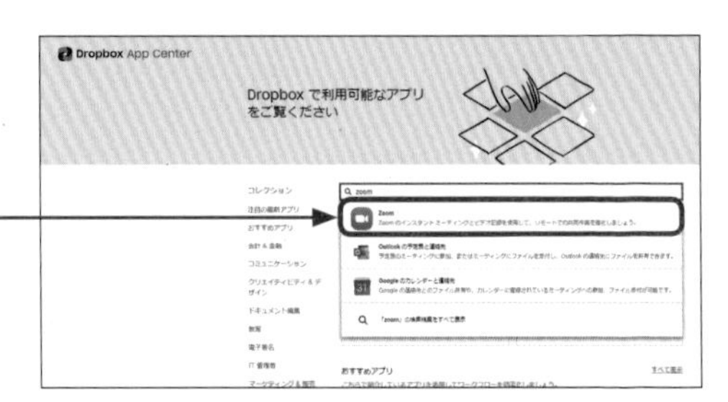

3 [リンクする] をクリックします。

4 [OK] をクリックします。

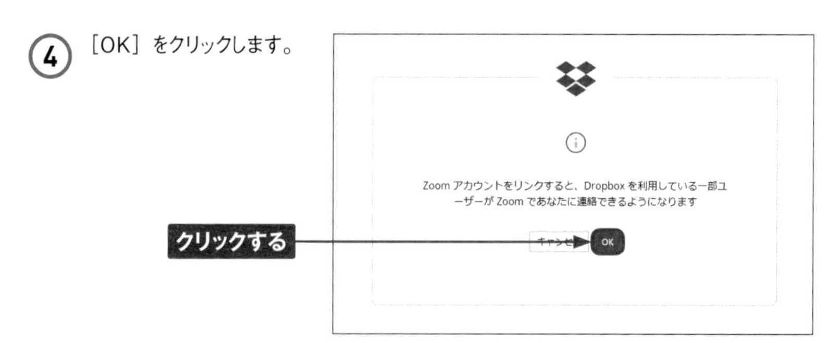

5 連携したいZoomアカウントのメールアドレスとパスワードを入力し、[サインイン]をクリックします。

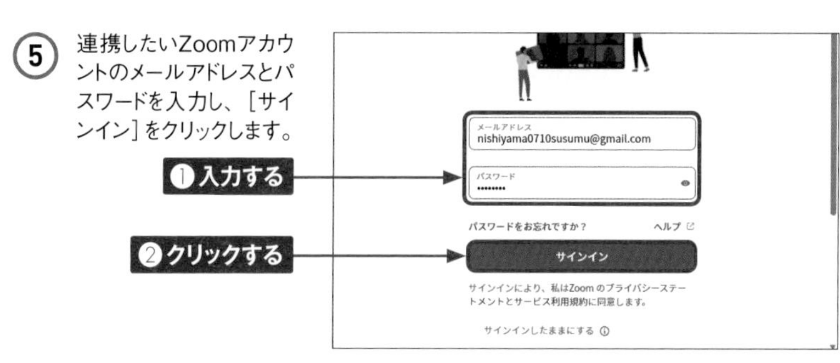
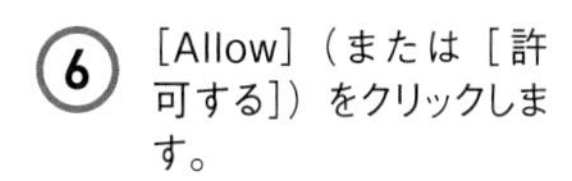

6 [Allow]（または [許可する]）をクリックします。

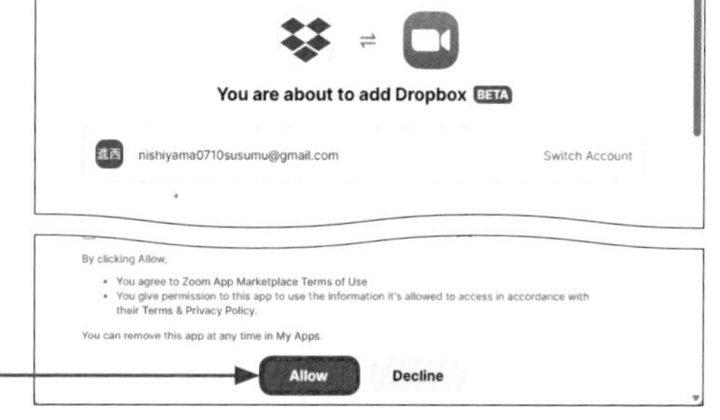

7 Zoomとの連携が完了し、Zoomでのビデオ会議がDropboxに保存されるよう設定されます。

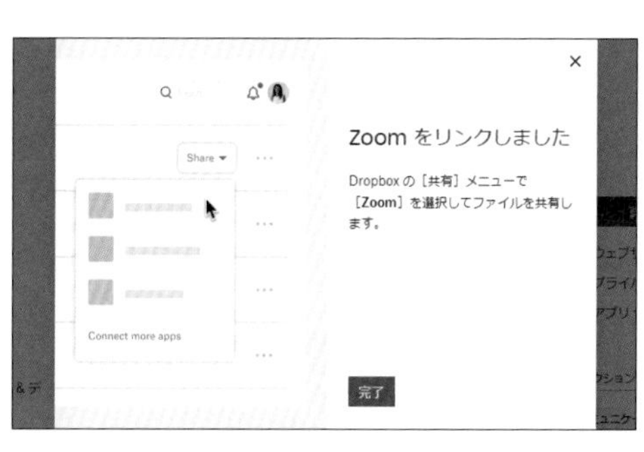

第7章 Dropboxを活用する

OutlookとDropboxを連携する

Microsoftが提供するメールおよび情報管理ソフト「Outlook」では、Dropboxと連携することで、Dropbox内のファイルを直接メールに添付できるようになります。Dropboxを表示したり、ファイルを転送したりする手間を省くことができます。

OutlookとDropboxを連携する

① Outlookを開き［新規メール］をクリックします。

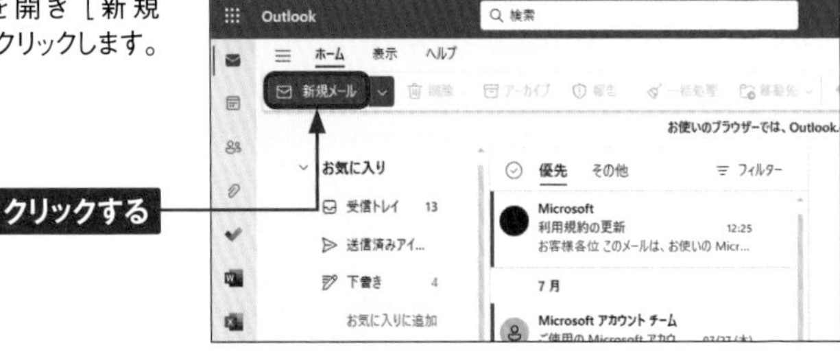

② ［挿入］→［添付ファイル］→［OneDrive］の順にクリックします。

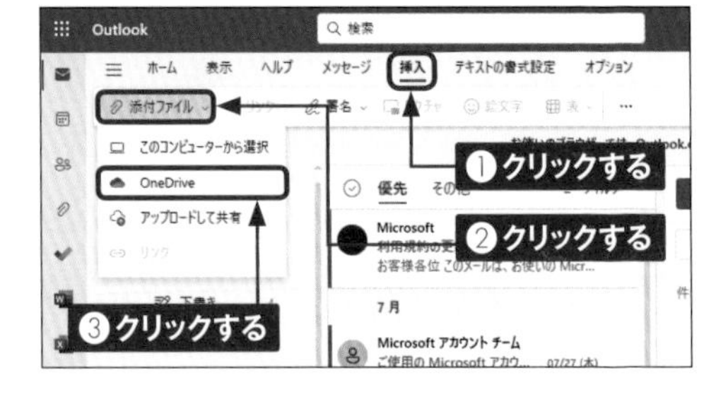

③ ［アカウントを追加］をクリックします。

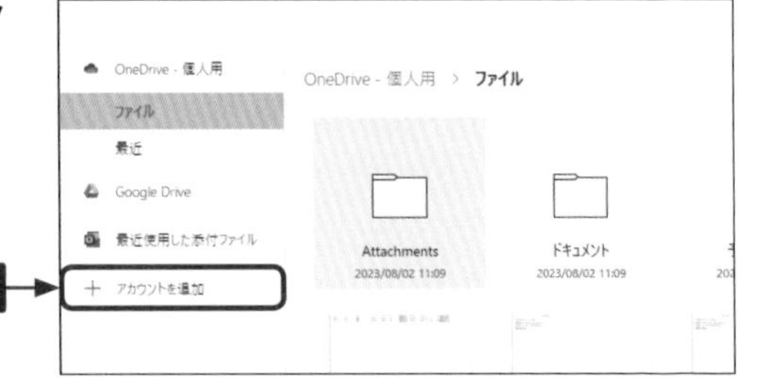

ファイル操作
共有
便利機能
設定とアカウント

4 [Dropbox] をクリックします。

5 Dropboxへのログイン画面が表示された場合は、メールアドレスとパスワードを入力し、ログインします。[許可] をクリックします。

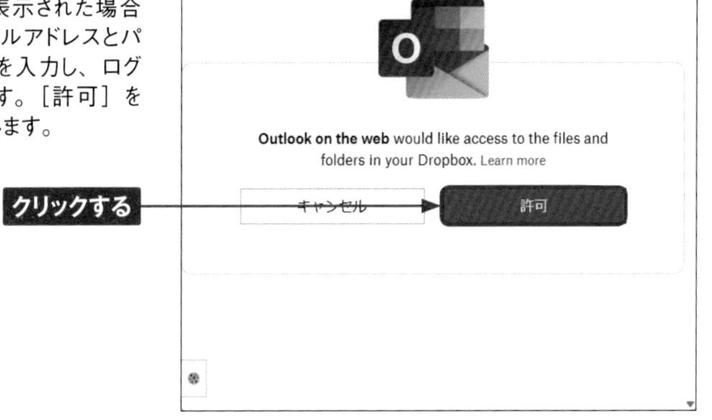

6 Dropboxに保存されているファイルが表示され、連携は完了します。

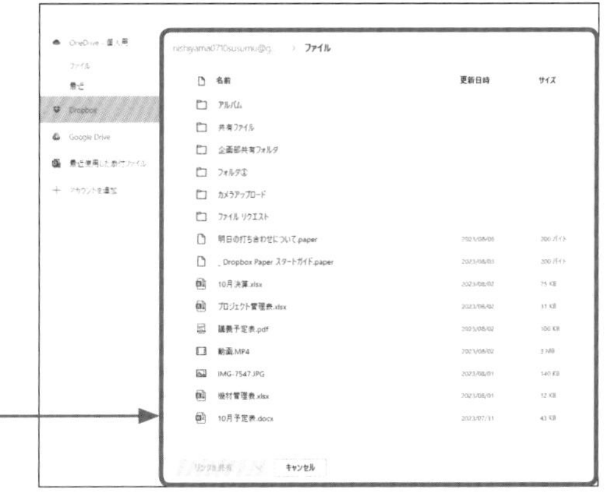

Section 145

無料で容量を増やす

Dropboxでは、ユーザーに「6つの課題」が用意されており、6つのうち5つを完了すると、使用容量250MB増加のボーナスを得ることができます。また、友人を招待することでさらに500MBの追加容量を得られます。

Dropboxの6つの課題を確認する

① Webブラウザを起動し、アドレスバーに「https://www.dropbox.com/gs」と入力して Enter キーを押します。

② 6つの課題が表示されます。

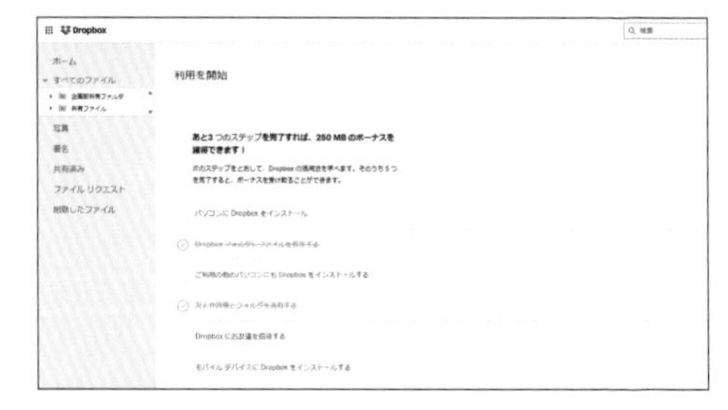

③ 未完了の課題にマウスカーソルを合わせると、内容が表示されます。

Dropboxの6つの課題の内容

❶パソコンにDropboxをインストール	デスクトップアプリ版の「Dropbox」をダウンロードして、パソコンにインストールすると完了となります。
❷Dropboxフォルダにファイルを保存する	Dropboxにファイルを保存すると完了となります。
❸ご利用の他のパソコンにもDropboxをインストールする	1つのアカウントで、複数のパソコンにDropboxをインストールすると完了となります。
❹友人や同僚とフォルダを共有する	Dropboxの共有フォルダを利用すると完了となります。
❺Dropboxにお友達を招待する	メールなどで友人をDropboxに招待します。招待された人がDropboxに登録・インストールするたびに、あなたと友人がそれぞれ500MBの追加容量をもらえます（Memo参照）。
❻モバイルデバイスにDropboxをインストールする	Android、iPhone、iPadなどのモバイルデバイスに「Dropbox」アプリをインストールすると、完了となります。

Memo 友人を招待する

Dropboxでは、友人をDropboxに招待することで、500MBの追加容量を得ることができます。P.262手順②の画面で［友達を紹介する］をクリックします。［コピー］をクリックすると招待リンクがコピーされ、メールに貼り付けて送ることができます。招待する相手のメールアドレスを入力して［送信］をクリックすると、相手にメールが送信されます。招待した相手がメールを開いて［招待状を承諾する］をクリックし、Dropboxのアカウントを作成してパソコンにDropboxをインストールすれば、500MBが追加されます。複数の友人を招待することで、最大16GBまで容量を増やすことができます。

Section 146

Dropboxが利用できるデバイスを確認する／解除する

Dropboxでは、アカウントに連携されているデバイスを確認できます。使用しなくなったデバイスがある場合は、デバイスのリンクを解除しておきましょう。リンクを解除したデバイスからは、ファイルへのアクセスができなくなります。

Dropboxが利用できるデバイスを確認する

① Sec.99を参考にDropboxを表示し、自分のアカウントアイコン→［設定］の順にクリックします。

② ［セキュリティ］をクリックします。

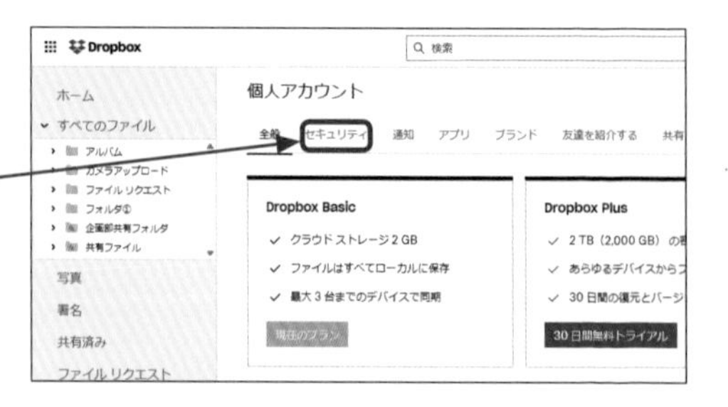

③ 画面を下方向にスクロールすると、Dropboxが利用できるデバイスを確認できます。

Dropboxが利用できるデバイスを解除する

① P.264手順③の画面で、リンクを解除したいデバイスの🗑をクリックします。

クリックする

② [リンクを解除] をクリックします。

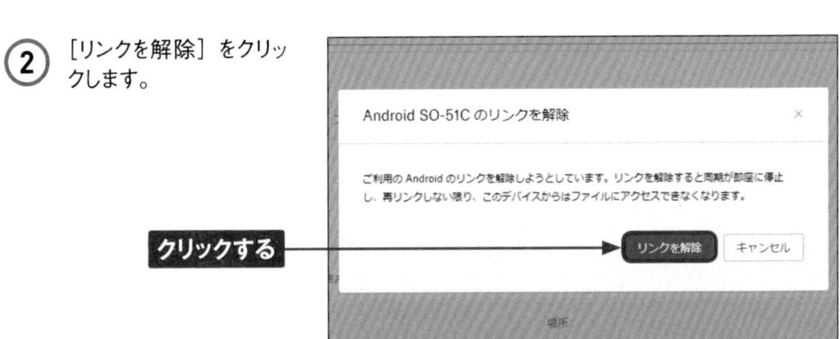

③ 選択したデバイスのリンクが解除されます。

解除される

第7章 Dropboxを活用する

Section 147

2段階認証でセキュリティを強化する

大切なデータを保存している場合は、2段階認証でセキュリティを強化しましょう。2段階認証を有効にすると、ログイン時や新しいデバイスでDropboxを利用する際に6桁のセキュリティコードの入力が必要になります。

2段階認証を有効にする

① Sec.99を参考にDropboxを表示し、自分のアカウントアイコン→［設定］の順にクリックします。

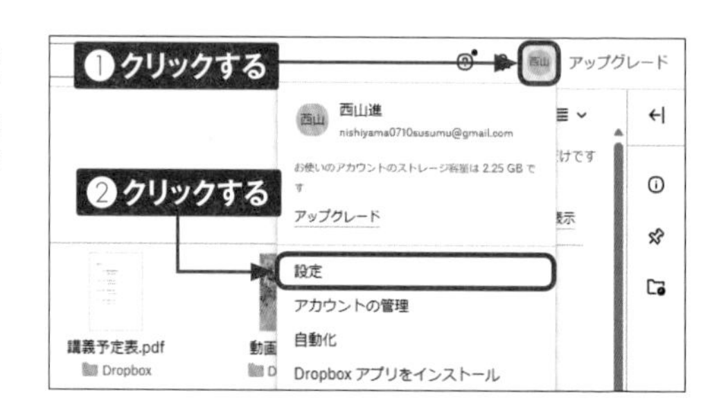

② ［セキュリティ］をクリックし、「2段階認証」の をクリックします。

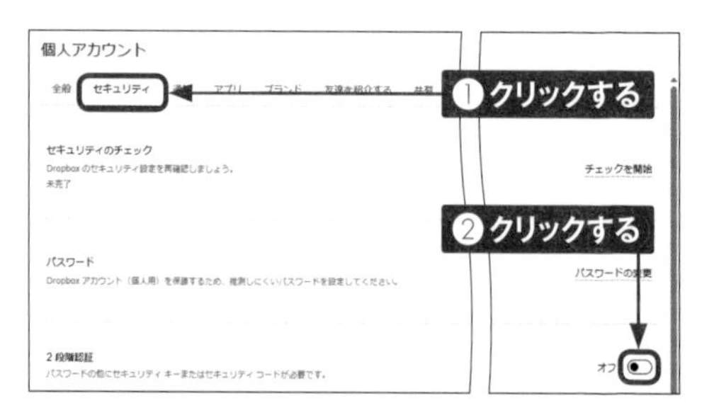

③ ［利用を開始］をクリックします。

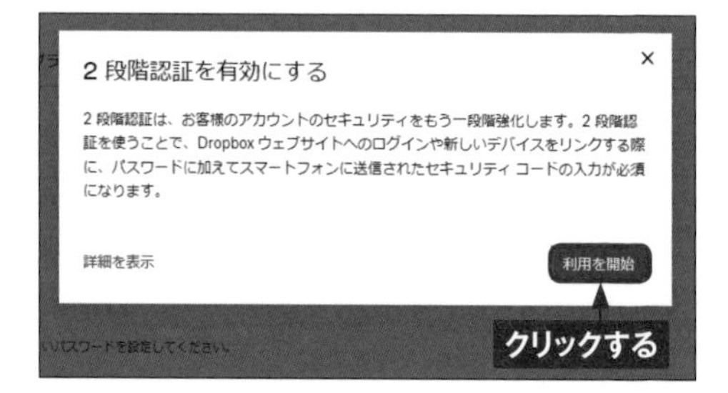

4 Dropboxアカウントのパスワードを入力し、[次へ] をクリックします。

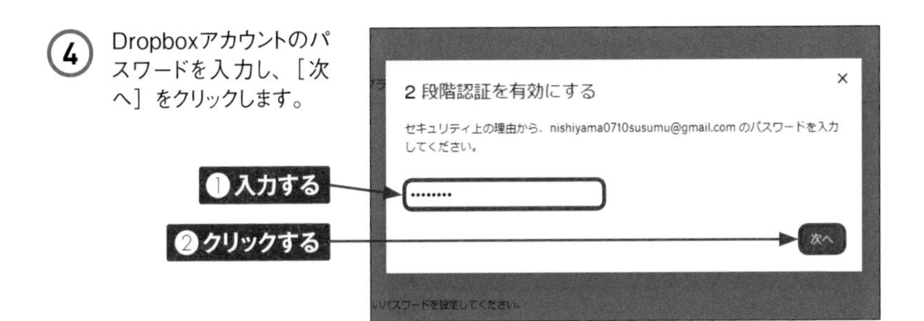

5 セキュリティコードの受信方法を選択します。ここでは「テキストメッセージを使用」の○をクリックして選択し、[次へ] をクリックします。

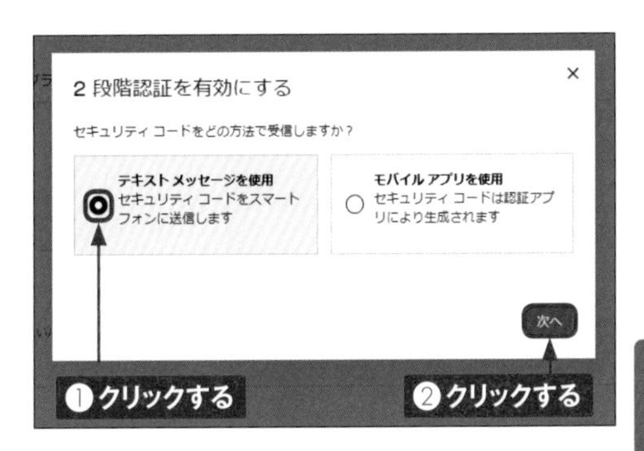

6 セキュリティコードを受信するスマートフォンの電話番号を入力し、[次へ] をクリックします。

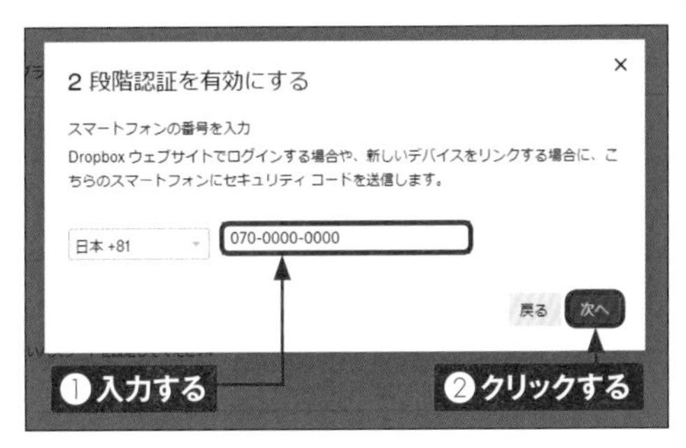

Memo モバイルアプリを利用する

手順⑤の画面で「モバイルアプリを使用」をクリックして選択し、[次へ] をクリックすると、「Duo Mobile」など、時間制限のある固有のセキュリティコードを生成するモバイルアプリを使用してログインするように設定できます。

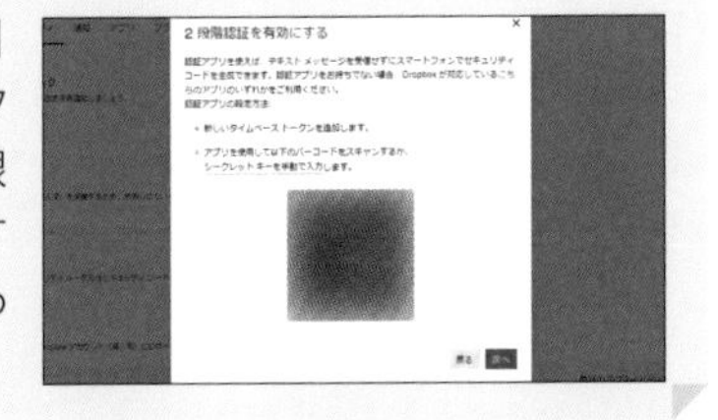

7 手順⑥で入力した電話番号にテキストメッセージが通知されます。メッセージに記載されているセキュリティコードを入力し、[次へ] をクリックします。

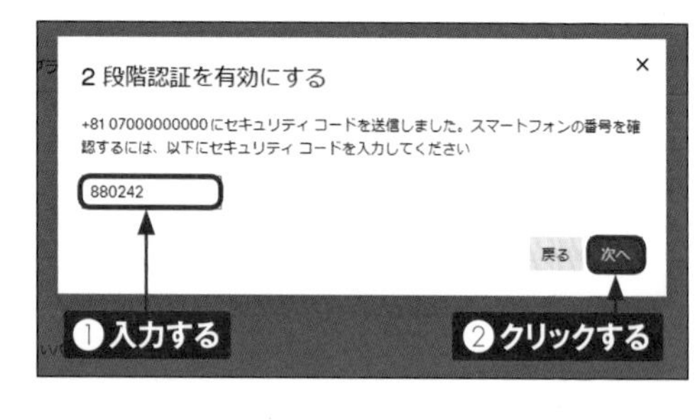

8 予備のスマートフォンを設定しておく場合はその電話番号を入力し、[次へ] をクリックします。設定しない場合はそのまま [次へ] をクリックします。

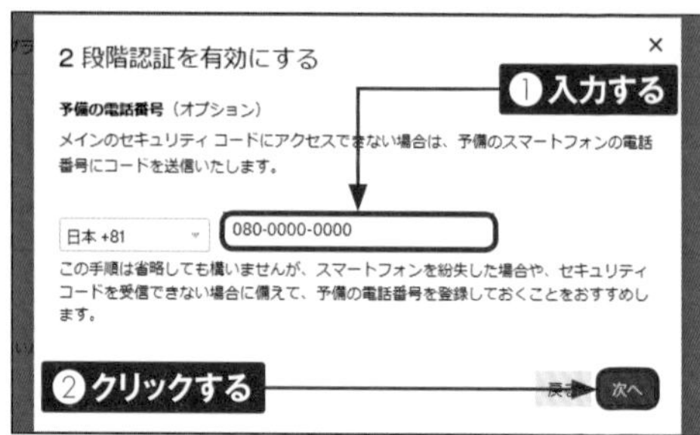

9 バックアップコードが表示されるので、紙に書き留めるなどして、安全な場所に保管しておきます。[次へ]をクリックし、次の画面でも [次へ] をクリックすると、2段階認証が有効になります。

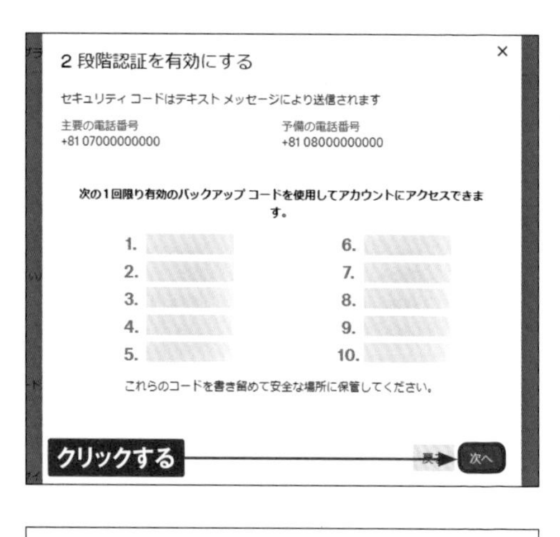

10 次回からログイン時にスマートフォンに通知されるセキュリティコードの入力が必要になります。

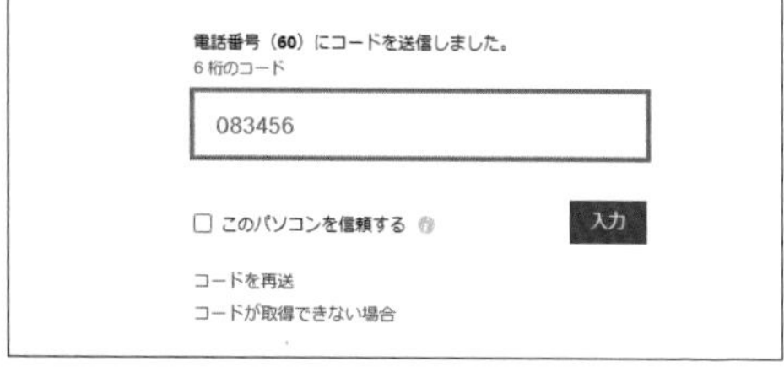

Section 148

パスワードを変更する

セキュリティの観点から、Dropboxアカウントのパスワードは定期的に変更することをおすすめします。パスワードを変更すると、アカウントにリンクしているすべてのデバイスで自動的に新しいパスワードが適用されます。

パスワードを変更する

1. P.266手順②の画面を表示し、「パスワード」の［パスワードの変更］をクリックします。

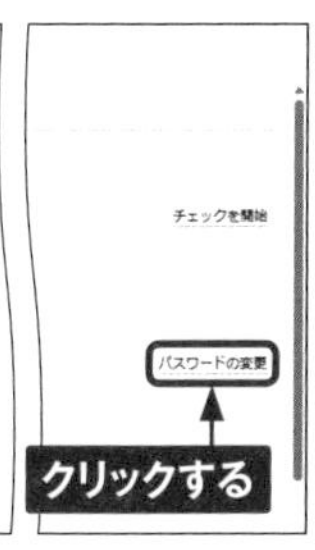

2. 上の入力欄に現在のパスワードを入力し、下の入力欄に新しく設定したいパスワードを入力したら、［パスワードの変更］をクリックします。

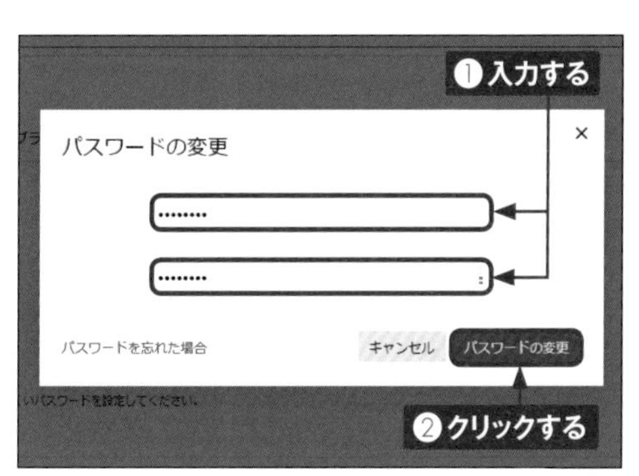

3. パスワードが変更されます。

Section 149

Dropbox Plus／Professionalにアップグレードする

有料プランのDropbox Plus ／ Professionalにアップグレードすると、使用できる容量が2TB ／ 3TBに増える、使える機能が増えるなどのメリットがあります。ここでは、Dropbox Professionalへのアップグレード方法を解説します。

Dropbox Professionalにアップグレードする

① 画面右上の［アップグレード］をクリックします。

② プランの内容の比較が表示されます。ここでは「Professional」の［または今すぐアップグレード］をクリックします。

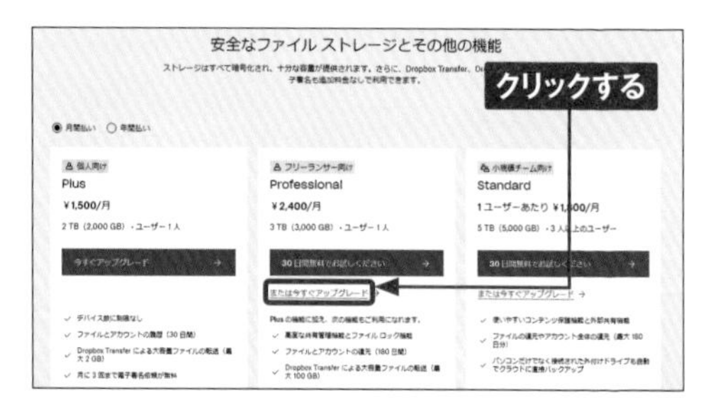

③ ［続行する］をクリックします。

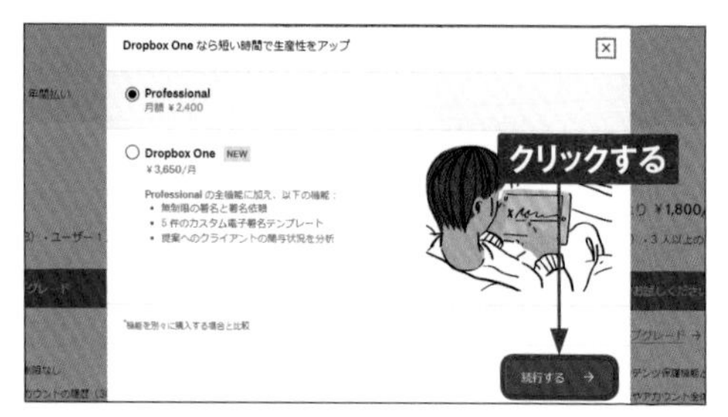

4 支払いサイクルを選択します。「年間払い」と「月間払い」のどちらかをクリックします。

ご購入手続き

支払いサイクルを選択します

クリックする

年間払い ¥24,000/年 (¥2,000/月)

月間払い ¥2,400/月

5 支払いの種類を選択し、クレジットカード情報を入力します。

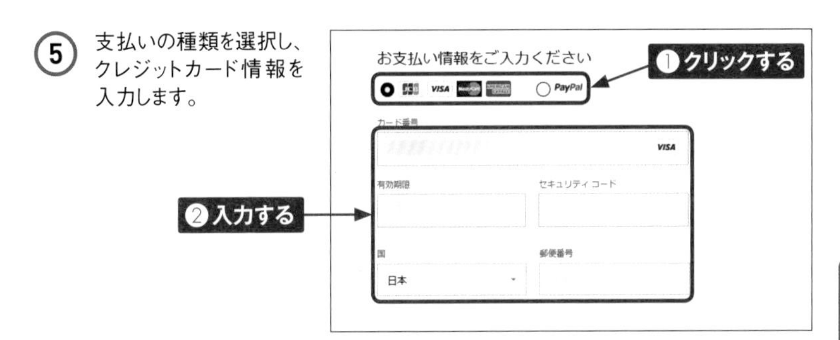

6 利用規約の□をクリックしてチェックを付け、［購入］をクリックすると、Dropbox Professionalへのアップグレードが完了します。

Memo 「Plus」と「Professional」の違いは?

Dropboxの個人向けの有料プランには、「Plus」と「Professional」が用意されています。両者の大きな違いは料金と使用できる容量で、Plusは月額1,200円で2TB、Professionalは月額2,400円で3TBとなっています。また、PlusはProfessionalでは利用できる「共有リンクの管理機能」や「閲覧者の履歴」などといった機能が制限されていますが、個人用としてはPlusでも問題なく使用することができるでしょう。

Section 150 キャッシュを削除する

オフライン時に見たファイルなどはパソコンのハードディスクにキャッシュとして保管されます。ファイルを削除してもハードディスクで操作が反映されない場合などは、手動でキャッシュを削除しましょう。

キャッシュを削除する

① デスクトップ画面下部の をクリックします。

クリックする

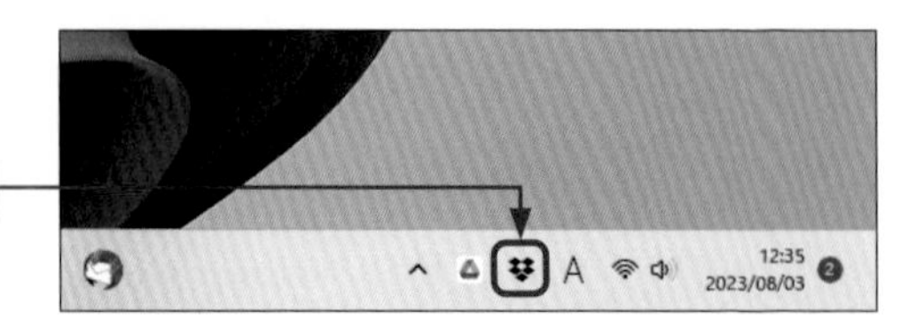

② をクリックします。

クリックする

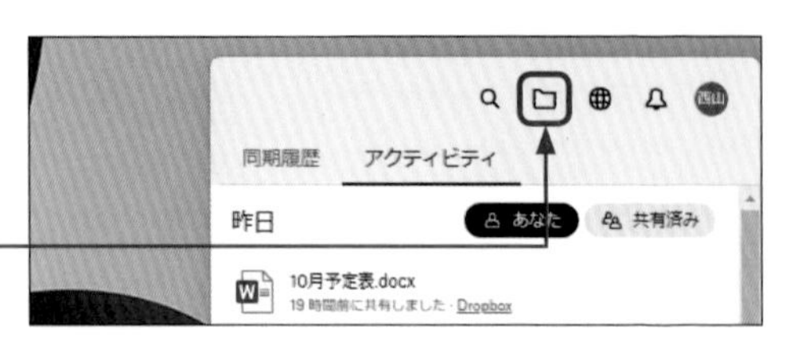

③ [.dropbox.cache]をダブルクリックします。

ダブルクリックする

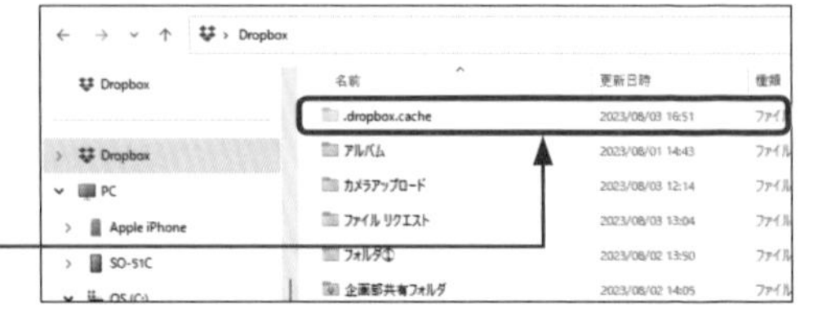

④ キャッシュファイルが表示されます。削除したいファイルがある場合、ファイルを選択して削除します（キャッシュフォルダは3日ごとに自動的にクリアされます）。

各サービスを連携する

Section 151

3つのサービスを使えば無料で22GB

本書で紹介した「Googleドライブ」「OneDrive」「Dropbox」の3つのクラウドストレージサービスを使うと、無料で22GBの容量を利用することができます。目的に合わせて複数のクラウドストレージサービスを利用することもおすすめです。

3つのサービスを使う

複数のクラウドストレージサービスに登録すると、「Googleドライブ」では15GB、「OneDrive」では5GB、「Dropbox」では2GBの計22GBのクラウドストレージ容量を無料で獲得できます。Gmailと連携できるGoogleドライブはほかのユーザーと共有するためのファイルの保存、Officeファイルを編集できるOneDriveは仕事で使用する資料の保存、カメラアップロード機能があるDropboxはスマートフォンで撮影した写真の保存、といったように、各クラウドストレージサービスが持つ独自の機能を活用して、複数のクラウドストレージサービスを目的に合わせて利用することも可能です。

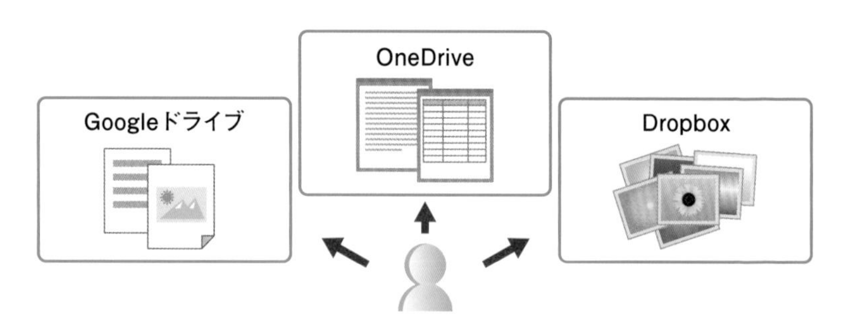

	Googleドライブ	OneDrive	Dropbox
クラウドストレージ容量	15GB	5GB	2GB（条件により容量を増やすことも可能）
特徴	GmailやGoogleドキュメントなど、Googleの各サービスと連携して使うことができる。	Office製品を持っていなくても、Officeファイルの作成や編集ができる。	スマートフォンで撮影した写真を自動的にストレージにアップロードすることができる。

Section 152

複数のクラウドストレージを使い分ける

複数のクラウドストレージサービスを使い分けることで、相手と使用しているクラウドストレージサービスが異なる場合でも、ファイルの閲覧や編集、バックアップなどを行うことができます。

複数のクラウドストレージを使い分ける

人によって使用しているクラウドストレージサービスは異なります。相手から送られてきたファイルをほかのクラウドストレージサービスで開きたいとき、一度ダウンロードして再度アップロードするという作業は手間がかかります。「IFTTT」を利用すると（Sec.153～155参照）、複数のクラウドストレージサービスを自動的に連携でき、使い分けを意識する必要がなくなります。連携の設定を行うと、写真やファイルなどが1つのサービスで管理可能になり、時間と手間が大幅に節約されます。

●IFTTTでできること

IFTTTは、クラウドストレージサービスやSNS、メールアプリなどのWebサービスを自動的に連携することができるWebサービスです。「レシピ」を作成することで、今まで手動で行っていたクラウドストレージサービス間のバックアップの作成などがかんたんにできます。なお、2023年10月現在、IFTTTは英語表記にしか対応していません。

●IFTTTのしくみ

Webサービス間の連携設定のことを「レシピ」といいます。「トリガー」にあたるWebサービスの処理が実行されることで、「アクション」に指定されたWebサービスの処理が自動的に行われます。たとえば、「Dropboxに保存したデータをOneDriveに転送する」というレシピを登録すると、「Dropboxでデータを保存する」という操作（トリガー）を行うことで、「Dropboxに保存したデータがOneDriveに転送される」という操作（アクション）が自動的に実行されるようにIFTTTが設定されます。

トリガー
Dropboxで
データを保存する

▶

レシピ
IFTTTに登録された
レシピが自動で実行される

▶

アクション
OneDriveに
データが転送される

GoogleドライブとOneDriveを同期する

IFTTTでは、Googleドライブに保存した写真をほかのクラウドストレージサービス（Dropbox、OneDriveなど）に保存することができます。ここでは、OneDriveに保存する方法を紹介します。

GoogleドライブとOneDriveを同期する

1 パソコンのWebブラウザでIFTTTのWebサイト（https://ifttt.com/）にアクセスして、［Get started］をクリックします。

2 ［Googleで続ける］をクリックし、任意のGoogleアカウントをクリックして、サインインします。

3 ［確認］→［Back］の順にクリックし、［Create］をクリックします。

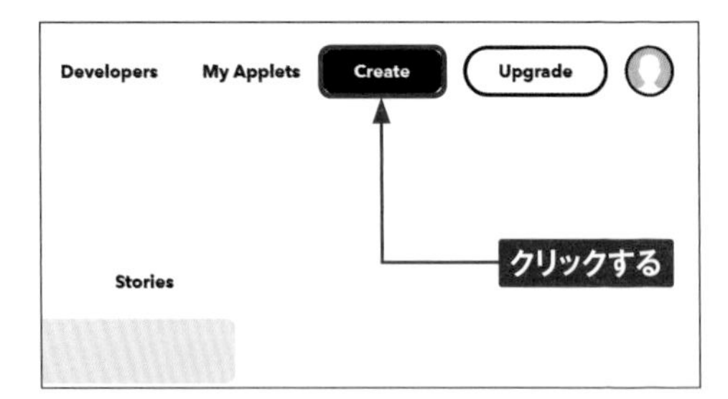

4 ［If This］をクリックします。

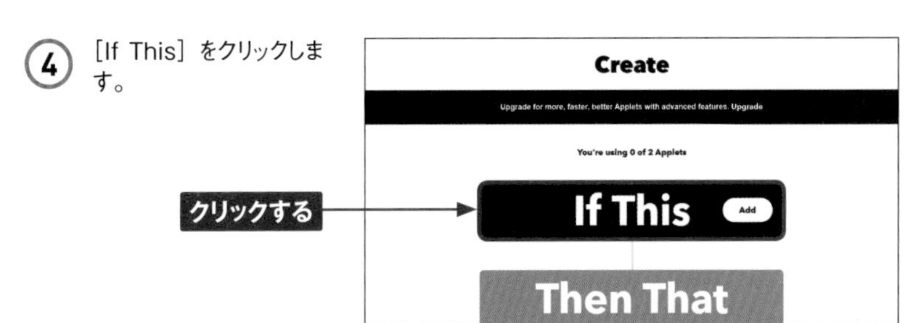

5 ［Google Drive］をクリックします。

6 トリガー（ここでは［New file in your folder］（指定のフォルダに新しいファイルが保存された場合））をクリックして選択します。

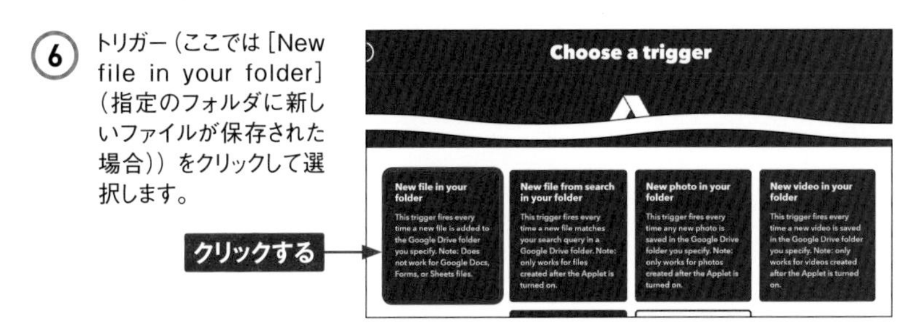

7 ［Connect］をクリックし、任意のGoogleアカウントをクリックして、［許可］をクリックします。

クリックする

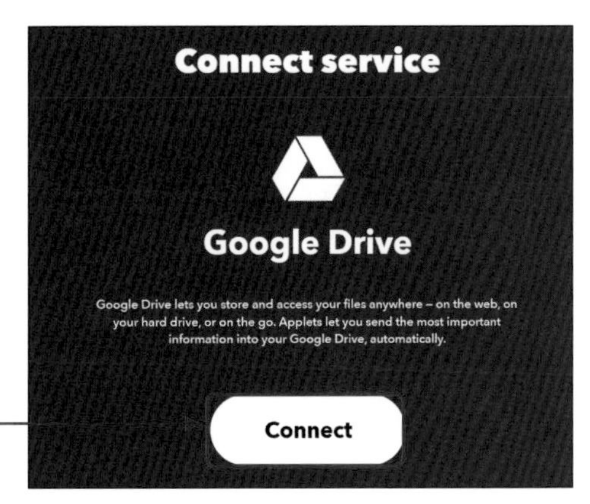

8 Googleドライブ内のOneDriveと連携したいフォルダ名（ここでは「IFTTT」）を入力し、[Create trigger] をクリックします。

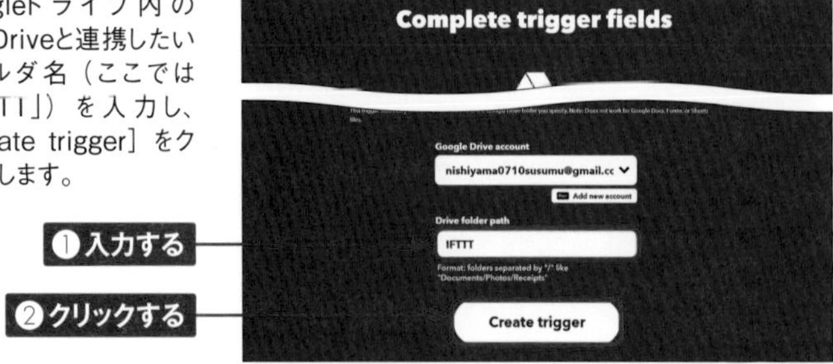

9 [Then That] をクリックします。

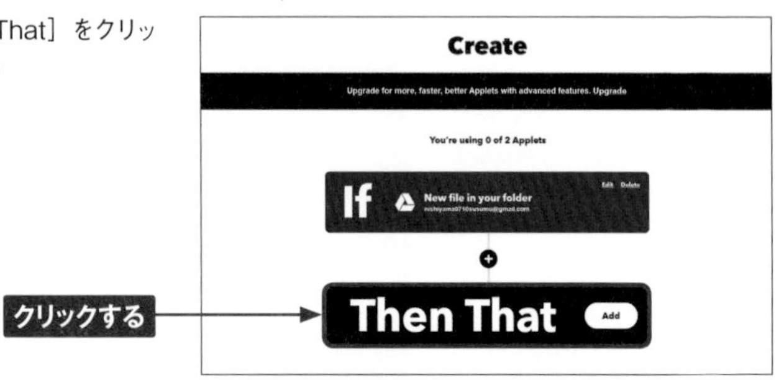

10 [OneDrive] をクリックします。

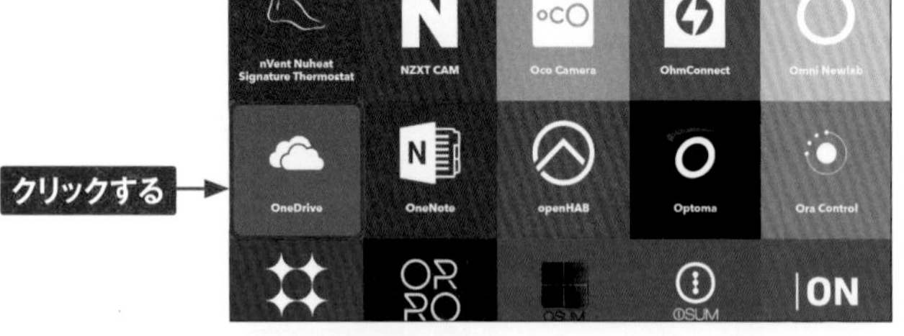

11 アクション（ここでは [Add file from URL]（URLからファイルを追加する））をクリックして選択します。

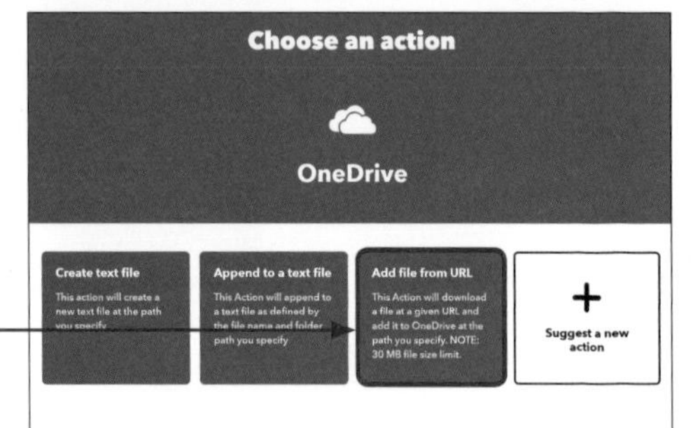

⑫ [Connect] をクリックし、Microsoftアカウントにサインインして、[同意] をクリックします。

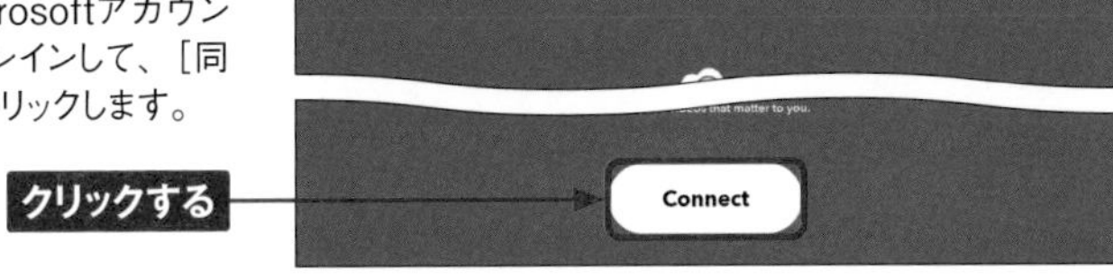

⑬ 任意の設定を行い、[Create action] をクリックします。「One Drive account」では手順⑫でサインインしたアカウントが表示されます。「File URL」ではファイルのURLを指定でき、「File name」ではファイル名を指定でき、「OneDrive folder path」では、保存先のフォルダを指定できます。ここでは、とくに変更しなくても大丈夫です。

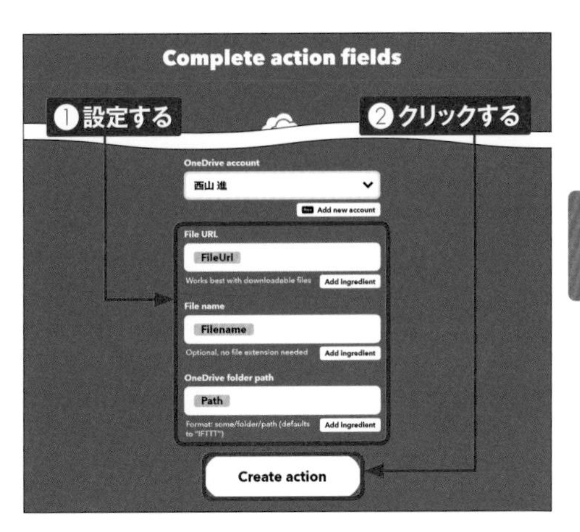

⑭ [Continue] をクリックします。

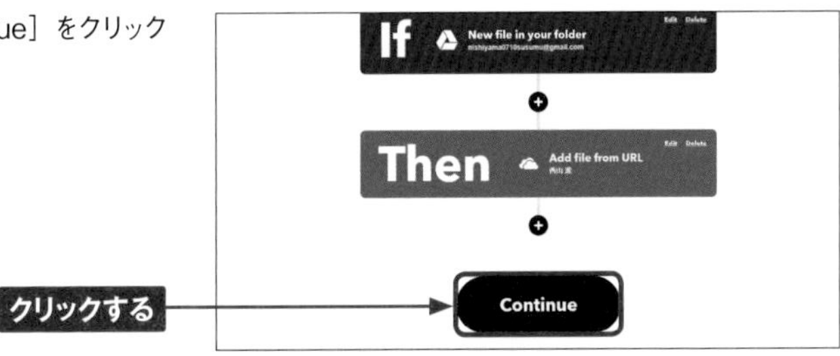

⑮ [Finish] をクリックすると、レシピが作成されます。これで、Googleドライブの「IFTTT」フォルダに保存したファイルが、OneDriveの同名のフォルダに自動的に保存されます。

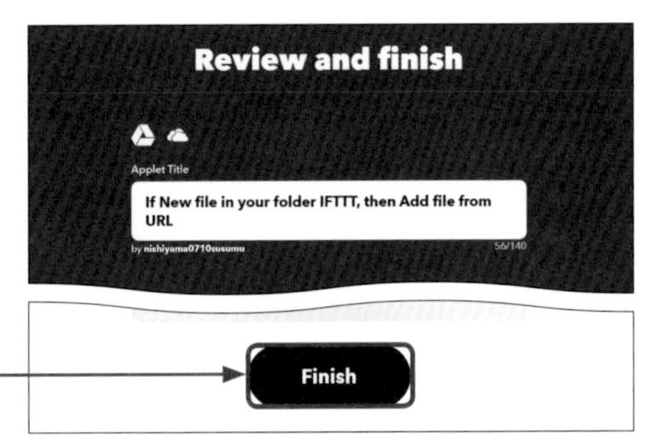

Section 154

OneDriveとDropboxを同期する

IFTTTを利用すると、OneDriveとDropboxを同期することもできます。ここでは、OneDriveに保存したファイルが自動的にDropboxに保存されるレシピの設定方法を紹介します。

OneDriveとDropboxを同期する

① P.277手順⑤の画面で、［OneDrive］をクリックします。

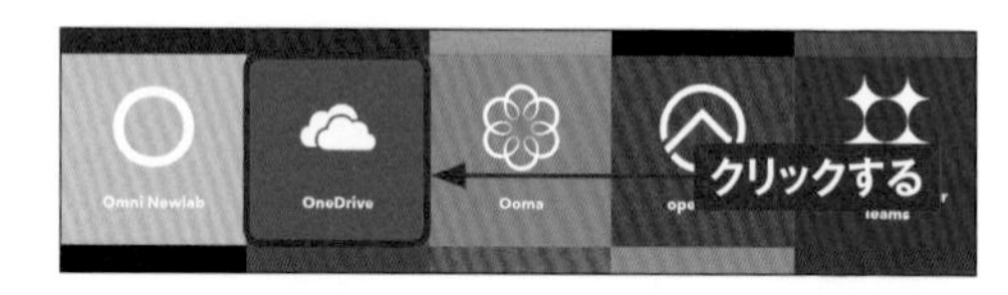

② トリガー（ここでは［New file in folder］（指定のフォルダに新しいファイルが保存された場合））をクリックして選択します。

クリックする

③ OneDrive内のDropboxと連携したいフォルダ名（ここでは「IFTTT」）を入力し、［Create trigger］をクリックします。

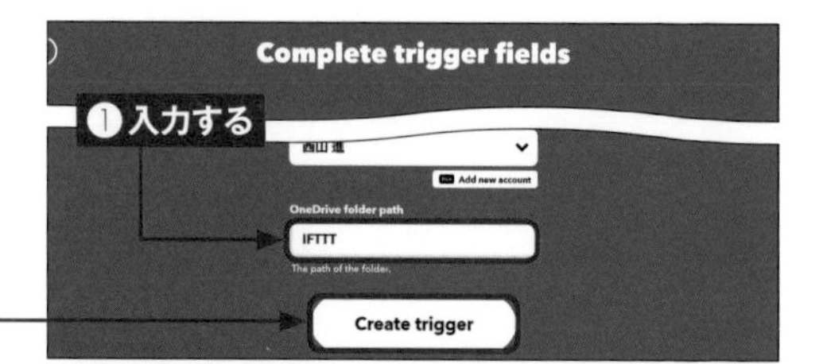

②クリックする

④ ［Then That］をクリックし、［Dropbox］をクリックします。

5 アクション（ここでは［Add file from URL］（URLからファイルを追加する））をクリックして選択します。

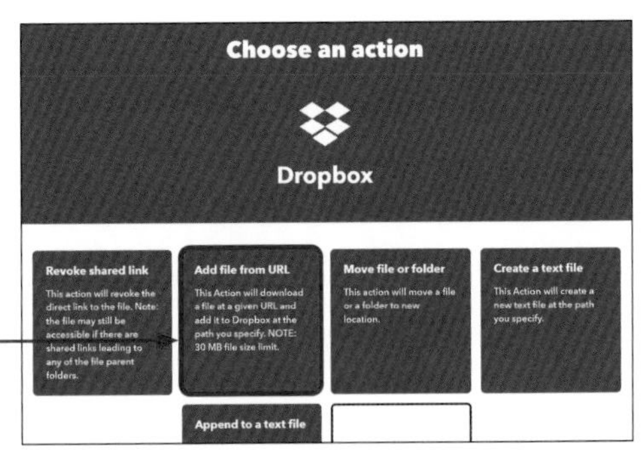

6 ［Connect］をクリックし、Dropboxのアカウントにログインします。

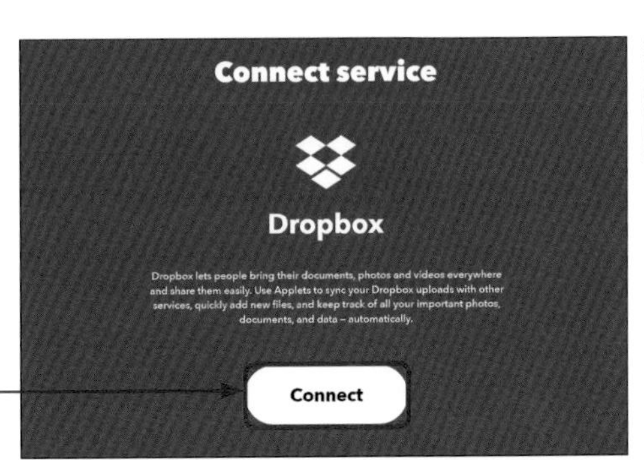

7 任意の設定を行い、［Create action］をクリックします。「Dropbox account」では手順⑥でログインしたアカウントが表示されます。「File URL」ではファイルのURLを指定でき、「File name」ではファイル名を指定でき、「Dropbox folder path」では、保存先のフォルダを指定できます。ここでは、とくに変更しなくても大丈夫です。［Continue］→［Finish］の順にクリックすると、レシピが作成されます。

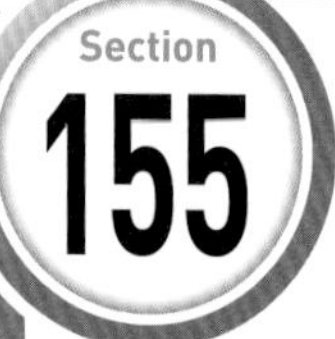

GoogleドライブとDropboxを同期する

IFTTTを利用すると、ほかのクラウドストレージサービスと同様に、GoogleドライブとDropboxを同期することも可能です。ここでは、Googleドライブに保存したファイルが自動的にDropboxに保存されるレシピの設定方法を紹介します。

GoogleドライブとDropboxを同期する

① P.277手順⑤の画面で、［Google Drive］をクリックします。

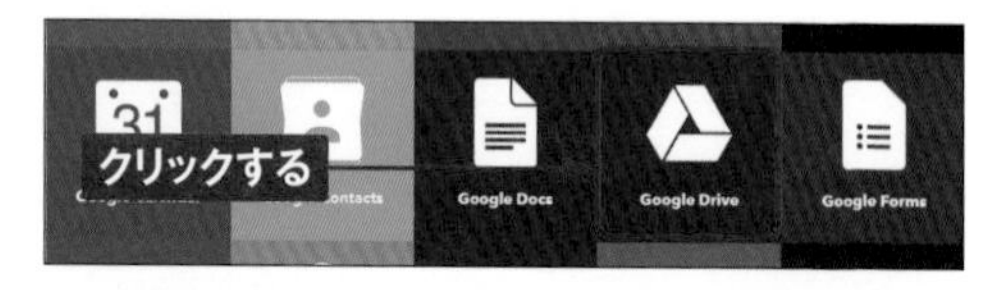

② トリガー（ここでは［New file in your folder］（指定のフォルダに新しいファイルが保存された場合））をクリックして選択します。

クリックする

Choose a trigger

New file in your folder
This trigger fires every time a new file is added to the Google Drive folder you specify. Note: Does not work for Google Docs, Forms, or Sheets files.

New file from search in your folder
This trigger fires every time a new file matches your search query in a Google Drive folder. Note: only works for files created after the Applet is turned on.

New photo in your folder
This trigger fires every time any new photo is saved in the Google Drive folder you specify. Note: only works for photos created after the Applet is turned on.

New video in your folder
This trigger fires every time a new video is saved in the Google Drive folder you specify. Note: only works for videos created after the Applet is turned on.

③ Googleドライブ内のDropboxと連携したいフォルダ名（ここでは「IFTTT」）を入力し、［Create trigger］をクリックします。

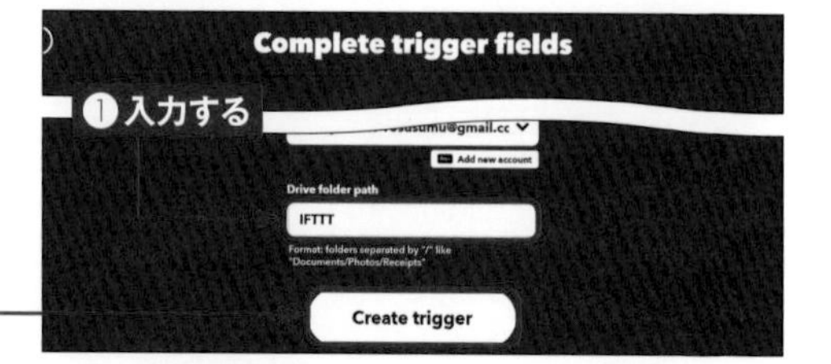

④ ［Then That］をクリックし、［Dropbox］をクリックします。

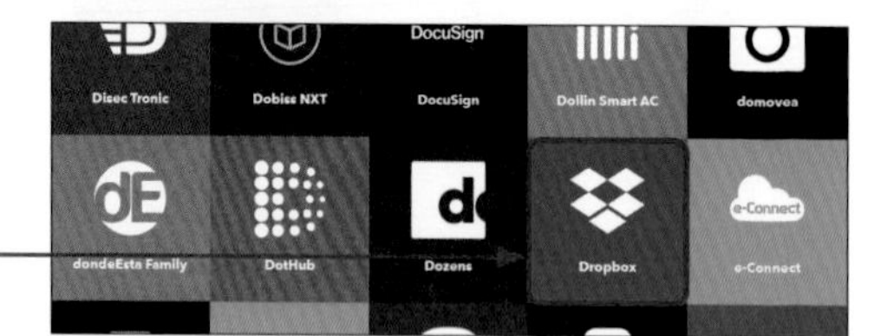

5 アクション（ここでは［Add file from URL］（URLからファイルを追加する））をクリックして選択します。

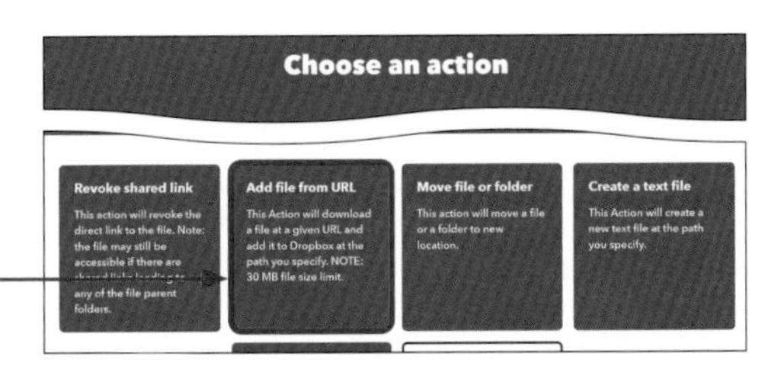

6 任意の設定を行い、［Create action］をクリックします。「Dropbox account」ではP.281手順⑥でログインしたアカウントが表示されます。「File URL」ではファイルのURLを指定でき、「File name」ではファイル名を指定でき、「Dropbox folder path」では、保存先のフォルダを指定できます。ここでは、とくに変更しなくても大丈夫です。

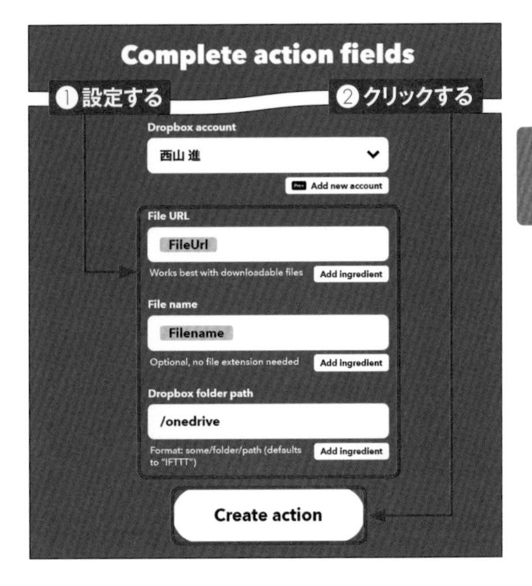

7 ［Continue］をクリックします。

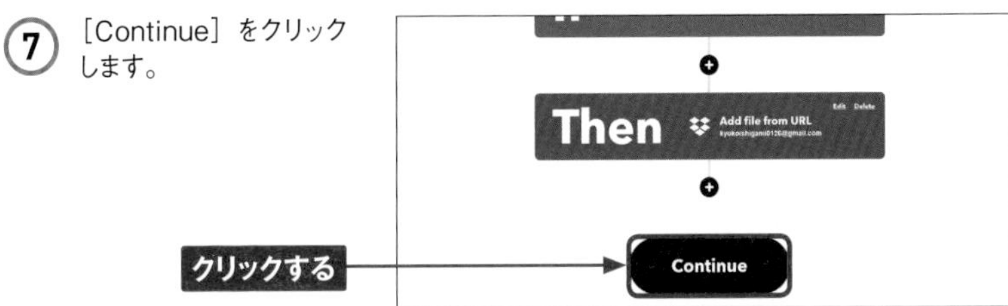

8 ［Finish］をクリックすると、レシピが作成されます。

Review and finish

クリックする

Finish

Section 156 サービスを移行する

パソコン用のアプリを利用すると、ドラッグ&ドロップの操作だけでクラウドストレージ内のファイルを移行できます。ここでは例として、Googleドライブのファイルを Dropboxに移行する方法を紹介します。

サービスを移行する

① Googleドライブと同期されているフォルダ（Sec.29参照）を表示します。

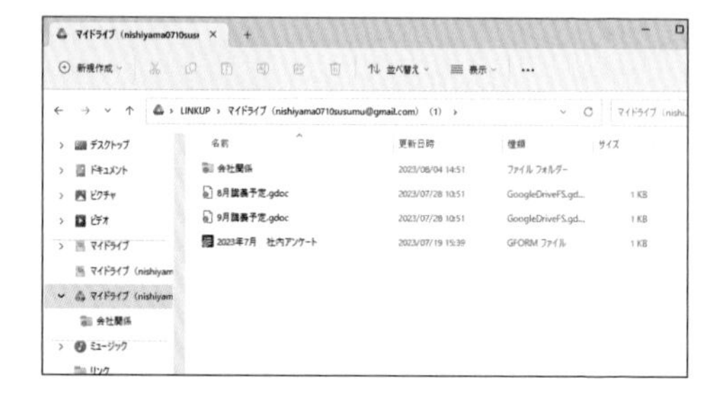

② Dropboxと同期されているフォルダ（Sec.110参照）を表示します。

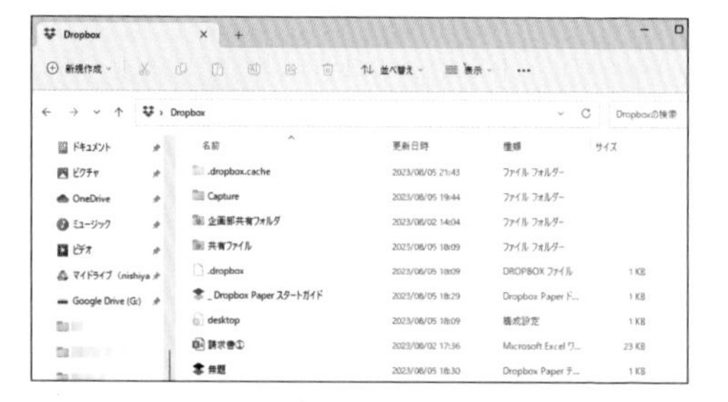

③ Googleドライブと同期されているフォルダ内のファイルをドラッグして選択します。

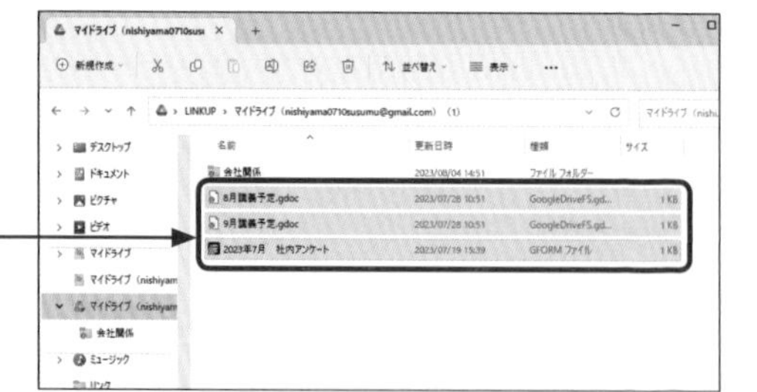

4 選択したファイルをDropboxのフォルダにドラッグ&ドロップします。

5 データが移行し、もとのフォルダのデータは削除されます。

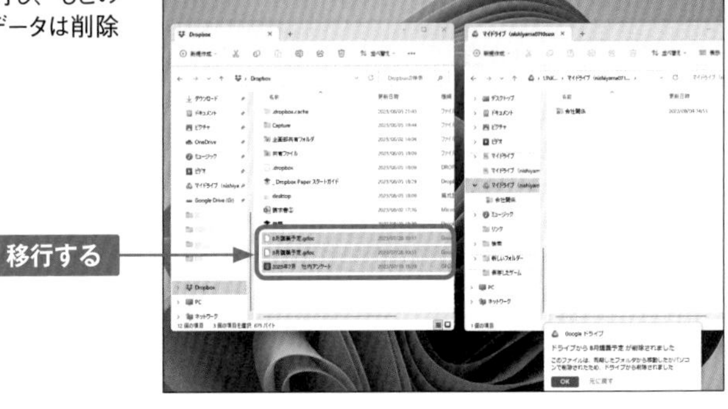

Memo 同様の方法でOneDriveへの移行も可能

デスクトップに、OneDriveと同期されているフォルダを表示し、手順③〜④と同様の手順で、ほかのクラウドストレージサービスのフォルダからデータをドラッグ&ドロップすると、OneDriveへ移行できます。また、ほかのクラウドストレージサービスからGoogleドライブへの移行も可能です。

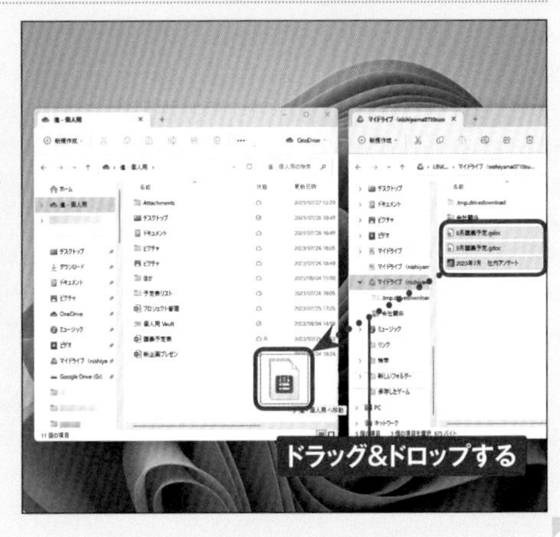

索引

Dropbox

お問い合わせについて

本書に関するご質問については、本書に記載されている内容に関するもののみとさせていただきます。本書の内容と関係のないご質問につきましては、一切お答えできませんので、あらかじめご了承ください。また、電話でのご質問は受け付けておりませんので、必ずFAX か書面にて下記までお送りください。
なお、ご質問の際には、必ず以下の項目を明記していただきますようお願いいたします。

1 お名前
2 返信先の住所または FAX 番号
3 書名
（ゼロからはじめる Googleドライブ&OneDrive & Dropbox 基本&便利技［改訂新版］）
4 本書の該当ページ
5 ご使用のソフトウェアのバージョン
6 ご質問内容

なお、お送りいただいたご質問には、できる限り迅速にお答えできるよう努力いたしておりますが、場合によってはお答えするまでに時間がかかることがあります。また、回答の期日をご指定なさっても、ご希望にお応えできるとは限りません。あらかじめご了承くださいますよう、お願いいたします。ご質問の際に記載いただきました個人情報は、回答後速やかに破棄させていただきます。

■ お問い合わせの例

FAX

1 お名前
技術　太郎

2 返信先の住所または FAX 番号
03-XXXX-XXXX

3 書名
ゼロからはじめる
Googleドライブ&OneDrive&
Dropbox基本&便利技［改訂新版］

4 本書の該当ページ
40ページ

5 ご使用のソフトウェアのバージョン
Windows 11

6 ご質問内容
手順3の画面が表示されない

お問い合わせ先

〒162-0846
東京都新宿区市谷左内町 21-13
株式会社技術評論社　書籍編集部
「ゼロからはじめる Googleドライブ &OneDrive & Dropbox 基本&便利技［改訂新版］」質問係
FAX 番号　03-3513-6167
URL：https://book.gihyo.jp/116/

ゼロからはじめる Googleドライブ & OneDrive & Dropbox 基本 & 便利技［改訂新版］

2022年　3月4日　初　版　第1刷発行
2023年12月6日　第2版　第1刷発行

著者……リンクアップ
発行者……片岡　巌
発行所……株式会社　技術評論社
東京都新宿区市谷左内町 21-13
電話……03-3513-6150　販売促進部
03-3513-6160　書籍編集部
編集……リンクアップ
担当……宮崎　主哉
装丁……菊池　祐（ライラック）
本文デザイン・DTP……リンクアップ
製本／印刷……図書印刷株式会社

定価はカバーに表示してあります。

落丁・乱丁がございましたら、弊社販売促進部までお送りください。交換いたします。

ISBN978-4-297-13833-2 C3055

Printed in Japan